TEN BIRDS THAT CHANGED THE WORLD

# 鳥が
# 人類を変えた

## 世界の歴史をつくった10種類

スティーヴン・モス
宇丹貴代実 訳

Stephen Moss

河出書房新社

鳥が人類を変えた　目次

## 第10章　コウテイペンギン　*Aptenodytes forsteri*　261

# 鳥が人類を変えた　世界の歴史をつくった10種類

To my wonderful son James,
who has made his home in Japan.
すばらしき息子にして、
日本在住のジェームズへ

# 序

人はみんな鳥が好きだ。鳥はどわたしたちの目や耳になじみ深く、鳥と同じくらい世界じゅうの人々の身近にいて、同じくらい普遍的な野生生物がいるだろうか。
——サー・デイヴィッド・アッテンボロー

人類史上ずっと、わたしたちは鳥と世界を分かちあってきた。食べるため、燃料や羽毛を手に入れるために、彼らを狩り、飼い慣らした。わたしたちの儀式、宗教、神話、伝説の中心に彼らを据えた。彼らを毒殺し、迫害し、たびたび悪者扱いした。音楽、芸術、詩歌のなかで彼らを称《たた》えた。今日も、人間が——じつに憂慮すべきことに——自然界から切り離されつつあるにもかかわらず、鳥はわたしたちの生活のなかで不可欠な役割を果たしつづけている。

本書『鳥が人類を変えた』(*Ten Birds That Changed the World*)は、人類史の始まりから今日までの波乱に富んだ長期にわたるこの関係を、世界の七大陸すべてに目を配って語っていく。取りあげる鳥種は、生活のありかたやわたしたちとのかかわりが——なんらかの形で——人類史を変えることとなったものだ。

だが、なぜ鳥なのか。なぜ哺乳動物、あるいはガ、甲虫、チョウ、クモ、ヘビではないのか、さらに言うなら、ウマやイヌやネコといった家畜化された動物でもないのか。なにしろ、これらはどれも、鳥と同じく、わたしたちに搾取されると同時に称賛されてきたし、わたしたちの歴史や文化の中心的な役割を担ってきたのだ。とはいえ、鳥は世界のあらゆる野生生物のなかで、最も深くて、最も親密で、最も複雑な関係をわたしたち人間と長年築いてきた。

というのも、ひとつには、彼らがあらゆる場所にいたからだ。鳥を見かけない場所は、この惑星の――南北の極から赤道にいたるまで――どこにもない。彼らはどんな時空にもあまねく存在する。わたしたちは春、夏、秋、冬を通じてその姿を見かけるし、ほぼ一年じゅうその声を耳にする。

だが、それだけでは、わたしたちがどうして鳥に惹《ひ》かれるのか説明がつかない。ほかの動物、いや、車など生命のない物体についてもそうだが、わたしたちはしばしば鳥を擬人化し、彼らの人間っぽい特性を称賛（し、ときには批判）する。[*1] 人類史上ずっと、異なるさまざまな文化において、わたしたちは特定の鳥をかわいくて愛らしいと感じ、ほかの鳥を攻撃的で憎たらしいと考えてきた（ただし、当の鳥たちにとって、わたしたちはどすどす歩く大きな生き物のひとつにすぎず、たいていは避けたほうがいい存在なのだが）。

たとえば、わたしたちは鳥のさえずり――と、それが自分たちの気分におよぼす好ましい影響――について、よく音楽用語を用い、〝夜明けのコーラス〟〝オーケストラ〟などと表現する。クジャクの求愛ディスプレイ（誇示行動）を見てわたしたちのために「ショーを演じている」と考えたり、ペンギンの滑稽な動作を笑ったりする。そのくせ、やれ猛禽《もうきん》は〝冷酷な殺し屋〟だの、カラスは〝ひねくれもの〟で、コンドルは〝忌むべき屍肉あさり《スカベンジャー》〟だのと言ったりする――彼らが腐肉や動物の死骸《しがい》の清掃という不可欠な仕事を遂行していることを都合よく忘れて。

わたしたちが鳥に惹かれる理由は、おもに、彼らの生活の要素ふたつにある。飛ぶ能力と、歌う才能だ。とくにうらやましいのは飛ぶ能力で、第二次世界大戦期の詩人にして飛行士のジョン・ギレスピー・マギーの詩行が端的にそれを表している。

おお！　わたしは忌まわしい地表の枷《かせ》からするりと抜け出し
痛快な銀翼で大空を舞った……[2]

大空に飛びたち、高く舞いあがる能力——わたしたちのものとは大きく異なる能力、そして彼らがいとも優美に示す能力——が、地表に縛られた低級なわたしたちと鳥を隔てている。この天賦の才を、わたしたちは先史時代からうらやましく感じ、ここ二世紀ほどでようやく——まずはモンゴルフィエ兄弟の気球、それからライト兄弟の飛行機のおかげで——模倣できるようになった。[3]
今日、わたしたちはジェット機で地球のはるか遠い場所へ移動できるが、それでもなお、渡り鳥がまさに同じ航路をとり、最新式ナビゲーションシステムの助けを借りず自力で目的地に行き来できる

＊1　アメリカ人作家のポリー・レッドフォードが賢明にも書いているとおり、わたしたちが野生生物に人間らしい特性を見出そうとすると、必ずや失望するはめになる。「鳥は高潔ではない。イヌが忠実ではなく、ブタが貪欲ではなく、ロバが頑固ではなく、キツネがずる賢くはないのと同じように」。*Raccoons & Eagles: Two Views of American Wildlife* (New York: E. P. Dutton, 1965).

＊2　戦闘機パイロットだったマギーは、一九四一年一二月、スピットファイアでの訓練中にべつの戦闘機と衝突し、わずか一九歳で命を落とした。早すぎる死のせいで、一四行詩《ソネット》「高空飛行」(High Flight) のこの一節が、いっそう深く胸に突き刺さる。

＊3　皮肉にも、本書で取りあげるふたつの種——ドードーとコウテイペンギン——は、飛ぶ能力を失っている。当初は、この能力の喪失が有利に働き、彼らは周囲の環境に適応して生存することができた。ところが、飛ぶ能力を用いて人類の有害な行動から逃れることができないせいで、のちに絶滅し、あるいは絶滅の危機にさらされることとなった。

能力に魅了されつづけている。

また、鳥の歌は、さまざまな形でわたしたちの生活のいっそう中心的な位置を占め、音楽家や詩人、さらには無数の平凡な聴き手の魂を何千年ものあいだ鼓舞させてきた。科学者たちは最近、鳥のさえずりにわたしたちが惹きつけられるのは、まさに気分を高揚させてくれるからだと発見した[1]。かたや当の鳥にとって、さえずりはライバルを追い払い、つがいの相手の気を引き、生殖行為をして、短い生涯を終える前に自分の遺伝子を次の世代に伝えていくための、生死を賭けた奮闘だ。

なぜ、わたしたちが鳥にこれほど惹きつけられるのか、三つめの理由は、彼らがわたしたちの習慣や行動の多くを共有していることだ。たしかに、文化史研究家にして評論家のボリア・サックスが述べたとおり、彼らはときに、人間社会の鳥版とでも言うべき行動を示すことがある[2]。

だが、だからといって、本書のタイトルが示すように、鳥たちは人類史の軌跡に影響をおよぼし、さらには世界を変えてきたとまで言えるだろうか。言える、とわたしは考える。本書では、鳥の特定の種または分類群が、過去および現在のできごとや、わたしたちの生活の重要な局面に与えたおびただしい影響をつまびらかにする。

そうした影響は、何世紀もかけて蓄積したものから、短いが人類史上重大な期間に起きた特定のできごとまで、多種多様だ。鳥たちは数々の社会変革を引き起こし、世界に対するわたしたちの考えかたを変え、時代の転換期にパラダイムシフトのきっかけを作った。それらがもたらした結果は、経済的なものから環境面にいたるまで驚くほど多岐にわたる。

わたしが選んだ一〇の鳥はどれも、人類の根元的な要素――神話、情報伝達、食べ物と家庭、絶滅、進化、農業、環境保全、政治活動、権力のおごり、気候非常事態――とかかわりを持つ。これらの要素はすべて、わたしたち人間と鳥との、絶えず変化しながら連綿と続く密接な関係と絡みあっているのだ。

本書はゆるやかな時系列で語られ、一〇ある章において、それぞれひとつの種（または分類群）がおおむね歴史的な順番で取りあげられている。

ノアが〈ワタリガラス〉を方舟《はこぶね》から放ったとき以来、鳥はわたしたちの迷信、神話、民間伝承の中心にあった。そこで、わたしは本書を、先史時代、すなわち、大きくて見た目が恐ろしいこのカラス科の鳥が、アメリカ先住民から古代スカンディナヴィア人そしてシベリア遊牧民の文化にいたるまで、北半球各地の創造神話に登場した時代から始める。とはいえ、ワタリガラスがおよぼす影響は過去のものだけではない。彼らは世界に対するわたしたちの見解を今日も形成しつづけている。

およそ一万年前、遊動型の狩猟採集生活から農耕に移行し、定住して農作物の栽培と家畜の飼育を始めてほどなく、人類は周囲の野生の鳥を飼い慣らす利点に気がついた。飼い慣らされた鳥のなかに、岩棚に住む臆病な種、カワラバトがいた。当初、彼らは食料として飼育されたが、のちに、長距離を飛んでメッセージを運ぶ並はずれた能力が重宝された。その子孫――野生化した〈ハト〉、いわゆるドバト――はいまや世界各地で見かける。そしられたり、はなから無視されたりすることも多いが、この地味な鳥はいくつもの戦いで勝利に貢献してきたし、ふたつの世界大戦では戦況を変えさえした。

飼い慣らされた鳥は、食料源だけでなく、精神的、社会的な支柱にもなった。なかでもとくに重要な例は、南北アメリカ大陸に生息していた野生の〈シチメンチョウ〉だ。彼らはいまも、イギリスおよびヨーロッパのクリスマスと北アメリカの感謝祭で、祝宴の主役を務める。今日では産業規模で生産され、はたして利己的な目的のためにほかの生き物を搾取する権利がわたしたちにあるのか、激しい議論の的となることが増えた。

一五世紀以降のヨーロッパによる搾取と帝国主義の余波や人的損失は、今日なお肌で感じられる。この期間に犠牲となった多くの鳥のうち最も有名なのは、〈ドードー〉だ。ハトの近縁であるこの飛べない巨大な鳥は、数千年ものあいだ海洋島のモーリシャスに生息していたが、一七世紀に侵入した人類と、彼らが持ちこんださまざまな捕食動物のせいで、生き残ることができなかった。今日、絶滅のイコンとなったこの鳥は、絶滅危惧種とわたしたちとの問題をはらんだ関係について、また、彼らをドードーと同じ悲運からいかに救うかについて、有益な教えをもたらしてくれる。

一八世紀から一九世紀にかけて進化学というあらたな学問が登場し、文明社会の礎であった宗教体系に崩壊の危機をもたらした。重要な転換点は、一八五九年、チャールズ・ダーウィンが『種の起源』を出版したときで、その内容は、周囲の世界に対するわたしたちの考えかたを大きく変えた。とはいえ、後述のとおり、〈ダーウィンフィンチ類〉が進化の重要な典型例だと認識したのは、当のダーウィンではなく、彼の足跡をたどった科学者たちだった。

現代の工業型農業は、第二次世界大戦後間もない時期に始まったとされることが多い。だが、その一世紀以上前に、南アメリカの海鳥――〈グアナイウ〉――の広大なコロニーで採掘された糞《ふん》が、集約農業の急速な発展に必要な肥料を供給していた。この糞が、最終的には北アメリカとヨーロッパの風景を変え、農業地帯の鳥や野生生物の長期的な減少のきっかけとなり、わたしたちが食べ物をどのように栽培し、消費し、考えるかを変えた。

絶滅の危機に瀕《ひん》した種は、ほかにもいる。北アメリカの〈ユキコサギ〉の華麗な羽根は女性の帽子やドレスを飾ったが、そのせいで優美なこの水鳥はファッション業界の餌食となり、絶滅寸前に追いこまれた。無慈悲な残虐行為――と、この鳥を保護しようとした人々が不当に殺害されたこと――の反動として、たとえばアメリカではオーデュボン協会、イギリスでは王立鳥類保護協会など、各地で鳥類の保護組織が設立されることとなった。だが、今日なお、世界じゅうで野生生物と生息地を守るために奮闘する勇敢な人々が、その大義ゆえに殺されている。

ワシはつねに、国家や帝国の強大さと結びつけられてきた――まずは古代ギリシャとローマでその象徴的な意味において、のちに神聖ローマ帝国、ドイツ、ロシアのイコンとして、さらにはアメリカ合衆国の国鳥たる〈ハクトウワシ〉の形で。だが、ワシにはもっと暗い歴史が、すなわち、全体主義体制の標章としての顔があり、最初にナチスドイツが、そして現在はアメリカの極右主義支持者が用いている。この強大な鳥がいかにして人間の特性の最悪な要素を表すにいたったかは、本書のなかでもとくに不穏な話だ。

かつてはどこにでもいたある小鳥の撲滅運動の物語は、おそらくいっそう衝撃的だろう。政治家は往々にして権力のおごりに陥る。全権を有する独裁者ならなおさらだ。中国の毛沢東主席の話は、有益な教訓になる。彼は大自然に挑み、敗北した。平凡な〈スズメ〉を相手取った毛沢東の戦いは、この鳥をあやうく一掃しかけたし、結果的に、ほかならぬ彼の人民数千万人の死をもたらすこととなった。

最後に、わたしたちが地球規模の気候変動に突き進んでいるいま、〈コウテイペンギン〉――身を切るように寒くて苛酷な南極の冬に繁殖する唯一の鳥――の運命は、全人類の手のなかにある。はたして、コウテイペンギンの警告――急速な減少と差し迫った絶滅という形で発する警告――は手遅れとなるのか。それとも、真夜中の一分前に、人類は自分たちを――そして自然界のほかのものたちを――瀬戸際から引きもどすことができるのか。

わたしたちと自然界のかかわりはどうあるべきかと問いただす必要性が、いまほど高まったことはない。著者が生きてきた短いあいだにも、この惑星に生息する鳥の数は激減している。生息地の喪失、迫害、環境汚染、気候非常事態の恐ろしい組合せのせいだ。現在、この地球上の野生生物――鳥も含む――は、個体数が一九七〇年にくらべて半分以下に減った(3)。かたや同じ期間に、人口は三七億人から八〇億人へと二倍あまりも増えている(4)。

こうした劇的な減少にも、一縷《いちる》の望みはある。わたしたちには、もっと言うなら、わたしたちがこの先も地球に住みつづけるには、鳥がこのうえなく重要であるという認識だ。これまでずっとそうだったように、わたしたちは彼らに依存している。ただ食べるため、燃料や羽毛を手に入れるためだけでなく、自然界に対するわたしたちの理解を深めるためにも。彼らはどこにでもいるがゆえに、最も優秀な門番《ゲートキーパー》となっているのだ。

波乱に満ちてはいるがつねに心をそそられる鳥と人間との長い関係に目を向けるのに、いまこの瞬間ほど適したときはない。現下の環境危機によって、まさにわたしたちは、そして自然界も、混沌《こんとん》と消滅の危機に瀕しているのだから。目を向けることで、わたしたちは未来に向けてよりよい関係を築けるかもしれない。

スティーヴン・モス

イギリス、サマセット州マークにて

# 第1章 ワタリガラス

*Corvus corax*

［ノアは］烏を放した。烏は飛び立ったが、地上の水が乾くまで、行ったり来たりした。

――旧約聖書「創世記」八章七節（聖書協会共同訳）

初秋の夕闇が迫るなか、女性がひとり、コロラド川流域のボルダーキャニオンにある自宅の外で作業をしていた。だが集中するのはむずかしかった。すぐそばで、大きな黒い鳥が耳障りなけたたましい声をひっきりなしにあげている。よく見かける鳥――ワタリガラス――ではあったが、その日の行動はひどく奇妙に思えた。気にしないように努めたものの、ワタリガラスの声はどんどん大きく執拗《しつよう》になっていく。のちに彼女がふり返ったとおり「とんでもない大騒ぎ」だった。

激しい苛立《いらだ》ちを覚えて見あげると、ワタリガラスはちょうど頭上を通過し、立っている彼女のすぐ近くの岩にとまった。そのときようやく、なぜこの鳥がこんなに奇妙な行動をとっているのかがわかった。

岩々のあいだ、わずか六メートルほどの距離に、一頭の動物がうずくまっていた――クーガーだ。*1 刺すような黄色い目で、こちらをまっすぐ見据えている。この獣――体重五〇キロあまりで、おそらくこの女性よりも重い――は、まさに襲いかかろうとしていた。身長一五〇センチもない彼女は、クーガーがふだん狩るシカと同じくらいの体格と重さだ。もし襲われたら、よくて重傷、悪ければ命を落とすだろう。

女性はすばやく飛びのき、恐怖の叫びをあげた。パニック状態の声を聞いて夫が駆けつけ、この肉食動物を追い払った。

ショックから回復したあと、女性は命拾いしたこの体験について話した。何が起きたのか、彼女は確信していた。「あのカラスが、わたしの命を救ってくれたのです」。マスメディアは、彼女の命が助かったのはほとんど奇跡だと言った[1]。

だが、ここで一歩引いて、この女性の思考や感情ではなく、当の鳥の動機に焦点を当ててみよう。このワタリガラスはなぜ、命にかかわる襲撃がありそうだとわざわざ警告したのか。そしてもし、この問いに納得のいく答えが存在しないなら、実際には何が起きていたのか。

先史時代より、ワタリガラスはオオカミと協力して——ときには人間のハンターと連携し、ときには肉食哺乳動物とも連携して——食べ物を見つけてきた。シカなどの大きな獲物を殺すには、ワタリガラスの体は小さすぎる。オオカミか人間——そしてクーガー——でないと無理な相手だ。

ところが、地上性の大きな哺乳動物は、ワタリガラスが持つ重要な強みをひとつ欠いている。飛べないのだ。ワタリガラスだけが、地表を広く探索して獲物になりそうな動物を見つけ、それからハンターのもとに引きかえし、彼らを標的のほうへ誘導することができる。ハンターはうまく獲物を仕留めたら、その肉をむさぼり食うだろう。だが満足すれば食べ残しを置いて去り、まだじゅうぶん骨についている肉をワタリガラスがぞんぶんにあされる。

だとすれば、今回のワタリガラスの行動が親切心によるものだと信じたいのはやまやまであっても、現実はまるきり逆ではないだろうか。はるかに可能性が高い仮説は、ワタリガラスがわざとクーガーを女性のほうへ誘導していた、というものだ——彼女を仕留めてくれるよう期待して。そうなれば、クーガーもワタリガラスも心ゆくまでごちそうを堪能できただろう。著名な鳥類学者のベルンド・ハインリッチは、著書『ワタリガラスの心』（*Mind of the Raven*）でこの話を詳述し、「ワタリガラスに関

＊1　*Puma concolor*、マウンテンライオンまたはピューマとも呼ばれる。

するわたしの知識はどれも……ワタリガラスが獲物を手に入れるために、互いに、また、ほかのハンターとも、情報を伝達しあっているという見解と合致する」と述べている。(2)

わたしたちが鳥の動機や行動をいかに誤解しているかを示す例として、この話にまさるものはないだろう。この話は、わたしたちに重要な教訓を与えてくれる——こと野生生物に関しては、とにかく〝味方になってくれる〟はずだと決めてかかってはいけない、という教訓だ。もちろん、ときには味方になることもあるだろうが、この一時的な同盟から彼らも利益を得る場合にかぎられる。

率直に言うなら、本書のほかの鳥すべてと同じく、ワタリガラスはただ自分たちのことだけ、自分たちの生存のことだけを考えている。これは、わたしたちが心に留めておくべき事実だ。

## 神話に登場する最初の鳥

ワタリガラスの名前の起源を調べれば、人間とこの鳥が長い歴史を共有してきたことがうかがえる。ワタリガラス（raven）は、わたしたちが鳥につけた名称のなかでもとくに古く、キリストが誕生するはるか前から使われている。*2

なぜそれがわかるかと言うと、ツバメ（swallow）やハクチョウ（swan）といった、ほかのいくつかの鳥の名前のように、ワタリガラスを意味する語が、スカンディナヴィア系およびゲルマン系の言語すべて——英語も含む——において似通っているからだ。(3) ゆえに、それらの語がどれも同じ語源から派生したこと、その語源は当然のようにこの鳥の鳴き声を人間が真似たものにもとづいていることが、合理的に推論できる。(4)

今日まで使われているアイスランド語のフラヴン（hrafn）は、おそらく先史時代の祖先が用いていた名称——彼らが灰色の寒空を見あげて、この非凡な鳥の声を真似ようとしたときの音——に最も近い現代の名称だろう。

ワタリガラスはしじゅう人間のハンターのあとをつけたはずだ。たぶん、ほかの大きな捕食動物にもついてまわっただろう――彼らの獲物の食べ残しにありつくために。とはいえ、必ずしもこれは片務的な取引ではなかった。ワタリガラスはお返しとして、前述のとおり、人間やほかの肉食哺乳動物に獲物の存在を知らせていた。

このように早くから人間と半共生関係を結んでいたからこそ、ワタリガラスはこれほど多くの古代神話にこれほど顕著に登場するのだろう。事実、世界じゅうのあらゆる鳥のなかでも、ワタリガラスはとくに、古代文明の起源物語において中心的な位置を占める。北半球の全域にかけて――アラスカからイギリスとアイルランド、スカンディナヴィアとシベリア、そして中東を経て日本にいたるまで――ワタリガラスは神話や伝説の主要な鳥であるばかりか、ほとんどの文化で神話に登場する最初の鳥でもある。

ほかの多くの鳥も、世界各地の神話で意義深い役割を担ってきた。たとえばフクロウはその知恵が注目され、ツルとクジャクはとくにアジアの一部で複雑な求愛ダンスが長らく称えられ、アフリカクロトキは古代エジプトの宗教と結びつけられ、ワシは強さと権力を象徴し（第8章参照）、世界有数の美しくて人気の高い鳥、ケツァール（カザリキヌバネドリ）は中央アメリカの先コロンブス期文化で重要な役割を果たしていた。だが、どれも意義深いとはいえ、わたしたちとワタリガラスの関係と同じ重要性も、地理的な広がりも、長い歴史も、これらにはない。

ワタリガラスは、前兆を示すメッセンジャーとしても長く輝かしい歴史を持つ。遅くとも古代ギリシャの時代には、アポローン（予言の神）が神託を伝えるためにカラスを使役していた。ただし、後

＊2　この語は、少なくとも紀元前五〇〇年ごろの、インド・ヨーロッパ祖語から初期に分化したゲルマン祖語にまでさかのぼるが、ほぼまちがいなく、それよりもはるかに長い歴史を持つ。

述のとおり、この鳥はつねに信頼できるとはかぎらなかった。[5] また、鳥関連のさまざまな逸話でもとくに有名なのは、もしロンドン塔からワタリガラスがいなくなったら、英国とその王朝は滅びる、というものだ。[6]

もし、現代ではワタリガラスはもはや信仰や文化にさほど影響力を持っていないと思うのなら、この点を考えてみてほしい。アメリカ人作家のジョージ・R・R・マーティンが、その小説『氷と炎の歌』シリーズ（および、のちのテレビシリーズ『ゲーム・オブ・スローンズ』）で、予言の力を象徴する――そして伝書バトの強化版よろしくメッセージを運ぶ――鳥を一羽選ぶことになったとき、可能性のある候補はひとつしかなかった。ワタリガラスだ。[7]

だが、なぜ、ワタリガラスはこれほど多くの古代そして現代の神話でも中心的存在となっているのか。じつにさまざまな時代や場所、文化において、カラス科のこの種だけが選ばれてこれら重要な役割を担ってきたわけだが、いったいこの鳥には何があるのか。答えは、物語や神話や伝説に登場する多くの鳥の場合と同じく、ワタリガラス自身の特質にある。すなわち、習性、行動、そして何よりも、大いなる知性だ。

才気煥発《かんぱつ》で、機知に富み、順応性があり、奸智《かんち》にたけ、日和見《ひよりみ》的。これらは、ワタリガラスに――そしてもちろん、わたしたちにも――あてはまる多くの性質のほんの一部だ。すぐそばで何万年も一緒に生きてきた人類と同じく、ワタリガラスは変化する環境に合わせて自分の行動を変えることができる。人間と同じく、問題を解決し、経験から学び、失敗したあとは次の機会にもっとうまくいくようやりかたを変えさえする。そして、人間とまさに同じく、じつにさまざまな感情を喚起する。強い嫌悪から、尊敬、称賛、さらには愛情すらも。

だが、ワタリガラスの特質にはもうひとつ、この鳥を神話の理想的な題材にする要素がある。自立心だ。ワタリガラスが登場する最古の逸話、聖書中どの鳥よりも早くワタリガラスが登場することとなるあの逸話において、すでにこの資質がうかがえる。すなわち、旧約聖書「創世記」の、大洪水の物語だ。

雨が四〇日間続いたあと、ノアは方舟から降りるためになんとか乾いた土地を見つけようと、二羽の鳥——ワタリガラスとハト——を放った。まず送り出されたのはワタリガラスだった[8]。ほどなくして、ハトが放たれたが、上陸できる場所を見つけられず方舟に戻ってきた。ワタリガラスのほうは二度と姿を見せなかった。

この自立心——相方である人間の意向に屈するのをよしとしない性質——は、古代から現在にいたるまで、上位、下位どちらの文化においても、ワタリガラスにかかわる話のほぼすべてに見出せるテーマだ。アブラハムの三大宗教——ユダヤ、キリスト、イスラム——には、人間はほかのどんな生物よりもすぐれているという共通の思想がある（たとえば、聖書のまさに最初の章で、彼らに対する統治権が人間に与えられている[9]）。ところが、ワタリガラスはこれに逆らい、人間の対等な仲間以外になることをかたくなに拒みつづけている——あたかも、自分たちをもうひとつの人類とみなしているかのように。

大勢の観察者が、ワタリガラスはまさしくそういうものだと認識している。一九世紀のスコットランドの鳥類学者、ウィリアム・マクギリヴレイは、およそ感傷的とはほど遠い性格で、その五巻におよぶ大作『英国の鳥類史』（*A History of British Birds*）も、純然たる科学的、写実的な記述からはずれることはめったにない。なのに、ことワタリガラスに関しては、さすがの彼も擬人化——人間の特質を人間ではない種に帰属させること——の誘惑に抗《あらが》えなかった。

ワタリガラスほど尊敬すべき特質を持つ英国の鳥を、わたしは知らない。この資質のおかげで、彼はこのうえない暴風にも果敢に立ち向かい、このうえない極寒でも生きぬくことができる。同じ体格のどんな鳥をも撃退できる強さと、ワシにすら襲いかかる気概を持ち……聡明さにかけては、ほかのどんな種にも引けを取らない。(10)

鳥ではなく、同胞である人間——たとえば戦争の英雄や探検家——に対する称賛と言っても通用するだろう。このように、ワタリガラスと人間の性質——最良の性質もあれば、最悪の性質もある——の類似性は、この鳥に関するじつに多くの神話や伝説で両義的な表現がなされていることからもうかがえる。ワタリガラスは善良かと思えば邪悪であり、強力な味方のときもあれば恐ろしい敵でもあり、不潔な腐肉あさりであると同時に街路を清潔に保つ貴重な助力者でもある。*3 希望のしるしとみなされることも多いが、（たいていは同時に）凶兆のしるしとみなされる。わたしたちが彼らをどうみなそうと、また、いかに彼らの明確な定義づけを試みようと、ワタリガラスは謎めいた存在でありつづけている。

このような、じつに人間的な属性のおかげで——後述のとおり、これらはたいてい、ほかならぬこの鳥の行動から派生したものだが——ワタリガラスはわたしたちの生活において抗いがたい魅力を保ちつづけてきた。そして、鳥を文化の中心に据えることによって、結果的に、わたしたちの世界に対する考えかたを変えた。

### 種としての途方もない繁栄

そもそも、ワタリガラスとはなんなのか。文化的、歴史的、神話的な解釈ではなく、生物学的、生態学的に、どういう存在なのか。*4

ワタリガラス（common raven）は、（アフリカの角《つの》にしか見られないオオハシガラスとともに）カラス科（*Corvidae*）のなかで最大の種だ。上位分類階級のスズメ目《もく》（*Passeriformes*）——燕雀目《えんじゃくもく》、一部は鳴禽《めいきん》とも呼ばれる——のなかでも群を抜いて大きい。ちなみにスズメ目は、一四〇の科とおよそ六五〇〇の種からなり、世界じゅうの全鳥種のゆうに半分以上を占める。[11]

　ほかのカラス科の種と同じく、ワタリガラスは個体の大きさや重さにいちじるしい幅がある。[＊5] また、並はずれて長寿であり、ほかのスズメ目の鳥がたいてい二、三年しか生きられず、小さめの種の多くはさらに短命なことを考えると、寿命がきわだって長い。野生の環境で二三年も生きた例があり、一般的な寿命は一〇年から一五年ほどだ。[12]

　簡潔でありながら想像力を刺激するワタリガラスの描写として、鳥類学者デレク・ラトクリフの権威ある研究論文にまさるものはないだろう。「ツルハシのような重いくちばしを持つ……印象的な外観の生き物。漆黒の羽は、近くで見ると紫、青、緑のつややかな玉虫色で躍動感がある。空中で翼を広げた姿は、開いた指のような初列風切羽《しょれつかざきりばね》と楔形《くさびがた》の大きな尾のおかげで、ワシさながらだ」[13]。長らく野外でワタリガラスを観察、研究してきたラトクリフは、この鳥の特徴的な飛行動作と独特の鳴き声も描写している。「のんびりした気分のとき、ワタリガラスは……しばしば奇妙な戯れ飛行にふけり、

＊3　旧約聖書の「レビ記」では、ワタリガラスは食べてはならない〝忌むべきもの〟とされていた——おそらく、ハゲワシと同じく腐肉をあさっていることが広く知られており、ゆえに〝不潔〟とみなされていたからだろう。旧約聖書「レビ記」一一章一三〜一五節。

＊4　*Corvus corax*、western raven または northern raven とも呼ばれる。〝corax〟は〝しわがれ声で鳴く生物〟という意味で、この鳥のよく響く太い声が由来となっている。

＊5　一般的に、ワタリガラスの成鳥は体長六〇〜七〇センチ、翼幅一〇〇〜一五〇センチで、重さは一・一五〜一・五キロ。雄は概して雌よりも体が大きくて重い。ほかの種と比較すると、ワタリガラスは、世界最小のスズメ目の鳥であるジャワエナガの体長のおよそ八倍、重さについては三〇〇倍にも達し、ハシボソガラスまたはアメリカガラスにくらべて少なくとも二・五倍重い。

宙返りして背中を下に向けたかと思うと、さっと反転する。そして、ありとあらゆるものにその存在を知らしめるために、はるかかなたまで響く太いしわがれ声と鋭い叫び声をあげる[14]」

ワタリガラスの生物学的、文化的要素のもつれを解きほぐすのは、むずかしい。この鳥を〝野生の精神〟と描写したとき、ラトクリフはまちがいなく、ワタリガラスの身体的、隠喩的側面の両方を念頭に置いていたはずだ。ワタリガラスの特質を真に理解するには、この鳥を自分自身で見る——そして聞く——必要がある。魅力的なこの生き物と近しく接したなら、ふつうのカラスとワタリガラスを見まちがえることはけっしてないだろう。

人間と同じく、ワタリガラスは途方もなく繁栄してきた。数百万年前に、新旧の世界をつなぐ陸橋を渡ったことから、北半球の各地、たとえばヨーロッパとアジアの広い範囲や、北アメリカのほとんどで見つかる[15]。結果的に、ワタリガラスは、カラス科に属する世界一三〇あまりの種のなかで最も生息範囲が広い。

この種が繁栄した要因のひとつは、さまざまな気候条件、生息環境、標高に適応できることだ。鳥類学者のカレル・ヴォースは、この種よりも多様な環境を活用できるのはハヤブサだけだと記しているし[16]、旧北区《きゆうほつく》西部（ヨーロッパ、北アメリカ、中東）のこの鳥に関する権威的な論文の編集者は、ワタリガラスは適応力が高すぎて〝生息地〟という概念を用いにくい、と述べている[17]。

ワタリガラスの住みかは、北極圏から北アメリカの砂漠にいたるまで、そして丘陵地や山岳地、海岸沿い、森林地、農地、都市のはずれまで、さらに言うなら、上はエベレストの三分の二の高さから下は北太平洋の低海抜の島々まで多岐にわたる[*6]。これらの場所すべてにおいて、彼らは人類と親密な——だが、ときにはかなり不穏な——関係を結んできた。この結びつきは数千年前、近代的な人類文明が始まるはるか前にまでさかのぼる。

デレク・ラトクリフが記したとおり「ワタリガラスは……おそらく、歴史上のほかのどんな鳥よりも古代人の文化的な生活に密接に絡んでいる」[18]。後述のように、この関係は、しばしば驚きに満ちた独特な形をとり、わたしたちはその一部を理解しはじめたにすぎない。

## オーディンの神話

二〇〇九年九月二日、アマチュア考古学者のトミー・オルセンは、デンマーク東部の村、ライラ近郊の遺跡を発掘しているとき、小さな銀色の物体を発見した。高さわずか一八ミリ、重さ九グラムの小立像だ。二カ月後、それは地元のロスキレ博物館で報道陣と一般大衆に公開され、今日もそこに展示されている。

この像は紀元九〇〇年ごろのもので、玉座の人間が二羽の鳥を左右に一羽ずつはべらせている。〝ライラのオーディン〟として知られるこの人物がだれなのか、議論の分かれるところだが、専門家の多くは、二羽の忠実なワタリガラスのフギンとムニンを両脇に従えた北欧神話の神オーディンだと考えている[19]。

オーディンは、トール（近年、マーベル・シネマティック・ユニバースの映画『マイティ・ソー』で描かれた容姿のおかげで、名声が急激に高まった）に次いでよく知られる北欧神話の人物だ*7。隻眼でひげを生やし、〝神々の父〟とも呼ばれ、賢明さで有名だが、この資質は二羽のワタリガラスと絆《きずな》を結ぶことによって得られた。ちなみに、フギンは〝思考〟を意味し、ムニンは〝記憶〟を意味する[20]。

＊6　中東や北アメリカのほかの場所、アフリカの多くの地域、そしてオーストラリアで見かけるワタリガラスの種もいる。だが、南アメリカと南極大陸にはいない。

＊7　北欧民族とゲルマン民族の国すべてにおいて、オーディンは神話や民間伝承で重要な役割を担っている。たとえば、アングロサクソン人が築いたイングランドでは、オーディンの名前の一形態であるウォーデンが、週の中間日の呼称――ウェンズデイ（水曜日）――としていまも残っている。

伝説によれば、これら二羽の鳥は毎朝世界をぐるりと飛んだのち、オーディンの肩に戻って、旅で目にしたことをすべて耳にささやく。こうした親密な関係から、オーディンはフラヴナグズ、つまりワタリガラスの神という呼び名《ケニング》を与えられた[21]。

学者たちはオーディンのワタリガラスの象徴的な意味について長らく議論してきた。オーディンに自分たちの考えを伝える二羽の能力をシャーマニズム（人間が忘我状態に陥って精神世界と通信する）に結びつける学者もいるが[22]、いっぽうで、ワタリガラスは〈フィルギャ〉として知られる概念を表しているともされる。これは、人間、動物、守護霊に姿を変える特質を持つ北欧神話の霊的存在だ[23]。

これらふたつの考えが『氷と炎の歌』（ゲーム・オブ・スローンズ）シリーズのプロットに影響をおよぼしたのは明らかで、半身がまひした少年ブラン*8はたびたび忘我状態に陥って三つ目のワタリガラスと〝化し〟、過去、現在、さらには（三つ目を用いて）未来を見ることができる*9。

著者のジョージ・R・R・マーティンは、この鳥を物語の中心に据えたときにオーディンとそのワタリガラスが念頭にあったことを認め、ワタリガラスについて「恐れを知らず、好奇心旺盛で、その飛行は力強く……たいそう体が大きく獰猛《どうもう》なおかげで最大級のタカですら攻撃をためらう」と描写している。また、彼らのこのうえない知性に言及し、「わたしのメイスター」（マイスター）たちが七王国を束ねるため彼らを伝令として使ったことに不思議はない」と結論づけた[24]。

オーディンはワタリガラスのほかに、二頭のオオカミ、ゲリとフレキとともに描かれることが多い。彼らの象徴性と意味についても、やはり考察の対象となってきたが、一部には、彼らの存在はあくまで現世に根ざすと主張する者もいる。ベルンド・ハインリッチは、オーディンの物語における人とオオカミとワタリガラスの関係について、象徴面ではなく、行動面からの説明を提唱している[25]。

きわめて繁栄してきたこれら三種のあいだの現実の関係を反映したものではないか、と彼は言うのだ。人間のハンターとこの二種の野生生物の共生関係——相互利益のために結ばれた協力関係——を示す初期の例だ、と。彼が指摘するように「生物の共生では、一般的に、ひとつの生物が、ほかの生物の弱みまたは欠点を補う」。隻眼のオーディンは、ものを見るのに助けを必要とした。また、忘れっぽくもあった。ゆえに、補佐役として二羽のワタリガラスが存在したのだ。「彼は二頭のオオカミも脇にはべらせており、この人間／神とワタリガラスとオオカミの関係はひとつの有機体のように機能して、ワタリガラスが目、思考、記憶に、オオカミが肉と食べ物の提供者になった」[26]

ハインリッチは続けて、この関係の起源について説明し、わたしたちが自然界との結びつきを失ったことをこれがいかに象徴するかを論じている。彼の主張によれば、オーディンの神話は、人間とふたつの生物との関係、〝狩りの強力な協調〟と彼が呼ぶ関係を集約する。[27]

ところが、時とともに人間の文明が進歩すると、人間、オオカミ、ワタリガラスの密な結びつきがほころびだした。わたしたちの祖先が遊動型の狩猟採集生活から農耕民として定住生活に移行するにつれて、ワタリガラスとの関係も変化したのだ、協力的な友人にして同盟者から、せめぎあう敵にして対抗者へ、と。*10

これは、過去数千年のあいだに変転してきたワタリガラスの複雑な運命——英雄から悪党へ、そして最終的にはもとの状態に戻る——において、最初の注目すべき変化だ。

＊8　カラスを意味するケルト語から派生した名前。

＊9　マーティンはこの才能を〝Greensight〟（緑視）と呼び、「未来、過去、そして現在ではあるが遠くのできごとを夢のなかで知る能力」と定義する。『氷と炎の歌』シリーズでは登場人物が陰うつなまでにしょっちゅう死ぬのに対し、ワタリガラスはほぼ冒頭から既刊の五巻最後まで（そして、『ゲーム・オブ・スローンズ』のテレビシリーズすべてにおいて）、ずっと存在している。奇妙にも、テレビシリーズのワタリガラスの声は押し殺したような変な音で、一般的なワタリガラス（raven）の声よりも高く、朗々とした響きがない。わたしが思うに、これはふつうのカラス（crow）の声を録音したものではないだろうか。

## 世界創造の象徴でありトリックスター

スカンディナヴィアから地球をほぼ半周した北アメリカの太平洋岸北西部でも、ワタリガラスは古代文化と神話において強烈な存在感を放っている。ヨーロッパの人々と同じく、カナダの先住民族《ファーストネーション》の人々は、獲物探しに協力させるために、この鳥と密接な共生関係を結んでいたようだ。[28] その共生関係から、創造神話にワタリガラスを組みこむまでは、ほんの一歩だった。[29]

これら先住民文化の多くで、ワタリガラスは地上の世界とそれを取りまく太陽や月などの宇宙を創造したとみなされている。これらの物語には、ほかにも共通の要素がある。たとえば、ワタリガラスは姿を変えることができて人間やほかの動物になれるとか、秘密を守るとか、相棒である人間に貴重な教訓をもたらす、といったものだ。なかでも重要な要素は、ワタリガラスがあくまで自立していることで、彼らはつねに、他者の欲求ではなく自分自身の欲求を満たすために行動する。[30] 後述のとおり、これは人間とワタリガラスの歴史において、一貫して両者の親密な関係の核をなしている。

こうした物語の中心には、多くの場合、火があり、たとえばワタリガラスの漆黒の羽は、もともとは白かったのに自分が運ぶ松明《たいまつ》の煙にいぶされた、とも言われている。とはいえ、この鳥の象徴的な意味はやはり両義的だ。ワタリガラスは世界の創造を象徴すると同時に、いたずら好きなトリックスターでもある――一般的に全能の神には結びつかない特質と言える。[31]

ワタリガラスが登場する同様の創造神話は、ベーリング海峡を越えたロシアのカムチャツカでも見られる。ここでも北アメリカと同じく、ワタリガラスはトリックスターとして描かれることが多い。両文化に密接なつながりがあってもなんら不思議ではない。というのも、北アメリカの先住民はもともとアジア北東部の出身で、およそ二万年前から一万四〇〇〇年前に東へ向かって、アメリカ大陸に上陸したからだ。

ほかにも、ワタリガラス（または、その近縁種）は古代ギリシャ、ローマ、複数のケルト文明、中国、日本、インド、オーストラリア、中東において、文化と神話の中心的存在となってきた。また、聖書だけでなくクルアーン（コーラン）においてもそうで、ワタリガラスはカインに、彼が殺した弟アベルをいかに埋めるかを示している。(32)

## 深遠なる知性

ワタリガラスは人類史の最初から象徴的な存在でありつづけているが、実体を持つ現実の存在でもある。この巨大な黒い鳥は、古代ギリシャ人およびローマ人の戦いからサクソン人、ヴァイキング、ノルマン人の戦い、そして一五世紀の薔薇《ばら》戦争、さらにはイギリス本土で起きた最後の血なまぐさい争いである一七四六年のカロデンの戦いにいたるまで、戦場でよく見かけられた。ワタリガラスが戦場にいた理由は、ただひとつ。死者の亡骸《なきがら》と瀕死者の肉体を食べるためで、たいていは目などのやわらかい部位からごちそうを楽しんだ。当然ながら、この胸の悪くなる行為のせいで、彼らは死または災難の先触れとみなされた。(33) 鳥類学者のエドワード・A・アームストロングは、一九五八年の著書『鳥類の民間伝承』（*The Folklore of Birds*）において、この見解を重んじ、一章をまるごと――「破滅と大洪水の鳥」（The Bird of Doom and Deluge）と不吉なタイトルをつけて――ワタリガラスに費やした。(34) とはいえ、アームストロングも認めるとおり、神話や民間伝承に登場する鳥がたいていそうであるよ

＊10 ちなみに、“ravenous”（飢えた、がつがつ食う、貪欲な）という語は、ワタリガラスのむさぼるような採食の習性から派生したとされる（Warren-Chadd, Eachel and Taylor, Marianne (2016). *Birds: Myth, lore and legend.* Bloomsbury, London を参照）。ところが、オックスフォード英語辞典は、語源はまったくちがうにもかかわらず、英語のスペル（“ravinous” または “raynous” から “ravenous” に変化した）のせいで、あとから（たまたま）この鳥の名前と結びつけられたのだろう、と主張している。

うに、ワタリガラスは一元的な悪の象徴ではなく、もっと繊細な相反する性質を持つことが多く、邪悪な役割とともに善良な役割も担うことができる。そして近縁種のカササギと同じく、不運だけでなく幸運のしるしにもなる。たとえば、この伝承民謡のように。

一羽のカラスを目にするのは運がいい、これはほんとう
だけど、二羽に出会うのはまちがいなく運が悪い
そして三羽との遭遇は、くわばら、くわばら！(35)

ワタリガラスは、少なくとも短期間なら、人間に飼い慣らされることもある。多くの文化で、精神的、現実的両方の案内者の役割がワタリガラスに付与されている。航海中のヴァイキングにとって、ワタリガラスは象徴的にも実用的にも重要だった。戦士はワタリガラスが死に結びつくことから敵を怯《おび》えさせられると信じて、楯《たて》と旗印をこの鳥の絵で装飾した。また、北海を渡ってイギリスに侵入するさいに、陸地を見つける目的でこの鳥を利用した(36)。

九世紀の探検家にして古代スカンディナヴィア人のフローキ・ヴィリガルズソンは、故郷を出発してさらに遠い地をめざし、アイスランド（数年前、同胞のナドッドによって偶然発見されていた）にたどり着こうとした(37)。伝説によれば、陸地を見つけさせるために、彼は三羽のワタリガラスを連れていった。最初の一羽は放たれると来た方角へ帰っていき、まだ道のりは長いことを示した。二羽めは上空を飛びまわったあと船に戻ってきて、まだ広い海原にいて陸地は遠いことを示した。三羽めのワタリガラスも空高く舞ったが、やがて北西の方角に向かい、二度と戻らなかった。フローキは探していた陸地が近いことを知り、この鳥のあとを追ってアイスランドにたどり着いた。この功績にちなんで、彼はフラフナ＝フローキと呼ばれるようになった——〝フラフナ〟は、ワタリガラスを意味する(38)。

数多くあるワタリガラスの神話や民間伝承と同じく、この物語もまた、ワタリガラスが実際に示す行動を下敷きにしている。古典学者にして鳥類学者のジェレミー・マイノットが示したある逸話は、ワタリガラスには戦いの〝情報〟を広く遠くほかの個体に〝知らせる〟特別な能力があることを示唆している。「紀元前三九五年、テッサリアのファルサルス（ファルサラ）で起きたとくに凄惨な大虐殺後に、ワタリガラスが多数その場所に集まったと言われ」、「彼らはみんなふだんの生息地を離れており……このことから彼らが互いに情報を伝達するなんらかの感覚器官を持っていることが示唆される」［後半は、アリストテレスからの引用(39)］

こうした逸話、いや、人間とワタリガラスの遭遇物語のほぼすべての背景には、古代から現在まであまねく認められてきたこの鳥のひとつの資質がある。それは、深遠なる知性だ。ベルンド・ハインリッチが指摘するとおり、古代スカンディナヴィア人からコンラート・ローレンツによる草分け的な動物行動の研究にいたるまで、人間はワタリガラスを世界有数の利口な鳥とみなしてきた。

カラス科のほかの鳥と同じく、ワタリガラスはたいていの鳥よりも体に比して脳が大きく、ほかの種では手に負えない複雑な作業を行なえる。たとえば、ミヤマガラスは野外《フィールド》と実験室どちらの研究でも、問題解決にとくに長《た》けていることが示されたし(40)、カレドニアガラスは道具を作って使えるばかりか、特定の作業に適した道具を選ぶこともでき、未来のできごとに備えて計画する能力すら持つ――かつては人間にしかないと思われていた能力だ(41)。

ワタリガラスもきわめて利口な鳥だが、おそらくもっと重要なのは、人間からそうであると認識されており、賢い、狡猾《こうかつ》、抜け目がない、予言能力を持つ、といったことばで一般的に描写されていることだ(42)。一見すると、これは人間の資質を鳥に押しつけた例に思えるが、じつはそうではない――ワタリガラスはほんとうに、きわめて利口なのだ。それどころか、ある近年の科学研究では、複雑な作業の遂行において、大型類人猿に匹敵する能力を持つことが示された(43)。べつの研究では、類人猿と同じく、ワタリガラスは返礼の受け取りを猶予できることが示された。つまり、のちにより大きな利益を得るために、現在の報酬を受け取らず先延ばしにするのだ(44)。また、科学者の多くが、ワタリガラスは〝心の理論〟、すなわち他者の思考や精神状態を理解し、考慮に入れる能力を証明したと信じている(45)。

古代ギリシャ人をはじめとする古代文明人は、説明のつかない情報伝達能力がワタリガラスにあると考えていたが、それを追認するかのように、言語学者のデレク・ビッカートンは、ワタリガラスは〝超越性〟――目の前の空間または時間に存在していない概念について伝達できる能力――を示したわずか四つの動物群のひとつ（ほかの三つは人間、アリ、ハチ）だと主張している(46)。ミツバチが花《か》蜜《みつ》をあらたに見つけたとき〝尻振りダンス〟をして巣からの方角と距離を示すのと同じく、単独で食べ物にありついたワタリガラスは夜のねぐらで死骸の存在とありかを仲間に伝達することができる。ひょっとして、だからこそ、ワタリガラスの集団は〝conspiracy〟（共謀）と呼ばれるのかもしれない。

ワタリガラスの幼鳥、成鳥のいずれも、見るからに〝遊び〟に思えるものに興じる。単独またはペアで宙返りをしたり、雪の斜面を滑りおりたりするのだ(47)。わたしはよく、一羽のワタリガラスが飛行中ふいにひっくり返ったかと思うと体をよじってもとの姿勢に戻るのを見かけるが、その行為には、おもしろそうだというほかにさしたる理由がないように思える。

ワタリガラスをことさら人間になぞらえるのはよくないが、こうした行動を目にすると、どうしてもそうせずにはいられない。この知性は、いやほかのさまざまな資質も、まちがいなく古典文学と大衆文化において彼らに関する描写に影響をおよぼしてきた。

## 文学とワタリガラスの声

文学でワタリガラスが担った役割はと問えば、おそらく「『またとない』とオオガラスはいらえた」

という答えがすぐさま返ってくるだろう。これは、一九世紀のアメリカ人作家、エドガー・アラン・ポーによる物語詩のなかでもとくに有名な『大鴉《おおがらす》』の一節だ。[48] 一八四五年一月、亡くなる五年ほど前に発表されたこの詩は、ゴシック文学の傑作であり、二〇〇年近く経《た》ってもいまだその人気は衰えない。詩のほぼあらゆるネットランキングで上位一〇篇《ぺん》に入っている。[49]

妙に軽快な、それでいて異様に不穏なリズムで、『大鴉』は「寂寥《せきりよう》たる深夜に」家の扉が叩《たた》かれて目を覚ました男の話を語る。訪問者はなんとワタリガラスで、部屋に招じ入れられると、ひとことだけ発する。「またとない」と。カラスとのおおむね一方通行の会話が続き、男はしだいに怒りを覚えて心乱される。ワタリガラスがこのせりふを延々と繰り返すせいで、恋人のレノーアを失ったことを思い知らされるからだ。やがて彼は精神を病み、こうなったのは「恐ろしくて、ぶざまで、おぞましく、不気味で、不吉な」鳥のせいだと言う。

ワタリガラスに関する多くの古代神話もそうだが、ポーはおもにこの鳥を劇的装置として用い、男の精神崩壊を投影させ、ある意味ではこれを早めさせてもいる。同様の手法が、ワタリガラスが登場するほかの文学でも、たいていは凶兆として用いられている。

たとえば、シェイクスピアの『ジュリアス・シーザー』最終幕の冒頭で、ワタリガラス、カラス、トビの群れが命運の尽きた暗殺者たちの頭上を飛びまわり

……おれたちを見おろしていた、まるでおれたちが
死にかけている餌食ででもあるかのように。(小田島雄志訳)

この情景を心に描いた観客はきっと、これらの鳥か恐ろしい君主殺しの罪を糾弾しているものと考えるはずだ。[50]

シェイクスピアはひとたび適切な象徴を見つけると、形を変えて何度も用いる傾向があった。したがって、『マクベス』ではマクベス夫人にこう言わせている。

カラスまでが、しわがれ声で
告げている。ダンカンが死ぬ運命に導かれ
私の砦にやってくる、と。[51]（松岡和子訳）

わたしたちは劇の序盤のこのせりふから、実際に殺されるはるか前に、ダンカンの悲運はすでに確定しているものと推論する。ワタリガラスは『ハムレット』でも悲運の先触れとして登場し――「しわがれ声の大ガラス、復讐せよと叫びたり」[52]（松岡和子訳）――『オセロー』では、タイトルの由来となった悲劇の英雄が、「疫病にとりつかれた家の屋根にきて不吉な予言をするカラスのように」[53]（小田島雄志訳）悪い記憶が念頭を離れない、と嘆く。シェイクスピアの観客はもちろん、この描写は世情を反映したものであり、もうじき死骸にありつけると期待するワタリガラスが、疫病にかかった人々の家の上に集まったさまを指しているとわかっただろう。

もうひとつ有名なワタリガラスと文学のつながりは、やや穏当なもので、疫病ではなくペットが出てくる。チャールズ・ディケンズはロンドンの自宅でワタリガラスをペットとしてたてつづけに三羽飼っており（どういうわけか、三羽ともグリップと名づけられていた）、三羽は飼い犬や子どもたちを恐怖に陥れていた。[54] このカラスたちは一八四一年の小説『バーナビー・ラッジ』にも登場する。また、一羽はディケンズとともに大西洋を渡ってフィラデルフィアを訪れ、かのエドガー・アラン・ポーに会いさえした――この出会いは、ポーが前述の有名な詩を書くきっかけになったと広く信じられている。[55]

ポーの『大鴉』でも、シェイクスピアなどこの鳥に言及したほかの文学作品でも、しばしばワタリガラスの声に焦点が当てられる。ベルンド・ハインリッチは、この傾向はオーディンのワタリガラスたち、すなわち日々の旅から戻って彼に報告するカラスたちにまでさかのぼると言う。とはいえ、彼はパラドックスを指摘してもいる。多くの関心と論評がワタリガラスに寄せられる要因のひとつは、その声だが、「わたしたちがいちばんわかっていないのは鳴き声だと確信している」と彼は言う(56)。「ワタリガラスの声や身ぶりから、その驚き、喜び、虚勢、強がりがわかるような気がする。だが、スズメにもタカにも、そうした幅広い感情を見出すことはできない(57)」

これをただの擬人化だと一笑に付すのは簡単だろう——次の二点がなければ。まず、ベルンド・ハインリッチは八〇年あまりの人生の大半をワタリガラスの観察と研究に費やしてきた。だから、彼がこれらの感情を感じとれると言うなら、わたしたちは留意しなくてはならない。ふたつめは、彼ひとりではないことだ。ワタリガラスとそれなりの時間をともに過ごした人はだれでも、彼らの鳴き声にはたしかにごく人間的な資質があることを知っている。だからこそ、たぶん、ポーの詩——「またとない」というカラスの決まり文句が催眠術のように繰り返される詩——が、ずっと人気を保ちつづけているのだろう[*11]。

＊11　『大鴉』はエドガー・アラン・ポーをだれもが知る有名人に押しあげたが、皮肉にも、歴史上とくに頻繁に再版され、とくに広く引用されてきたこの詩から、彼はほとんど金銭的利益を得ていない。詩の精神的遺産がいまなお大きいことは、ボルティモア・レイブンズ・フットボールチームの名前からはっきりとうかがえる。この名前は一九九六年にファン投票によって選ばれたが、理由のひとつは、地元のベースボールチーム、ボルティモア・オリオールズへの敬意〔訳注：オリオールズの名称は、メリーランドの州鳥、ボルチモアムクドリモドキ（Baltimore Oriole）に由来する〕で、もうひとつは、ポーがこの都市に埋葬されているからだ。

## 千変万化で複雑な性質

古典文学は大衆文化で引きあいに出されることが多い。ときには公然と、だが、たいていはひそやかに、おなじみの物語が、完全な新作の書籍や映画の基本プロットとして焼きなおされている。

したがって、一九九〇年一〇月に、テレビシリーズ『ザ・シンプソンズ』が、「ハロウィーン・スペシャル」(Treehouse of Horror)のエピソードでエドガー・アラン・ポーの『大鴉』を下敷きにしたこともさして驚きではなかった。ただ、異例なのは、当時はまだ一般に子ども向けアニメーションとみなされていた同番組で、省略せずに完全な形でこの詩が示されたことだ。しわがれ声のハリウッド俳優、ジェームズ・アール・ジョーンズがナレーションを務め、シンプソン一家のさまざまなメンバーが出演したこの作品は、テレビ番組の傑作であり、古典と大衆文化が合体したすばらしい事例と言える。[58]そして笑えると同時に、驚くほど不穏な作品にしあがっている。

ほかにも、たくさんの現代文学作品がワタリガラスを登場させているが、やはり既存の神話や伝説を焼きなおしたものが多い。J・R・R・トールキンはベストセラーとなった一九三七年の子ども向けファンタジー『ホビットの冒険』で、二羽の年老いた賢いワタリガラス、ロアークとカークを登場させている。[59]いずれの名前も明らかに擬声語的で、フギンとムニンがもとになったのはまちがいない。

映画製作者のウォルト・ディズニーも、ワタリガラスがことのほか好きだったようだ。『ホビットの冒険』が刊行されたのと同じ一九三七年に公開した、世界初の長編アニメーション映画『白雪姫』に、ワタリガラスが登場している。一九五九年の映画『眠れる森の美女』にも、スペイン語で〝悪魔〟を意味するディアブロという名前のワタリガラスが出てくるし、その二〇一四年のリメイク『マレフィセント』と二〇一九年の続編『マレフィセント2』では、このワタリガラス(ディアヴァル)は人間の姿に変身できる(これもまた、ワタリガラスとシャーマニズムの結びつきを示す事例だ)。古代神話でもそうだが、これらディズニー映画のワタリガラスは性質がきわめて流動的で、ときに滑稽、ときに狡猾、ときに邪悪で、この三つを同時に併せもつことも多い。

ワタリガラスの千変万化で複雑な性質は、かのルイス・キャロル（ヴィクトリア朝時代の作家にして数学者でもあるチャールズ・ドジソンの筆名）も称賛していた。ベストセラーになった一八六五年の作品『不思議の国のアリス』では、帽子屋がお茶会の出席者にこんななぞなぞを出している。「ワタリガラスはどうして書き物机に似ているのか」。何世代もの読者がこのなぞなぞを解こうと試み、現実に即した答え（ワタリガラスの翼と書き物机の天板は、どちらもぱたぱたと動く）から、概念的な答え（ワタリガラスは鳴き声（note）を、書き物机はメモ（note）を生み出す）、奇想天外な答え（オルダス・ハクスリーによる「どちらにも〝b〟があって〝n〟がないから」）まで、さまざまな解答を示してきた[60]。

今日、ほとんどの評釈者は、キャロルがわざと読者を悩ませたのだと考えている――このなぞなぞには、じつは答えが存在しないのだ、と。いずれにせよ、キャロルがワタリガラスを選んだのは、おそらく、わたしたちのこの鳥に対する認識があいまいさに包まれている――ずっとそうだった――からだろう。

## 迫害からの復活

今日、わたしたちのワタリガラスに対する認識は、こうした何世紀にもわたるワタリガラスの列、古代神話や伝説から古典文学、大衆文化に登場するさまざまなワタリガラスの列に大きく影響されている。同時に、当然ながら、このカリスマ的な鳥が――狩りの仲間、役に立つ清掃動物、ときには死をもたらす敵として――わたしたちと暮らした長い歴史によっても、形成されている。

本章で見てきたとおり、古代の人間とワタリガラスは親密かつ共生的な関係を築いてきた。ワタリガラスは狩りの旅に同行して、獲物のいる場所へ導いてくれた。だが、わたしたちの祖先が狩猟者から農耕民に転換すると、彼らはほどなく協力者から不倶戴天《ふぐたいてん》の敵に変わった。というのも、いまや貴重な穀物を食べつくして人々の生活を脅かすからだ(61)。

中世およびその後の期間に、ヨーロッパの多くの地域で、ワタリガラスの役割——と、わたしたちのこの鳥への認識——がまたもや変わった。アカトビとともに、町や市でよく見かけられ、おおむね歓迎される腐肉あさりとなった。腐りかけの動物の死骸が街路に存在しないようにする、いわば〝清掃部隊〟だ。イングランドでは、ワタリガラスは国王令で保護されてもいて、一五世紀末のヴェネツィア人旅行者は「われわれがかくも嫌悪するものを、彼らは不快に思わない……ワタリガラスは気の向くままに鳴く。というのも、だれひとり縁起がどうのと気にしないからで、彼らを駆除したら罰を受けさえする。彼らが街路の汚物をなくしてくれるからだという」と驚きまじりに記している(62)。

ところが、一八世紀はじめから都市の衛生状態が向上して、アカトビやワタリガラスの必要性が減ってくると、またもやこれらの鳥に対する世論が悪化しだした。保護ではなく迫害が時代の主流となった。より広大な田園地帯でも、同じ現象が起こった。ワタリガラスは長らくこれらの地域で死んだ家畜を餌にしてきたが、今日のミヤマガラスやふつうのカラスのように、弱い幼獣を殺すという悪評も得ていたのだろう。ワタリガラスは一九世紀はじめにイギリスのほぼすべての州で繁殖していたのに、ヴィクトリア女王時代が終わった一九〇一年には、イングランド中部とイースト・アングリアの多くの地域から姿を消していた。ただし、イングランド南部の州ではまだそれなりに数を保っていた(63)。

絶え間ない攻撃と迫害に脅かされ、ワタリガラスは人里離れた高地への避難を余儀なくされた。デレク・ラトクリフのことばを借りるなら、ワタリガラスは「わびしい土地、牧羊場、荒れ地、山、岩がちな海岸に棲《す》む、見捨てられた生き物」となった。一九世紀の博物学者にして狩猟者のアベル・チャップマンが述べたとおり、オオカミ、クマ、イノシシとともに「まさに消滅した動物相の典型」だったのだ(64)。イギリスの高地にワタリガラスにちなんだ地名がたくさんあるのは偶然ではない。はっきりそうとわかるものを例に挙げるなら、レイヴンズクレイグ、レイヴンズカー、レイヴンズデール（それぞれワタリガラスの岩山、岩礁、谷を意味する）などで、どれもワタリガラスが生息していたと思われる場所の地形が呼称になっている。[65]

だが、こうした辺鄙《へんぴ》な場所ですら、やはり彼らは迫害された。一七世紀から一九世紀にかけて、ワタリガラスの死骸（幼鳥、成鳥どちらでも）一羽につき四旧ペンス（現代の価値にしておよそ四ポンド）の報奨金が提供された。[66] 詩人のウィリアム・ワーズワースは、この慣行を子ども時代の思い出としてこう記している。「子どものころ［一七七〇年代から一七八〇年代］に、巣立ち前のワタリガラスの束がホークスヘッドの教会墓地に吊《つる》されているのをしばしば見た覚えがある。一羽につきかなりの報酬が、危険を顧みない駆除者に支払われた」[67]

イギリスの〝害獣〟の迫害史を詳述した『沈黙の野』（*Silent Fields*）でロジャー・ラヴグローヴが示したように、その後二〇〇年あまりのあいだ、ワタリガラスは迫害され、毒殺され、攻撃されつづけた。それどころか、スコットランドの一部では、一九五四年の鳥類保護法が制定されたあともワタリガラスの駆除を認める法律が長らく残り、一九八一年にようやく廃止された。[68]

ワタリガラスの敵は牧羊者や賞金稼ぎだけではなかった。一八世紀から一九世紀にかけてキジの狩猟が盛んになり、管理人が猟場内の貴重な鳥を断固守ろうとしたことが、ワタリガラスへの事実上の死刑宣告となった。ロジャー・ラヴグローヴは、低地地方でのワタリガラスの減少は、「とくに牧羊者や賞金稼ぎによって、いたるところで絶え間なく迫害された」ことがおもな原因だと主張している。[69]

ワタリガラス（と、ハイイロチュウヒやイヌワシなどの猛禽）に対する不法な迫害は、今日も多くの狩猟場で続いている。にもかかわらず、ワタリガラスはいまや生息地を拡大しつつある。数世紀におよぶ迫害ののちに、ようやくイングランド低地のかつての生息地に戻ってきたのだ。象徴的なことに、ケント州東部の〈ドーヴァーの白い崖〉でもふたたび繁殖するようになった。[70]

この復活をちがう角度から検証してみよう。一九七〇年代にわたしが野鳥観察を始めたころ、ワタリガラスを見たければ、ロンドンの自宅から北ウェールズのスノードニアまで三〇〇キロ以上移動しなくてはならなかった。三〇年後にサマセット低地へ引っ越したが、そこに住みはじめて一、二年はめったにワタリガラスを見かけなかった。いまや彼らは、この湿地がちな低地の全域でありふれた姿――と、音――になっている。二〇二〇年春、新型コロナウイルス感染症による最初のロックダウンの期間、わたしはこの大きな鳥を自宅から二キロたらずの野原だけで少なくとも三五羽見かけた。

こうしたわたし個人の実体験にもとづく証拠は、英国鳥類学協会（ＢＴＯ）のために多数のアマチュア野鳥観察者が一九六〇年代から定期的に実施しているアトラス・サーベイの数字によって裏づけられる。彼らが作成した最初の『アトラス』――一九六八年から七二年の鳥の繁殖を記録した地図――は、イギリス北部および西部の高地と海岸地域にほぼかぎられ、東部と南部の低地にはほとんど記録がなかった。[71] 一九八一年から八四年にかけての『ウインター・アトラス』でも、変化はごくわずかだった。繁殖期にせよ越冬期にせよ、調査した一〇キロ四方の半分以下（四四パーセント）にしかワタリガラスはいなかったのだ。[72]

さらに四半世紀ほど経過した二〇〇七年から一一年の『バード・アトラス』では、全体像ががらりと変わっていた。この二、三〇年のあいだに、ワタリガラスの繁殖地は三分の二以上広がり、越冬地にいたってはほぼ二倍になった。[73] イングランド東部の州では地図にまだ空白があるが、編集者が記したとおり「ワタリガラスはいまや、高地の鳥のみならず、田園地帯の鳥、低地の農用地および森林の混合地帯の鳥となっている」[74]。この最新の全国調査から一〇年あまり経過した今日、ワタリガラスはイギリスのほぼ全域で繁殖している。

種の復活は、その種に対する認識の変化にもつながる。ワタリガラスの場合、よく見かけるおかげで、軽蔑ではなく称賛がもたらされた。わたしたちはこの大きな黒い鳥の存在を称え、夏空高く宙返りする曲芸的な行動に目をみはり、天空のどこかから降ってくるあの低いしわがれ声を耳で聞くだけではなく、まさに体で感じるようになった。

そしていま、ワタリガラスが登場する数々の古代神話の焼きなおしのなかに、この鳥をわたしたちの文明の中核に据えた最後の物語がある。ワタリガラスはこの物語において、ただ重要なだけではない、国の命運にかかわる重大な役割を担う。グレートブリテンおよび北アイルランド連合王国の滅亡を防ぐ究極の守護者としての役割だ。

## ロンドン塔の守護者

ロンドン塔は、ロンドン、イングランド、イギリスの歴史の一部であるだけでない。いろいろな意味で、これらの歴史そのものを体現している。一〇〇〇年近く前にウィリアム征服王によって建てられて——いや、建設が着手されて——以降、この国の物語の中心を占めてきた。今日では、周囲を取り囲む高層オフィスビルのせいで小さく見えるようになったが、この塔はなおも、イギリスのみならず世界でも屈指の荘厳な建物でありつづけている。

わたしが母親に連れられて最初にロンドン塔を訪れたのは、一九六〇年代末のことだった。半世紀あまりのち、九月の明るく晴れわたった日に再度訪れて、子どものときはじめて感じた畏怖と驚嘆の念をまたもや覚えた。この場所で大勢のイングランドの王が戴冠前の夜を過ごし、何人かはここに投獄され、ふたり——ヘンリー六世とエドワード五世——が殺された。また、ここはチューダー朝の王妃と女王——アン・ブーリン、キャサリン・ハワード、レディ・ジェーン・グレイ——のほか、トマス・モア、トマス・クロムウェルら四〇〇人が処刑された場所でもある。だが、こうした陰惨な長い歴史にもかかわらず、今日、この塔に関して最もよく知られているのは、たぐいまれなふたつの呼び物だろう。戴冠用の宝玉と、ワタリガラスだ。

ここを再訪する前に、わたしはロンドン塔の公式ウェブサイトを調べ、そもそもどうしてワタリガラスがここに住むようになったのかを読んだ。さらに、もっと重要なことだが、もしワタリガラスが行方不明になったり、死んだり、飛び去ったりしたら王朝は滅亡するという、よく語られる話についても調べた。

この話の起源は、三五〇年以上前、チャールズ二世の治世にさかのぼると言われている。イングランド王室天文官のジョン・フラムスティードが、塔の周囲を飛びまわるワタリガラスの騒々しい声のせいで集中力が妨げられると訴えた。ウィリアム征服王が建設させたホワイト・タワーは、当時ロンドン屈指の高層建物であり、そこから重要な天文観察をしていたのにむずかしくなったというのだ。ところが、チャールズ王がワタリガラスの駆除を命じたところ、もし彼らが塔を去ったら王朝は倒れると占い師に告げられた。この恐ろしい警告を聞いて王は考えなおし、少なくとも六羽はつねにワタリガラスを残すよう命じた。

当時、この国の首都はふたつの災厄、すなわち一六六五年の致死的病（ペスト）の流行と、その翌年の悲惨なロンドン大火を経験したばかりだった。奇跡的に――そしてなんと、ほぼたちどころに――国の運命が好転しはじめた。それ以前はイングランド内戦で国が破滅的に分裂し、チャールズ一世が処刑されるという衝撃的なできごとに見舞われたが、彼の息子がこの君主国を立てなおしたのだ。疫病の流行は終息したし、当時は大惨事とみなされた大火も、結果的に中世の都市の遺物を一掃して、サー・クリストファー・レンが首都を近代的に造りなおすことを可能にした。すべてがうまくいった。たとえ、何もかもワタリガラスがロンドン塔に存在しつづけたおかげだとは言えないまでも、これらの鳥は国の安寧の象徴として役に立った。心温まる話だ。

ただひとつ、小さな問題がある。ロンドン塔の衛兵《ヨーマン・ウォーダーズ》にして二〇一一年からこの塔の正式なレイヴンマスターを務めるクリストファー・スカイフに会って聞いたところ、なんと、この話はほぼ完全な虚偽であることが判明したのだ。

わたしがはじめてクリスに会ったのは、その数年前、ロンドン中心部にある有名書店ハッチャーズが主催する新刊本イベントでのことで、彼は〝ビーフィーター〟〔訳注：ロンドン塔の衛兵の通称〕の黒と深紅色の立派な制服に身を包んでいたが、今回わたしが塔を訪ねたときは彼の非番の日で、いみじくもアメリカン・フットボールチームのボルティモア・レイブンズのロゴがついた、ちょっとカラフルな藤色のTシャツを着ていた。

読んでおもしろく、かつ有益な情報が得られる回顧録『レイヴンマスター』(*The Ravenmaster*)[75]を執筆中、クリスは〝王国滅亡〟の話について調べた。結果、イギリスの歴史と伝承にまつわる多くの物語と同じく、おおむね作り話だと知った。それどころか、この話が子ども向けの本にはじめて登場した一八八三年以前に、ロンドン塔でワタリガラスが飼われていた証拠はひとつもない[76]。だが、ワタリガラスがこれよりもずっと前からロンドン塔に存在していたという説には、わずかなりとも真実があるかもしれない。チャールズ二世の治世（一六六〇～八五年）の前および治世のあいだ、ワタリガラスはロンドンの通りでよく見かけられ、しじゅう腐肉を探していたようだ。ある話では、これら野生のワタリガラスが、ロンドン塔で処刑された人々、たとえば一五三六年五月にここで首をはねられた不運なアン・ブーリンらの死体を食べていたとされる。ほかにも、よく語られる陰惨な逸話では、断頭台の下に転がったレディ・ジェーン・グレイの切断された頭部から、ワタリガラスが目をほじくり出していたという――ボリア・サックスが「死後に加えられた最後の侮辱」と呼ぶ、ひどい仕打ちだ[77]。

クリスが語ったところによると、探検家にして詩人、政治家のサー・ウォルター・ローリー――一六〇三年から、一六一八年に処刑される二年前までロンドン塔に監禁されていた――が、庭で花をついばむ〝いまいましいワタリガラスども〟について、看守のロード・セシルに苦情を述べていた。だが、やっかいなことに、ローリーはロンドン塔が所有するワタリガラスではなく、ロンドン塔にいるワタリガラスと言ったので、それらが今日ここで飼われているカラスたちの先任だと断定することはできない。ともあれ、さまざまな証拠から、ワタリガラスがこの王国の破滅を防ぐという考えは、ほぼまちがいなく現代神話と言えそうだ。長年のあいだに繰り返し語られてきた結果、カラスたちの存在理由の定番となった。

もっとも、クリスにはこの話の真偽はどうでもいい。彼にとって重要なのは、それが意味すること――鳥と人間と歴史の切っても切れない結びつき――だ。「この話は、夜に廊下を歩く亡霊と同じく、ロンドン塔の本質をなすものです。これらは現実に存在します――少なくとも、人々の頭のなかに」と彼は言う。

わたしはふと疑問に思って、せめて明確な記録がある一八八三年からは、ワタリガラスがずっと継続的にここで飼われていたのかと尋ねた。回答――答える前に、彼は口ごもった――に、わたしは驚いた。説明によると、ロンドン大空襲のさなか、塔のワタリガラス二羽が轟音《ごうおん》に怯えて死に、残るはわずか三羽になったが、うち二羽が三羽めに襲いかかって殺した。このできごとは「歴史から体《てい》よく消されました」と彼は言う。あまつさえ、残った二羽もその後飛び去って、結果的に数週間、ロンドン塔には一羽のワタリガラスもいなくなった――当局が報道機関と一般大衆からどうにかして隠しおおせた事実だ。幸運にも、ナチスの脅威が目前に迫っていながらも王国は滅亡せず、代わりの個体がロンドン塔に運びこまれ、以降、ワタリガラスはずっとここに住んで繁栄してきた。そして、数多くの反証があるにもかかわらず、塔のワタリガラスが王国を守っているという話は、いまもイギリスで広く公然と唱えられている。

クリスは自分の仕事、とくに、このいかめしくきわめて賢い鳥との日々の交流を見るからに愛しており、臆面もなく彼らを人間になぞらえる。「彼らにはそれぞれ個性がありましてね。わたしは彼らの感情の揺れが見えるようになったんです、楽しい気持ちや悲しい気持ち――わたしたち人間が持つあらゆる感情が。わたしたちとこれほど親密な関係をこれほど長く結んできた鳥は、ほかに思いつきません」。だが彼が指摘するとおり、ウマやイヌなど、ほかの生き物は最終的に人間に家畜化されたが、ワタリガラスはつねに野生を保ち、飼い慣らされなかった。「この仕事を始めたとき、わたしはワタリガラスをコントロールできるものと考えていました。なにしろ、自分はレイヴンマスター〔訳注：ワタリガラスの主人〕と呼ばれているのですから。でも、すぐに、わたしが彼らをコントロールしているのではない――彼らがわたしをコントロールしているのだ――と悟りました。彼らはなんでも自分のやりたいことをやるんです」

彼のことばは、ワタリガラスが並はずれて知性の高い鳥であるばかりか、わたしたち人間と対等な種である――それどころか、場合によっては、わたしたちよりもまさっている――という結論を裏づける。「彼らは、遠い昔からわたしたちを利用してきました」とクリスは言う。「これからもずっとそうでしょう」[*12]

わたしは、レイヴンマスターの仕事に何か好ましくない側面はないか尋ねてみた。彼はしばし沈黙したあと、こう答えた。

自分がどこにいようと、彼らはかたときも頭から離れてくれません。彼らがいま何をしているのか、つねに気になるんです。この塔にいても、自宅にいても、休暇旅行に出かけても、彼らのこ

＊12　クリスの観察によれば、ワタリガラスは慣習を重んじる生き物でもある。「彼らは自分たちのしきたりが好きなんです。自分たちの序列が。相手がだれなのか、ことのしだいはどうなのかを知ろうとします」。このように秩序を求めるさまを、クリスは人間のギャングになぞらえる。ギャングの構成員はけっして、見えざる一線を越えて他人の縄張りに足を踏み入れない。たまに突然、この境界線――と、個体間の序列――ががらりと変わるが、しばらくしてあらたな均衡状態に落ち着く。これもまた、人間社会にそっくりだ。

とを心配せずにいられませんし、おかげで家族とのあいだにちょっとした問題が生じることもあります。でも、もし、そうではなくなったら、わたしはべつの仕事に就くべきときが来たということでしょう。

こうして話を聞くと、クリスが彼の、あるいは塔――そしてもちろん、この国――のワタリガラスとの深いつながりを失うことはありえない気がした。クリスは別れぎわに、自分の究極の夢は世界を旅すること、多種多様な環境のワタリガラスを観察し、この鳥を生活や文化の中心に据えている人々と話をすることなのだと打ちあけた。その大望が成就されますようにと、わたしは心から願う。

塔を去るまぎわに、わたしはワタリガラスそのものを近くで見てみた。一メートルほどの距離からは、想像していたよりも大きく――そして立派に――見えた。つややかな青みがかった黒い羽、巨大なくちばし、それから何よりも、並はずれた鳴き声。地球上のどんな種ともちがうし、どんな種よりも心を奮いたたせてくれる鳥だという、わたしの確信は強まった。

# 第2章
# ハト

*Columba livia domestica*

いつも思っていたけど、たったひとつしか才能がないなんて、利口なおばかさん
みたいね――まるで伝書バトみたい。

――ジョージ・エリオット

一九四二年二月の寒くじめじめした午後、ブリストル・ボーフォート爆撃機の乗員は、ノルウェー海岸沖のドイツ船に爆弾を落とす任務を成功裏に終えた。いまは帰還の途にあって、温かい食事、待望の酒、ぬくぬくしたベッドを心待ちにしていた。

だが、乗員たちのはしゃいだ気分はじきに絶望へと変わった。乗っている爆撃機が対空砲火にやられ、エンジンのひとつがあっという間に停止したのだ。唯一の選択肢は、北海のまっただなかに不時着水すること。それを試みたはいいが、機体がばらばらになり、彼らは氷のような水中に投げ出された。かろうじて救命いかだ――小さなゴムボート――に乗りこむことができ、いまやそれが、うねる大波に危なっかしく浮き沈みしている[1]。

墜落の直前に、電信技手がスコットランド東海岸の英国空軍ルーカーズ基地に短いSOSのメッセージを送っていた。海と空から捜索が開始されたが、不運にもSOSの信号が弱すぎたせいで、救助隊は墜落機の正確な位置を突き止められず、彼らを発見できなかった。凍《い》てつく寒さのなか、ぐしょ濡れの乗員たちは、すでに低体温症の症状が出ていて、もはや命運が尽きたかに思えた。

だが、まだひとつ、生き延びる小さな希望があった。今回の飛行には、べつの乗客がいた――公式名NEHU.40.NS.1、のちにウインキーと改名された雌のハトだ。奇跡的に、ウインキーは不時着水を生き延び、そのキャリーケースがゴムボートのすぐ近くに浮いていた。夕闇が迫り、もはや一刻の猶予もない。乗員たちはハトを放ち、かすかな希望を胸に、その姿が暮れゆく空へ遠ざかって消えるさまを見守った。

塩水でずぶ濡れになり、墜落機の油にまみれた状態で、ウインキーはまっすぐ家をめざして飛んだ――およそ二〇〇キロの距離を、夜の荒天をついて。六時間後、夜が明けるころに、彼女は消耗しきってダンディー郊外のブローティ・フェリーにある鳩舎《きゅうしゃ》に戻った。

飼い主のジョージ・ロスがすぐさまルーカーズ空軍基地に電話連絡し、基地は最後の望みをかけて乗員捜索隊を派遣した。当直の軍曹は賢明にも、風向きと、最後の短いSOSメッセージの時刻と位置を用いて、不時着水した戦闘機の位置を割り出した。すばらしいことに、これが功を奏し、乗員全員が救助された。(2)

のちに、乗員たちはウインキーを主賓に据えて特別な晩餐《ばんさん》を催した。ウインキーはまた、誉れ高きディッキンメダル――議会名誉勲章やヴィクトリア十字章の動物版――を授けられた最初のハトとなった。(3)

ウインキーの奇跡の飛行は、ハトが持久力やナビゲーション能力を示した数多くの偉業のほんの一例にすぎない。ハトはおそらく、ほかのどんな鳥よりも長くわたしたちのそばで暮らしてきた。この長期にわたる関係の最も古い事例は、最もよく知られているものでもある。旧約聖書のノアと方舟の物語だ。

前章で述べたとおり、四〇日と四〇夜経っても洪水はなお引かず、ノアはまずワタリガラスを放ったが、この鳥は二度と戻らなかった。そこで、彼はまた試した。今度は、ハトで。

しかし鳩は、足を休める所を見つけることができなかったので、ノアのもと、箱舟へと帰って来た。水がまだ全地の面にあったからである。ノアは手を伸ばして鳩を捕らえ、箱舟の自分のもとに引き入れた。(4)（聖書協会共同訳）

七日後、ノアはまた試した――その日の夕方、ハトはまたもや帰ってきた。今回はしかし、オリーブの若葉をくちばしにくわえており、水がついに地上から引きはじめ、陸地が近くにあることを証明した。

日ごろから用心深かったノアは、もう七日待ち、三回めにして最後に、ハトを放った。今回は、戻ってこなかった。地上の生命をことごとく滅ぼした洪水（ただし、ノアが自分の名前で呼ばれるようになった方舟でかろうじて救った〝雄と雌一匹ずつ〟をのぞく）が、ようやく終わったのだ。

ノアの方舟の物語は、聖書の物語のなかでもとくに長く語り継がれているが、それはたぶん、過酷な環境災害を人間がいかに生き延びたかを伝えているからだろう――今日のわたしたちも心に留めるべき教訓だ。

だが、この話は、わたしたちと自然との関係における重大な両面性を浮き彫りにしてもいる。ノアが方舟から放ったこれら二種の鳥の本質に見られる両面性だ。ワタリガラスはわが道を行って二度と戻らなかったのに対し、ハトは一度ならず二度も戻ってきた。ワタリガラスが気まぐれで信頼できないのに対し、ハトは頼りがいがあって意志が固い。ワタリガラスが反抗的なのに対し、ハトは忠実で従順だ。

人類と自然の両面的な関係――わたしたちが自然界の一部でありながら、同時にそれを支配しようとしている関係――の例として、これら二種の対比はこのうえなく明確だ。それが証拠に、わたしたちは歴史的に、ワタリガラスとハトについて対照的な認識を抱いてきた。ワタリガラスは戦争の象徴だが、ハトは平和の象徴だ。ワタリガラスは謎めいているが、ハトはなじみ深い。ワタリガラスは野生だが、ハトは飼い慣らされている。そして最後に、前者は人の手が加わらない自然を、後者は手懐《てなず》けられた自然を象徴する。(5)

だが、正確にはいつ――そして、どんなふうに――ハトと家畜化（家禽化《かきんか》）の長い結びつきが始まったのか。そして、人と鳥の複雑かつ深い関係がいかに人間の歴史を――とくに、有史の始まりから現在までの情報伝達分野において――規定し、形作ってきたのか。

## 一万年前からの家畜化

こと聖書の時代の時系列に関しては、知識にもとづく推論と考古学の組合せに頼るほかない。学者たちはたびたび、ノアの方舟の物語を一連の歴史上のできごとに結びつけようとしてきたが、できごとの順番は不確かなままだ。

歴史学者の見解では、大洪水はほぼまちがいなく、現在〝中東〟とわたしたちが呼ぶ地域で起き[6]、年代はキリストが誕生する二〇〇〇年前から一万年前のどこかだった。この説によると、最後の氷河期が終わって氷河が急速に解けたせいで、地中海に水の壁が生まれ、それが隣接する黒海にあふれたという。紀元前およそ五〇〇〇年ごろに、一五万平方キロメートルにわたる広範な洪水が起きた証拠を、考古学者が見つけている。洪水の範囲はイングランドよりも広く、近年も洪水に脅かされている国、バングラデシュとおよそ同じくらいだった[7]。

わたしたちの物語にとって興味深いのは、洪水の年代が、人間文明の歴史における重要な瞬間に一致することだ。すなわち、野生のハトが最初に家畜化された時期に。紀元前三〇〇〇年から八〇〇〇年のどこかの時点で、地域も同じだった――おそらくはメソポタミア、つまりチグリス・ユーフラテス川の流域に位置する現在のイラクおよびその近隣地域だ。のちに肥沃な三日月地帯と呼ばれたこの地域は、最初の文明の発祥地とみなされており、ここではじめて、かつて遊動生活をしていた狩猟採集民が一箇所に定住し、作物を栽培して食用の動物を育てるようになった。

この新しい定住生活の初期に、人々は野生の鳥を捕まえた。だが殺してすぐ食べるのではなく、食用か羽根などの副産物を得るために繁殖させた。これは、現在わたしたちが家畜化と呼ぶ行為だ。確たる証拠がないせいで、厳密にいつ生じたのか、どの鳥種が最初にこの目的で人間に飼われたのかについては、少なからぬ議論がある。歴史学者の大半は、アジア南部のセキショクヤケイ――その子孫は、おなじみの家禽化されたニワトリ――が最初に家畜化された野生の鳥で、およそ八〇〇〇年前のことだったと考えている。(8) だが、これですべての説明がつくわけではない。

ハトについては、文字による最初の家畜化の証拠が、これよりも遅い時期、およそ五〇〇〇年前と推定されるメソポタミアの楔形文字の粘土板に見つかった。エジプト、ギリシャ、ローマなど、ほかの古代文明の文字による記録にも、野生のハトを飼い慣らすさまが詳述されている。とはいえ、この鳥は、得られる証拠が示すよりはるかに前から飼育されていた可能性が高い。おそらくは、一万年くらい前からだと思われる。

どんな種にせよ人間が鳥を飼うおもな理由は、肉や卵の形で食べ物を得るためだったはずだ。だからこそ、家畜化された鳥の多くは体が大きくて肉づきがよく食用に適している。よく知られているのは、ニワトリ、ガチョウ、カモ、シチメンチョウ、そして（半野生の）ハクチョウだ。

ハトはそれよりうんと小さいが、やはり食用に適している。雛《ひな》は孵化《ふか》後三週間から四週間で絞めて食べていたようで、とくにおいしい。これを示す証拠は、旧約聖書、なかでも「レビ記」に豊富にあり、野生か飼育されたものかを問わず、ハトが贖罪《しょくざい》のため神に捧げられている。多くの場合は、高価な仔《こ》ヒツジの手軽な代替品としてだ。(9)

家畜化されたハトがもたらす有用な品は、肉だけではない。食用として殺したのちにむしり取った羽毛が、クッションや枕の詰め物に使われた。また、集めて乾かした糞も、焚《た》き火の燃料として利用された。

とはいえ、結果的にはるかに重要だったのは、この鳥の生態のきわめて異なる側面――たぶん偶然発見された側面――で、ハトはこの点において、人間に家畜化されたほかの多くの鳥種と一線を画す。その側面とは、数百キロ、ときには数千キロも離れた場所から帰巣できる能力、いまなお多くのハト愛好家に利用されている能力だ。この能力のおかげで、地味な見た目でありながら、ハトはわたしたちの物語の中心に据えられることとなった。

だが、三〇〇を超えるこの科の鳥のうち、なぜ、そもそもカワラバトが家畜化の対象として選ばれたのだろうか。

## なぜ家畜となったのか

ハトを意味する英語の"dove"と"pigeon"は、ツバメを意味する"swallow"と"martin"のように、基本的には互いに言い換えができる。たしかに、一般にdoveは体がより小さくて華奢《きやしや》な種に使われ、pigeonはより体が大きくがっしりとした種に使われる。だが、woodpigeon(モリバト)が"ring dove"そしてrock dove(カワラバト)がときに"rock pigeon"と呼ばれることを考えると、この区別にはたいして意味がない。

カワラバトはハト科(*Columbidae*)の中型の鳥で、体長三一センチから三四センチ、体重およそ三〇〇グラム。ヨーロッパのヒメモリバトとだいたい同じ大きさで、ナゲキバトよりやや体長が長く(ただし、体重は二倍)、北アメリカでは最もよく見かける種だ。

純粋な野生のカワラバト――ただし、多くの再野生化した個体(ドバト)が野生の近縁種と異種交配している現状では、この語はどんどん定義がむずかしくなっている――は、たいてい青みがかった灰色だ。頭、胸、首はやや黒っぽい灰色(光が当たると、紫がかった玉虫色かつややかな緑色になる)で、尾と翼の先端は黒っぽく、空を飛ぶと二本の黒い翼帯《よくたい》が見える。

ドバトもよく似ているが、その色合いと模様はあきれるほど幅広く、ほぼ黒に近い色から、灰色、茶色、黄褐色、そして薄いクリーム色やまっ白にいたるまで多種多様だ。この多様性は、ふたつの要因による。見た目がよくなるよう意図して品種改良されたことと、かつて飼われていたが途中で逃げて野生に返った個体の子孫のあいだで任意につがいになったことだ。*1

英語の〝rock dove〟、つまり岩のハトという名称が示唆するように、カワラバトは、近縁種の多くが生息する野や森林の鳥ではない。もっぱら岩や崖の出っぱりか、割れ目か、洞窟《どうくつ》の入り口に営巣する。おかげで、この種は古代のヒト科と密接に触れあうこととなり、ときには同じ居住空間を分かちあいさえしたはずだ。*2

カワラバトが厳密な意味で家畜化されるはるか前に、その雛は食料源として定期的に巣から連れ去られていたようだ。こうした関係を示す、少なくとも六万七〇〇〇年前――現代のヒトがヨーロッパに入ってくる数千年前――の証拠が、現在のジブラルタルの洞窟にある。この地では数千年以上ものあいだ、ネアンデルタール人が野生のカワラバトを獲っていた。正確には家畜化と呼べないとしても、野生の鳥を狩ることとのちの明確な家畜化とを橋渡しする行為だ。(10)

カワラバトの本来の分布域は、ヨーロッパ西部および南部の岩がちな海岸から、アフリカ北部および中東の砂漠を横切って東へ延び、アジア南部の幅広い地域に広がる。これは多くの古代文明の分布にほぼ一致しており、したがって、カワラバトのそばで暮らしていた人々がじきに彼らを搾取しはじめたのは当然のことだろう。

これほど望ましい候補はそうそう見つからなかったはずだ。カワラバトは群れをなし、捕食者から安全を確保するために一箇所に集まって営巣する。また、四季を通じて繁殖し、多ければ年に六個の卵を産む。雛は〝ハト乳〟と呼ばれる栄養価の高い特別な物質を与えられ、ほかのどんな種の雛よりも早く育ち、孵化後二日たらずで体重が二倍になる。(11)ハト乳には稀有《けう》な特性があり、何を食べたかにかかわりなく作れるので、一年のどんな時期でも、親鳥はなんであれ手に入るものを食べて栄養豊富なこの物質に変えられる[12]。

　ゆえに、家畜化されたカワラバトも、一年を通じて間をおかず定期的に産卵、育雛《いくすう》することができる。これは、古代人が搾取したほかの種、たとえば海鳥にくらべて大きな利点となる。なにしろ、海鳥は春と夏のあいだは豊富に獲れるが、一年の残りの期間は外海に出るせいで一羽も獲れず、大猟か飢饉《ききん》のいずれかになるからだ＊3。

　群れをなす性質も、カワラバトの飼育を容易にした。巣に入り口と安全な営巣場所を設けて、種子か穀物を餌として与えれば、自由に空を飛ぶこの鳥を毎夜帰巣させられることが、じきに判明した。最古の鳩舎としては、古代エジプトとイランのものが知られている。これらの地では、ハトの糞が革なめしや火薬作りに使われてもいた。現在のイスラエルにあるネゲヴ砂漠では、東ローマ帝国時代（四世紀から一五世紀）に、土壌を改良する肥料としても糞が利用されていた[13]。

＊1　皮肉にも、ドバトの祖先はいま、子孫が繁栄したせいで危険な状態にある。二〇二二年のある調査で、イギリスとアイルランドの純粋な野生のカワラバトの個体数は、ドバトとの異種交配のせいで、現在、深刻な消滅の危機に陥っていることが判明した。また、この調査から、世界各地のカワラバトの生息地でも同じことが起きており、この種が最終的に絶滅する恐れがあることが示唆されている。Smith et al, 2022. 'Limited domestic introgression in a final refuge of the wild pigeon', *iScience*.

＊2　野生のカワラバトはこれらの場所に営巣しつづけている。一九四〇年代に、アマチュアの鳥類学者ジョン・リースが、スコットランド東部クロマーティ沿岸の洞窟で一年を通して繁殖しているのを発見した。Lees, John. (1946). 'All the Year Breeding of the Rock-Dove', *British Birds*, vol. 39.

＊3　セント・キルダの〝鳥人たち〟の話からも、このことがうかがえる。彼らは海鳥が外海へ去って入手できなくなる秋から冬の食べ物として、春から夏に獲った海鳥を〝クリート〟（cleit）と呼ばれる石造りの小屋で乾燥させる独創的な手法を採らざるをえなかった。BBC Four series *Birds Britannia*, episode 2, 'Seabirds'（二〇一〇年一〇月に初回放送）参照。

イスラエルではほかにもエリコ、マサダ、エルサレムなどで古代の鳩舎が見つかっているし、隣接するヨルダンのペトラにも鳩舎はあった[14]。また、古代ローマや、のちの中世ヨーロッパ各地にも存在し、後者では、鳩舎が富と権力を示す貴族のステータスシンボルとなっていた[15]。

避けられないことだが、カワラバトが家畜化されてほどなく、一部が逃げて野生の状態に戻った。また、ヨーロッパ人が世界各地を次々に征服しはじめると、ハトが食料源として遠征に携行され、故意にまたは過って野に放たれた。適応力の高いこの鳥は、現地でたちまち自立した個体群を形成した。

結果、再野生化したハト（ドバト）は、野生の祖先よりはるかに広い分布域を誇ることとなった。今日では、南北アメリカ、ヨーロッパ、アジア、アフリカ、オーストラリアの大部分の地域で姿が見られる。ただし、両極地域およびサハラなどの大砂漠と、アフリカのジャングル、サバンナ、熱帯雨林などの自然生息地、半自然生息地では見かけない[16]。ドバトはとくに大都市に生息し、有名なところとしては、ニューヨークのセントラルパーク、ヴェネツィアのサン・マルコ広場、そして（西暦二〇〇〇年ごろにおおむね駆逐されるまでは）ロンドンのトラファルガー広場といった大都市の名所に集まっている。

人々が食べ物を与えたり落としたりするおかげで、ハトは大きな群れを作ることが多く、そのせいで正真正銘の害獣、いわゆる〝アメリカで最もきらわれる鳥〟になることもある[17]。この鳥の名誉を傷つける数多くの蔑称のうち、おそらく最もよく知られている——そして、最も侮蔑的な——のは、〝翼のはえたネズミ〟だろう。最初に使われたのは一九六六年、『ニューヨーク・タイムズ』においてだ[18]。

それでも、後述のとおり、ハトは忌みきらわれることが少なからずあるいっぽうで、高く評価され、重んじられ、愛されてもいる。

カワラバトは、その〝帰巣本能〟——鳩小屋または鳩舎へ飛んで帰り、人間の走者や騎手よりもはるかに速く遠くメッセージを運ぶ能力――のおかげで、〝原始版インターネット〟とあだ名されている[19]。

この鳥がメッセンジャーとして用いられた最初の明確な記録は、およそ五〇〇〇年前、すなわち紀元前二九〇〇年ごろのものだ。古代文明でもとくに洗練されていた古代エジプトでは、賓客の到着を前もって知らせるために、入港する船からハトが放たれていた[20]。

数世紀のちのメソポタミアでは、アッカド帝国のサルゴン王もこの鳥を利用したが、その方法はさらに洗練されていた。伝令がハトを一羽携えて司令部から送り出され、もし途中で捕まったらそのハトを放つ。したがって、ハトの帰巣がふたりめの伝令を――理想としては、捕まるのを避けるためにちがう経路で――送れという合図になる、というものだ[21]。

古代ギリシャとローマでも伝書バトはよく用いられた。紀元前七七六年に、古代オリンピックゲームの結果が〝ハト通信〟によって送られたし、ガリア戦争の最中、ユリウス・カエサルは自軍の異なる部隊間でメッセージをやりとりするために伝書バーを利用した[22]。

ただし、帰巣の習性という点で、ハトはけっして比類なき存在とは言えないことに留意すべきだ。渡り鳥はすべて――とくに、広範囲を年に二回渡る長距離の渡り鳥は――多かれ少なかれこの能力を示す。たとえばツバメは、ヨーロッパ北部からアフリカ南部まで一万キロの経路を飛ぶばかりか、たいていは自分が産まれた正確な場所にたどり着ける[23]。

そうするために、これら世界旅行者たちは、進路決定の手段や手がかりを複雑に組みあわせて用いる。たとえば地磁気、月や星（夜間飛行中）、偏光（昼間飛行中）、海岸線や山並みなどの地形で、巣に近くなったら、川などその地域独特の目印や、鉄道、道路といった人工物すらも利用する[24]。

二〇〇四年の研究で、オックスフォード大学の科学者たちが、放鳥地点から巣までの経路を追跡する小さな装置をハトに取りつけた。その結果、一部の個体は大きな道路を経路として忠実にたどることがわかった。人間の運転手やナビゲーションシステムが（必ずしも最短ではないのに）最も簡単な経路を選ぶさいにあえてとる行動と似ている。[25] 研究者たちが驚いたことに、ハトたちが道路をたどるとき、場合によっては二〇パーセントも旅程が長くなった。それでも、彼らはあくまで道路をたどりつづけた。主任科学者のティム・ギルフォードは、肉体面からはきびしい旅になってエネルギーも余分に使うが、精神的には楽になるのだと指摘する。彼が皮肉たっぷりに述べたとおり、カラスでさえ、〝カラスのように飛ぶ〟〔訳注：直線距離を飛ぶという意味の慣用句〕わけではないのだ。[26]

## 大プリニウスからピカソまで

前述のような、ごく実際的な目的に使われるほかに、ハトは古代文明の神話、宗教、信仰体系によく登場する。とはいえ、帰巣本能よりも伝説的なまでの貞節さのほうが、理由としては大きい。ドバトやイエバトを観察したことがあればだれでも、彼らの求愛ディスプレイが複雑かつ、滑稽ながらもじつに愛らしいことを知っている。

まずは雄が雌に近づいて、関心を引こうと気取って歩きながら、プロボクサーよろしく首と胸の羽を膨らませて体をより大きく強そうに見せる。この段階では、雌のほうはちっとも関心を示さないことが多い。まるで雄がそこにいないかのように、ひたすら餌をついばみつづけるか、足を止めてくちばしで自分の羽をつくろう。これは〝転位行動〟と呼ばれ、生物学的見地からは、わたしたちが好感を寄せる人と話すときに自分の髪をもてあそんだり頭を掻《か》いたりするのと、さほどちがいはない。[27]

それでも、雌はしだいに雄の好意を受けいれはじめ、存在を無視するのをやめて思わせぶりな態度へと切り替える。二羽が互いに羽づくろいをして、いかにも微笑《ほほえ》ましい愛情行為に見えてきたところで、おもむろに雄が雌の上に乗ってつがう――ほんの数秒間の行為だ。交尾後、二羽はたいてい、餌を探すなどふだんの行動に戻る。[28]

さして想像力を働かせなくとも、家畜化しはじめたころにハトを観察した人間が、彼らのはっきりした親密な求愛行動と自分たち自身の行動に関連性を見出したことは推測できる。そこから先はほんの小さな一歩で、ハトは、人間が見習うべき資質——愛情、忠誠心、一夫一婦制——の象徴とみなされるようになった。

ハトは人間の夫婦が見習うべき手本であると明確に示した古代の記述に、ローマの博物学者にして哲学者の大プリニウスによるものがある。その最高傑作 *Naturalis Historia*（博物誌）——ヴェスヴィオ山の大噴火によってポンペイで命を落とす二年前の、西暦七七年に刊行された——で、大プリニウスはこう記している。「ハトはもっとも慎みがあってどちらの性も姦通を知らない。彼らは結婚の信仰を汚すことをせず、いっしょに所帯をもっている」[29]（中野定雄、中野里美、中野美代訳）

この臆面もない擬人的見解がもとで、ハトが旧世界の三大宗教——ユダヤ、キリスト、イスラム——の象徴表現および教義に組みこまれることとなったのは、おそらく必然だろう。また、これらアブラハムの宗教に先行する異教の信仰も、もとになっていたかもしれない。というのも、メソポタミアではさまざまな神をまつったいろいろな寺院でハトの彫刻や小立像が発見されているし、古代ギリシャでは、ハトは性愛と美の女神アプロディーテー（ローマの女神ヴィーナス）と密接に結びつけられており、描写された彼女の姿は白いハトに囲まれていることが多い[30]。

ところが、当のハトにとって、こうして多大な関心を寄せられるのはいいことばかりではなかった。紀元前一一〇〇年に、エジプトの王《ファラオ》ラムセス三世がテーベの神アメンに五万七〇〇〇羽のハトを生《い》け贄《にえ》として捧げ、その後もこの慣習は、少なくともキリストが誕生するころまで続けられた。聖書の「ルカによる福音書」では、マリアとヨセフが赤ん坊のイエスを「主に献げるため」エルサレムへ連れていったとき、「山鳩一つがいか若い家鳩二羽」を生け贄として捧げている[31]。ハトはまた——この場合は、清らかさの象徴としての白いハトだが——聖霊を象徴することも多かった。たとえば、洗礼を受けたイエスは「霊が鳩のようにご自分の中へ降って来るのを御覧になった」[32]（聖書協会共同訳）。

何よりも、白いハトは長らく平和の象徴とされてきた。もともとはキリスト教信仰の初期に培われた関連づけだが、以降、多数の非宗教的な文化にも採りいれられ、ノアの物語と同じく、描かれるハトはたいていオリーブの枝をくわえていた。そうした事例が、パブロ・ピカソの作品に数多くある。彼はこの概念にいたく感銘を受け、一九四九年に第四子が誕生したとき、その子にスペイン語でハトを意味するパロマと名づけた。[33]

## 戦時中の伝令として

だが、わたしたちとこの鳥との関係においてはるかに重要な要素は、通信、とくに戦時中の通信だ。ハンニバルからチンギス・ハーンにいたるまで人間の戦いの歴史を通じて、ハトは伝令として使われてきたし、十字軍は巧妙にも敵方に偽の情報を送るためにハトを利用した。[34]紀元前四三年のムティナ（現在のイタリアのモデナ）の戦いでは、包囲されたローマ軍の将軍デキムス・ブルトゥスが伝書バトを使って街の外へどうにかメッセージを送り、結果として援軍が送られ、最終的には敵のマルクス・アントニウスを負かした。[35]

ハトがメッセージを運ぶために利用されていたおかげで、一九世紀はじめの一連のナポレオン戦争では、長々と語り継がれる伝説的な作り話が生まれた。一八一五年六月一八日、イギリス軍をはじめとするヨーロッパ北部の連合軍が、ウェリントン公爵に率いられ、現在のベルギーに位置するワーテルローの戦いでフランス皇帝ナポレオン・ボナパルトを破った。のちに語られた話では、銀行家の名門ロスチャイルド家が所有する一羽の伝書バトがイギリス海峡を越えて、人間の伝令より三日早くロンドンにこの重大な報《しら》せを持ち帰った。そこでネイサン・ロスチャイルドは、まずはイギリスの公債を売り、敗戦濃厚と判断されてそれが暴落したのち、勝利の報せが公になる直前に、はるかに低い値段で買い戻した——こうして、膨大な利益をあげた(36)。

痛快な話に水を差すのは心苦しいが、実際には、ロスチャイルドはウェリントンの勝利の報せを鳥ではなく、人間から受け取っていた(37)。にもかかわらず、このハトの物語にはロマンがあり、今日にいたるまで、本来なら信頼できるはずのメディアでも繰り返し語られつづけている(38)。

真偽がさほど疑わしくない——そして、はるかに驚くべき——ものとして、パリ包囲戦中のハトを用いた通信の話がある。一八七〇年九月から七一年一月までの四カ月あまり、パリ市民はプロイセンの軍隊に取り囲まれた。市の内外でメッセージをやりとりするために、彼らはありとあらゆる独創的な手段を考えだした。たとえば熱気球だが、これは大がかりで使いにくく、プロイセン軍の銃撃に弱かった。そこで、代わりに、有効性が実証されている伝書バトが見直された。

包囲された市民は、革新的なことに、初期の写真技術を使ってメッセージの画像を撮影し、サイズを縮小してごく薄いフィルムに焼きつけた。これは〝マイクロフィルム〟と呼ばれるもので、一羽のハトに何千ものメッセージを運ばせることができ(39)、受け取られたメッセージは一通ずつスクリーンに拡大して映された。包囲戦中に一〇〇万通以上のメッセージがこの手段でパリから持ち出されたり持ちこまれたりした(40)。

伝令としてのハトの利用は、人類史上最も重大な二〇世紀のふたつの戦い、すなわち第一次および第二次世界大戦において全盛期を迎えた。これらの鳥の偉業はまちがいなく何千もの命を救い、両大戦の最終的な流れを変えるのにもひと役買った。

## シェール・アミの物語

ワシントンＤＣの国立アメリカ歴史博物館を訪れる人は、この国の過去を示すきわめて貴重な遺物を目にすることになる。たとえば、最初の星条旗。アメリカ合衆国の国歌を着想させることとなった旗だ。[41]

来館者はまた、もっと控えめなひとつの展示品を見つけるかもしれない。台に載せられた剝製《はくせい》の伝書バト、シェール・アミだ。残された一本の脚で立ち、少しばかり虫に食われた姿は、見たところ特別とは思えないかもしれない。だが、彼の物語は、[*4]一九一四年から一八年の戦いがもたらした逸話のなかでも並はずれている。

シェール・アミ（フランス語で〝親愛なる友〟を意味する）は、第一次世界大戦中にアメリカ陸軍通信部隊に使われた伝書バト六〇〇羽のうちの一羽だ。この鳥は――仲間とともに――フランス北東部のヴェルダン市近郊、対ドイツ戦の前線近くに駐留していた。全部で一二の飛行任務をこなしたが、最後のものは一九一八年一〇月四日、ドイツ軍が降伏するわずか一カ月あまり前のことだった。

運命のこの日、第七七歩兵師団の兵士たち――おもにニューヨーク市から召集された、五五〇名の寄せ集め兵の集団――は、アメリカ軍の残りの部隊から切り離された。チャールズ・ウィットルジー少佐に率いられた彼らは、いまや深刻な危機に直面していた。敵ではなく、味方が放つ砲弾にさらされていたのだ。孤立して、大勢の死傷者を出したばかりか、本部から遠すぎて自部隊の位置を無線で伝えられずにいた。ウィットルジー少佐は必死に、ハトを一羽、また一羽と放った――それぞれの片脚に、部隊の位置を示す情報が入ったカプセルを装着して。だが、ハトは空へ飛びたつたびに、たちまち撃ち落とされた。

人間の死傷者も増えつづけるなか、少佐は最後のハト、シェール・アミを送り出した。状況を思えば驚くほど抑制された、短いメッセージを運ばせて。「われわれは二七六・四に並行する道にいる。味方の砲兵隊がわれわれを砲撃中。どうか、やめさせてくれ」[42]

成功の確率は、どう言いつくろってもごくわずかだった。予想どおり、シェール・アミは飛行中に撃たれて胸に傷を負い、右脚と片目の視力も失った。それでも、どうにか鳩舎に戻って、重要なメッセージ入りのカプセルをぶじ届けることができた。数時間後、〝迷子の部隊《ロストバタリオン》〟とのちに呼ばれることとなった一九四名の生存兵が発見、救出された。すべては一羽のハトの、あくまでわが家に戻ろうとする本能のおかげだった。

シェール・アミは翌年の春、軍の英雄としてアメリカに帰還し、フランス政府から感謝を込めて軍功章《クロワ・ド・ゲール》——戦闘中の並はずれた武勇に与えられる勲章——を授与された[43]。一年たらずのちの一九一九年六月、彼はこの驚くべき飛行中に受けた傷がもとで死んだ[44]。西部戦線でアメリカ外征軍を率いたジョン・パーシング将軍は、シェール・アミに特別な称賛を送った。「アメリカ合衆国はこの鳥にどんな礼を尽くしても尽くしすぎることはない[45]」

二〇二〇年、死後一世紀以上のちに、アメリカ人作家のキャスリーン・ルーニーが、このハトの話を『シェール・アミとウィットルジー少佐』(*Cher Ami and Major Whittlesey*)として小説化した。当のハトが語り手を務めるこの物語は、それまでの歳月に彼の英雄的行為が忘れ去られたことを痛烈に示唆している。「ぼくは記念物となった。ガラスケースに収められた羽のある像に。生きているとき、ぼくはハトであり兵士だった。死んだいまは、一体の月並みな標本で、埃《ほこり》をかぶっている[46]」

## 第二次大戦の流れを変える

シェール・アミの物語は、たしかに並はずれている。だがこれは、両大戦中にハトが利用された何千、何万もの事例のひとつにすぎない。戦闘中に生死にかかわるメッセージを届けることにおいて、ハトはしばしばほかのどんな通信手段をもしのぐ。

＊4　シェール・アミが雄か雌かについては議論の余地がある。当時、このハトは雄とみなされていたが、展示に向けて剥製にされたときに雌ではないかと指摘された。本書中では、一貫して雄の代名詞を使っている。

第二次世界大戦中、それまでの戦いで使われた非効率的な地上通信線の代替として無線通信が開発されていたにもかかわらず、伝書バトはまだ両陣営で広く利用された。ハト通信隊（アメリカ合衆国陸軍ハト部隊）[47]は、三一五〇名の兵士と五万四〇〇〇羽あまりのハトで構成されていた。どのハトもメッセージを運ぶよう訓練されており、その九〇パーセント以上が首尾よく相手に届けられた。

大西洋の対岸では、第一次大戦終了時に解体されたイギリス陸軍ハト部隊が、一九三九年二月（第二次世界大戦勃発の七カ月前）に、国家ハト部隊（National Pigeon Service、ＮＰＳ）として急きょ再発足された。[48]このＮＰＳには、イギリス内の一五〇万羽のレースバトを──一〇万人あまりの飼い主を通じて──動員する権限があった。国王ジョージ六世はすぐさま、ノーフォーク州サンドリンガムの鳩舎で飼っていたハトを寄贈したが、ほかの飼い主たちは引き渡しをしぶった──ひとつには、王室の愛鳩家《あいきゅうか》たちとちがって、ハト飼育家の大多数は労働者階級で裕福とはとうてい言いがたく、貴重な鳥を失うわけにはいかなかったからだ。なにしろ、ハトは〝貧者の競走馬〟とも呼ばれていた。[49]とはいえ、やがて、飼育家の多くは戦争に協力して自分の鳥を差し出した──そして、たいていは犠牲にした。

一九四〇年の終わりごろ、軍情報部が鳩作戦《オペレーション・コルンバ》に着手した。これは、ＮＰＳが提供する伝書バトに小さなパラシュートを装着し、ヨーロッパ大陸に降下させるという野心的な計画だった。ハトたちはそれぞれ、フランス・レジスタンスほか侵略軍に敵対する集団または個人から、ナチス占領下の状況に関して情報を引き出すためのメッセージを運んでいた。きわめて危険な計画だった──当のハトにとってもだが、もし未登録のハトを所有していることが発覚したら、その人物は逮捕のうえ射殺される恐れがあった。

一九四一年四月から四年あまりのあいだに、一万六五〇〇羽以上のハトが占領下の国々にパラシュート降下させられた。うち帰巣したのはわずか一八五〇羽──およそ九羽に一羽──だったが、それでもじゅうぶん意味のある作戦だった。この驚くべき物語――および、第二次世界大戦中により広範にハトが利用された事例――が、ＢＢＣ特派員のゴードン・コレラが綴《つづ》った二〇一八年出版の『秘密の鳩部隊』（*Secret Pigeon Service*）で語られている[50]。

イギリスの秘密情報部はさらに、ジョン・ル・カレのスパイ小説もかくやの動きを見せ、ハトをスパイとしてドイツ軍のハト部隊に送りこもうとした。だが、どうやって？　ドイツ軍がハトの識別用にどんな足環《あしわ》を使っているかや、メッセージを運ぶカプセルがどういうデザインかも知らないのに。

そこへ突破口が訪れた。イギリス軍は北海で二羽のドイツ軍のハトをなんとか捕獲した。その足環とカプセルを複製し、自軍のハトに装着して、これらの〝潜入スパイ〟を占領下ヨーロッパに秘密裏に放った。直感には反するが賢明な判断と言うべきか、彼らが選んだハトは飛ぶのがさほど得意ではなかった。おかげで、ただちに帰巣するよりも、現地の鳥に交ざって、ドイツ軍のハト軍団にうまく入りこめた個体が多かった。これら〝第五列〟はその後、ドイツ軍のメッセージを装着され、イギリス国内へ放たれて、最終的に自分の鳩舎に戻った。おかげで、イギリス軍はドイツ軍の秘密通信を傍受することができた[51]。

いっぽう、第一次世界大戦中と同じく、緊急時にメッセージを運ぶためにもハトが使われた。あるアメリカ軍のハト、Ｇ・Ｉ・ジョーは、ナポリ北部の田舎の集落カルヴィ・ヴェッキアのイタリア人住民ともども、一〇〇〇名以上のイギリス軍兵士を救った。イギリス軍の歩兵隊が村を首尾よく奪還したというメッセージを運んで戻り、この村が味方に空襲されるのを防いだのだ。これもまた、無線技術が機能しないときにハトが成功を収めた事例だ。

この労力――三二キロの距離をわずか二〇分で飛び、爆撃機がまさに離陸する寸前に到着した――により、Ｇ・Ｉ・ジョーは〝第二次世界大戦中のアメリカ陸軍のハトによる傑出した飛行〟を称えられ、ウインキーと同じくディッキンメダルを授与された。実のところ、第二次世界大戦中に授けられた五〇以上のディッキンメダルのうち、なんと三二個がハトに与えられている。[52]

ディッキンメダルを授与されたべつのハト、コマンドは、占領中のドイツ軍に抵抗するフランスのレジスタンス運動で重要な役割を担った。熱心なハト飼育家にして第一次世界大戦の退役軍人であるシドニー・ムーンにサセックスで飼育され、イギリスからフランスまで一〇〇回近くにおよぶ往復飛行をこなした。そして一九四二年六月から九月にかけての三回の飛行で、敵部隊およびイギリス負傷兵たちの位置に関するきわめて重要な情報を持ち帰ったのだ。二〇〇四年、この勇敢な偉業の六〇年あまりのちに、シドニー・ムーンの孫娘がコマンドのメダルをオークションにかけ、九二〇〇ポンドの値がついた。[53]

だが、この戦争の将来的な流れにハトが最も重要な役割を果たしたのは、一九四四年六月のD－デイ上陸作戦のさなかだった。この作戦で、連合軍は陸、海、空からノルマンディーの海岸を経由してヨーロッパ大陸に大がかりな侵攻を開始した。

侵攻を率いる将軍たちは、大きな問題に直面した。通常の通信手段――無線――は傍受されやすく、広範囲での使用はできない。またもや、ハトが救いの神となった。グスタ―ヴという一羽のハトが、猛烈な逆風のなか、ノルマンディーからイギリスの南海岸へ二四〇キロ飛び、最初の部隊が上陸に成功して侵攻が始まったというきわめて重要な報せを届けた。[54] いみじくもノルマンディー公と名づけられたべつのハトは、さらに重要なメッセージを携えてイギリス海峡を渡り、ドイツ軍の防衛線が破られたことを連合軍の司令部に知らせた。激しい風雨のなかを二七時間かけた帰巣の旅だった。[55]

グスタ―ヴの飛行はのちに、二〇〇五年公開のイギリスのアニメ映画『ヴァリアント』で物語化され、ジョン・クリーズ、ユアン・マクレガー、ヒュー・ローリーらが吹き替えを担当した。悲しいかな、グスタ―ヴの死は、その生涯にくらべておよそ英雄的ではなかった。鳩舎の清掃中に、名もなき人物にうっかり踏んづけられたのだ。[56]

## ハヤブサ駆除部隊

悪天候――そして、ドイツ軍に撃ち落とされる危険がつねにあること――のほかに、ハトたちは帰巣の旅でさまざまな危険にさらされた。そのひとつに対し、イギリスの最高司令部がとくに憤怒した。貴重なハトがハヤブサに殺されている可能性だ(57)。

ハヤブサは世界最速の猛禽で、狩りの最中には時速三九〇キロにも達する。獲物はもっぱら鳥で、じつにさまざまな鳥種を標的にすることが知られているが、どんな鳥よりもはるかに多いのはハトだ(58)。ハトは、この恐ろしい捕食者が相手でも、やすやすとやられはしない。襲撃者ほど速くは飛べないにしても、動きがより巧みで、空中で旋回、回転して攻撃をかわすことができる。それでも、捕まることは多々ある。したがって、戦争遂行に重要なメッセージを運ぶハトがこの猛禽に殺されていること、これら猛禽の一部は、なんとドイツ軍がイギリス軍のハトを狙うよう訓練して放ったことが判明すると、何か手を打たざるをえなかった。

一九四〇年に、国内の情報機関である保安局(MI5)の一部門、ハヤブサ駆除部隊が、ハトの犠牲数を最小限に抑える任務を課され、五名の一流射撃手が訓練を受けて、ジェームズ・ボンドよろしく〝殺しのライセンス〟を与えられた。その後ほどなくハヤブサ駆除令が公布され、空軍大臣が当作戦を公にした(59)。

この部隊はアメリカのパッカード製オープンカーを運転して――そそられる光景だが、たぶん、牽《けん》引《いん》していた宿泊用トレーラーハウスのせいで、ちょっぴり魅力が削《そ》がれていただろう――イギリスの南海岸を回りながらハヤブサを探した。そして見かけると撃ち落とし、大戦中に六〇〇羽以上を殺した。この組織的なハヤブサ虐殺は、すでに減少していた個体数に破壊的な影響をおよぼして、イングランドの営巣個体数を半分にまで減らし、イギリス南部ではこの威厳ある猛禽を消滅の危機にさらし

た。(60)

最終的に、この軍事行動は戦争遂行に逆効果であると判明した。というのも、そのころには、ナチスがイギリス国内に送りこんだスパイが、ハトを用いて極秘メッセージをドイツ本国に送っていたからだ。ハヤブサを殺すことによって、イギリスは図らずもドイツのハト──および彼らが運ぶ機密情報──が敵のもとへ到達するのを助けていた。さらに奇妙な展開として、その後、イギリス政府のべつの部門がハヤブサを使ってドイツのハトを狙った。これは完全な失敗だった。殺されたわずか七羽のハトのうち、すべてがイギリスのものと判明したのだ。(61)滑稽にすら思える話かもしれない──彼らの無能さがもたらした結果が、ハト、ハヤブサ、人間にとってこれほど深刻でなければ。

第二次世界大戦後の数年間に、ただでさえハヤブサ駆除部隊のせいでひどく減っていたイギリスのハヤブサが、DDTの広範な使用によってさらに打撃を受けた。この農薬は食物連鎖で濃縮され、ハヤブサの体内組織に蓄積して、卵の殻を薄く割れやすくし、孵化を妨げた。結果、ハヤブサの個体数が激減して、その後ようやく回復しはじめたのは半世紀以上のちの、世紀の変わりめだった。(62)ハトも苦難を強いられた。両大戦中、数多くの伝書バトが捕食または極度の疲労により命を落とした。

命を落としはしたが、人間の死者と同じく、忘れられはしなかった。何羽かにディッキンメダルが授与されたほか、二〇〇四年一一月、ロンドンのパーク・レーンで、戦没したすべての鳥と動物の慰霊碑の除幕と同時に彼らの集積された偉業が公式に認められた。全国的な募金の呼びかけで二〇〇万ポンドを集めたのち、プリンセス・ロイヤルによって除幕されたこの〝戦時下の動物たちへの慰霊碑〟には、ふたつの銘がある。ひとつは、純粋な献辞。もうひとつは、短いが印象的な声明だ──「彼らはそうせざるをえなかった」。*5

この声明は、言うまでもなく、任務を成功させる明確な意志と勇気をもってハトたちが行動したことをほのめかしている。だが実際は、ワタリガラスと同じく、単純に本能に従っていただけで、失敗した場合に人間がこうむる損失など認識していなかった。

## 二一世紀もハトは現役

両大戦以降めざましい技術の進歩があったことから、今日の世界では、ハトはもはや現役で重大メッセージを安全に届ける役割を担っていないと思うかもしれない。だが、予想に反し、二一世紀に入ってもなお継続された事例がいくつかある。

インド東部のオリッサ州では、二〇〇六年に伝書バトによる通信が廃止された。四〇〇の警察署間で毎日ハト通信が利用されていたが、電子メールによって物理的な情報伝達がついに時代遅れになったのだ。それまでに、ふたつの自然災害、すなわち一九七一年の破壊的なサイクロンと一九八二年の大洪水で、ハトは何千人もの命を救った[63]。

ハイテク技術よりもこれらの鳥がまさる点は、なんなのか。ハトは昼夜を問わず高速で飛べるし、比較的短時間で特定地点に戻る経路を見つけられる。探知されるものを身につけていないのでほかのハトと見分けにくく、無線通信のようにたやすく傍受されない。また、人間の伝令とちがって、敵に尋問されることも、二重スパイとして雇い主を裏切ることもない。

ところが、猜疑《さいぎ》心《しん》のあふれた今日の世界では、ハトですらときには疑わしく見えてしまうようだ。二〇一〇年、パキスタンとの国境に近いインドの村に住むティーンエイジの少年が、ウルドゥー語で書かれたメッセージを運ぶハトを見つけたとき、地元警察はこの鳥を拘束した。レントゲン撮影の結

＊5　もうひとつ、規模ははるかに小さいが、サセックスの海辺の町ワージングのパブリックガーデンにも慰霊碑がある。見過ごされやすいその石碑は苔《こけ》に覆われ、銘も損なわれて消えかかっている。刻まれた文は「軍事作戦に命を捧げた軍バトを悼む」だ。

果、不審なものは見つからなかったが、それでもハトは〝スパイ容疑者〟として公式に報告された。この事件によって、当局者たちの病的な猜疑心をばかにする一連のミームが生まれ、ソーシャルメディアを駆けめぐった[64]。

だが、もしかしたら、彼らが警戒するのは正しかったのかもしれない。二〇一六年五月に、FOXニュースが、イラクのイスラム過激派組織ISISが伝書バトを用いて、いわゆる〝イスラム国〟国境外の秘密諜報員《ちょうほういん》にメッセージを送っていると伝えた[65]。じつは、その一年前に、ハトを飼育していた〝罪〟で一五人の成人男性および未成年男子をISISの戦士が一斉検挙したという報せが、イラク東部から入っていた。関係者によると、この一見したところ罪のない趣味のせいで、検挙された若者の一部が処刑されたという[66]。

今後はどうだろう? ハイテク軍事ドローンが登場したいま、戦争、諜報活動、組織犯罪においてハトは時代遅れとみなされるのだろうか。国立アメリカ歴史博物館(シェール・アミの現在の住みか)の学芸員を務めるフランク・ブラジック博士によると、答えは明確な〝いいえ〟だ。あらたなハイテク技術が支配的な世界においても、信頼性のあるローテクの生きた使者のほうがまさる点は多くある、とブラジック博士は指摘する。大容量マイクロSDメモリーカードを用いれば、一羽のハトが――大半のドローン技術とはちがって――従来の監視システムに探知されずに、動画、音声、静止画の大きなファイルをたやすく長距離伝達できるのだ[67]。

二〇〇九年に、ハトとインターネットの相対的速度が調査され、伝書バトがメモリースティックを運んで南アフリカのホウィックからダーバンまで一〇〇キロあまりを一時間で飛んだ。同時に、同じデータがこの二地点を結ぶブロードバンドで送られた。世界じゅうのハト愛好家にとって喜ばしいことに、ハトがインターネットに勝利した。ブロードバンドのスピードが飛躍的に速くなったので、もしこのレースがいま開催されたら結果はおそらくちがっているだろうが、南アフリカでのこの実験は伝書バトの有用性の息が長いことを実証した(68)。

科学技術には、それ自身が抱える問題もある。二〇二一年八月、イギリスのサイバーセキュリティ専門家、アラン・ウッドワード教授が、新設したパラボラアンテナの上に〝やっかいなハトども〟が止まるせいでブロードバンド通信が途切れがちだと不満を述べた。キッチンの屋根に載せた灰色の皿状アンテナが、たぶん鳥用の水盤に見えるのだろう、と彼は推測する。だが、ひょっとして、ハトたちはただ意趣返しをしているだけかもしれない(69)。

## 列車に乗るハト

前述のシェール・アミやノルマンディー公など、ハトは戦時中の偉業をしかるべく称えられてきたが、どうやら、わたしたちの記憶はけっこう短期的、恣意的なようだ。都市部のごく公共性の高い空間では、当局も一般大衆も、野生のハトに病的なまでの敵意を向けることがある。ハトは長年、たとえばタカやハヤブサによるパトロール、銃殺、罠《わな》、感電、卵の除去など、駆除や抑制のための幅広い手法にさらされてきた。にもかかわらず、こうした破壊行為からほどなく個体数が回復することが調査で示されている。理由は単純で、繁殖のスピードがきわめて速いのだ。

ハトが都市部でこれほど繁栄するのは、適応力のあるこの鳥に必要なものを都市空間がすべて供給するからだ。〝擬似生息環境〟と呼ばれるもの、すなわち自然の崖や岩山や洞窟に似た人工物のなかで食べ物と水が手に入り、ねぐらや営巣場所もたくさんみつかる。[*6]

積極的な批判にさらされていないとき、都市部のハトはおおむね無視されている。野鳥の観察者も

＊6 言うまでもないが、同じことがハトの最大の敵であるハヤブサについても言える。ゆえに、彼らもまたこの数十年で都市部に移動してきている。

彼らを〝まっとうな〟鳥とはみなしていない。ひとり著名な例外は、『公共空間のカワラバトの生活』（*The Public Life of the Street Pigeon*）[70]を一九七九年に刊行した鳥類学者にして作家、キャスターのエリック・シムズだ。ロンドン北西部の郊外に住むシムズは、これら顧みられない鳥を近くでたびたび観察し、野生のハトは研究対象としてふさわしくないとみなす鳥類学者の頭に、みごと彼らを復帰させた。

著書の冒頭で、シムズは一九六五年はじめの地下鉄でのできごとを紹介している。彼とその通勤仲間は、ある駅（地下鉄が地上に出ている場所）でカワラバトが列車に乗りこんで次の駅（やはりまだ地上にある）で下車するのを目にしたが、ハトたちは人間の乗客の視線をとんと気にかけていないようだった。[71] 一〇年後、今回は地下で、つまりロンドン中心街のマーブル・アーチ駅のホームで、べつのハトが餌をついばんでいるのをシムズは見かけた。この本では、それ以外にもカワラバトの行動を深く掘りさげて説明しており、おかげで読みおえるころには、見過ごされがちだがいつの時代も魅力的なこの鳥について――とくに、ほぼ無視されながらも人間のすぐそばでうまく暮らしていく能力に――わたしたち読者はただただ驚嘆させられる。

## 都市の対ハト全面戦争

都市にハトがいること――と、それがもたらす問題――は、現代にかぎった現象ではない。ハトが古代ローマの通りを汚していたことが記録されているし、一四世紀の終わりごろ、ロンドンのセント・ポール大聖堂の主教が、人々がハトに石を投げて大聖堂の窓を壊すのを嘆いている。[72]以降、都市が広がるにつれて、ハトの個体数が増えていった。ところが、二〇世紀初頭、馬車が自動車に取って代わられたこと（結果として、ハトがおもに食べていた馬用の穀物がなくなったこと）によって、個体数が一時的に減少した。

第二次世界大戦後に、都市のハトの数は回復した。おそらくは、より幅広い食べ物が得られるようになったからで、それらは都市の住人や旅行者がうっかり落とすか、故意に与えるかしたものだ。一九六四年の映画『メリー・ポピンズ』の「二ペンスを鳩に」という歌では、餌やり行為が高らかに称えられている。映画の題名でもある主人公を演じ、このデビュー作でアカデミー賞を受賞したジュリー・アンドリュースが、セント・ポール大聖堂の石段に座ってパン屑《くず》を〝ひと袋二ペンス〟で売る老婦人について心揺さぶる歌を歌うのだ(73)。現実を美化した描写のなかで、この餌やり行為は、白いハト――生粋のロンドンの品種に似たくすんだ灰色のハトではなく――の群れを集める。半世紀あまりのちに、野生のハトに対する当局の両面的な態度の表れと言うべきか、大聖堂はそのウェブサイトで「二ペンスを鳩に」の記念カップとソーサーを宣伝するいっぽうで、相反する「鳥に餌を与えないでください」という標示を容赦なく掲げた(74)。

セント・ポール大聖堂だけが、ハトへの餌やりを禁じたロンドンの観光名所ではない。もうひとつ著名な名所にして待ち合わせ場所でもあるトラファルガー広場は、かつてイギリス一有名なハトへの餌やり場で、商魂たくましい餌売りが〝ひと袋二ペンス〟よりはるかに高い値段で餌を売っていた*7。ところが、二〇〇三年、当時のロンドン市長のケン・リヴィングストンが、餌売りを追い出すという革新的な方針を打ちだし、四羽のハリスホーク（モモアカノスリ）を使ってハトを追い払った。なぜか。いまは、数千羽のハトが広場に集まると、そのおびただしい糞（一般的に、ハト一羽は年間およそ一二キロの糞便をもたらす）のせいで、人間の健康を脅かすとみなされているからだ(75)。

この決断は、いくつかの理由で不人気だった。ひとつは、ロンドン子にとっても、ロンドンを訪れ

*7　トラファルガー広場はかつてハトとごく密接に結びつけられ、一九六五年の映画『国際諜報局』では、主役（マイケル・ケイン演じるアンチヒーローのスパイ、ハリー・パーマー）の上司であるロス大佐が、広場のモニュメントのネルソン記念柱を背景に、オフィスの窓の桟からハトに餌をやっていた。

る観光客にとっても、トラファルガー広場はハトの餌やりと同義語だったからだ。また、この計画の費用についても抗議の声があがった。なんと総額一三万六〇〇〇ポンド、一羽につき約三〇ポンドだ。市当局は、噴水とネルソン記念柱を囲むライオン像など、広場の彫像はもはやさほど頻繁に清掃を必要とせず、当初のハト駆逐費をはるかに上まわる費用が潜在的に抑えられていると応じた。[76]

抗議の声はしだいに消え、二〇〇七年九月、トラファルガー広場とその周辺でハトに餌をやる行為が完全に禁止されて、違反者には五〇〇ポンドの罰金を含む罰が与えられることになった。[77] 以降、ヴェネツィアやニューヨークなど、ヨーロッパや北アメリカの多くの都市がこれに追従した。[78]

この政策を正当化する理由としてしばしば挙げられるのが、ハトはさまざまな病気を持っており、その一部は人間にとって害をもたらしかねない――ごくまれな不運なケースでは死をもたらすこともある――というものだ。[79] だが、ハトがこうして邪険に扱われることに、だれもが賛意を示すわけではない。ニューヨーク大学の社会学および環境学の教授にして『世界の鳩』(*The Global Pigeon*)[80] の著者でもあるコリン・ジェロルマックは、地域行政と企業が都会のハトを〝害鳥〟として組織的に悪魔化することに異を唱えた。なにしろ、数千年ものあいだ、この鳥はわたしたちの町や市で人間とともに暮らしてきたのだ。

ジェロルマックは人々の認識の変化をたどり、一九六〇年代はじめにどうやらハトが平和や神聖さとのつながりを失って、彼の言う〝撲滅すべき脅威的な害鳥〟になったことを突きとめた。さらに、ロンドン一有名な公共空間からハトを撲滅することで、市当局は、都市が大自然ではなく人間のものだという、時代遅れかつ誤りではあるが驚くほど強固な見解を広めたのだと、ジェロルマックは主張した。[81]

だが、例外的にして極端な事例とはいえ、ハトが人間の健康に深刻な脅威となることもたしかにある。餌やりの禁止を支持する人たちは、二〇一九年にひとりの子どもが、おそらくはハトの糞による真菌感染症にかかり、衛生状態の悪さも相まってグラスゴーの病院で亡くなった悲劇的なできごとを挙げる。[82] だが、この一件で都市における対ハト全面戦争を正当化できるかどうかは議論のあるところだ。

都会のハト問題を語るうえで、史上最も偉大な諷刺《ふうし》ソングライターに言及せずにはすまされない。トム・レーラーは、その歌「公園の鳩に毒を」（Poisoning Pigeons in the Park）で、どこにでもいるこの鳥に対して否定的な見かたをする先駆けとなった。一九五九年のレーラーの新作アルバム『トム・レーラーと暇つぶしする夜』（*An Evening Wasted with Tom Lehrer*）[83] に収められたこの短い歌は、軽快な曲調と早口で繰り出される歌詞に、おそろしくブラックな――そして、じつに露悪趣味的な――ユーモアが隠されている。

実のところ、レーラーは、よく知られたこの都会の鳥に同情的であり、ウィットに富んだ棘《とげ》のある歌詞は、アメリカ合衆国魚類野生生物局に向けたものだった。当時、その一部門が、ニューヨークのセントラルパークのハトを殺すためにトウモロコシにストリキニーネを含ませていたのだ。

## 青い背景に白い鳥

迫害され、毒を盛られ、悪魔化されようと、ハトはわたしたちの集団的な想像力に、そうとは気づけない影響をおよぼしつづけている。巨大ソーシャルメディアであるツイッターの、広く認知されているシンボルマークをよく見てみよう。明らかに、飛翔中の一羽の鳥だ――だが、なんの鳥なのか。

これはたぶん、見るバージョンにもよるだろう。ときおり、このロゴは白い背景に青い鳥として描かれる。べつのときには、青い背景に白い鳥だ。青いバージョンは、特定の種によく結びつけられる。ムジルリツグミ（*Sialia currucoides*）だ。スズメの大きさで、渡りをするツグミ科のこの鳥は、アラスカからカリフォルニアまでの北アメリカ西部高地で繁殖する――サンフランシスコにあるツイッター社本社からそう遠くはない地域だ[84]〔訳注：二〇二三年に、ツイッター社はイーロン・マスク所有のX社と合併して消滅し、サービス名やロゴも変更された〕。

だが、青地に白のバージョンは、ちがう種を表している。わたしたちとの象徴的な関係を人類文明の黎明期《れいめいき》にまでさかのぼれる種だ。二〇一二年六月にこのロゴの最新バージョンが発表されたとき、ツイッター社の元クリエイティブ・ディレクターも述べている。この鳥は「自由、希望、無限の可能性」の究極の象徴である、と[85]。

ほかにどんな鳥があてはまるだろう、世界一有能な使いの鳥にして、慎ましやかなハトをおいて。

# 第3章 シチメンチョウ

*Meleagris gallopavo*

シチメンチョウ。大きな鳥で、その肉は、一定の宗教的な例祭で食された場合、敬虔《けいけん》さと感謝のしるしになるという、風変わりな特性を持つ。

――アンブローズ・ビアス『悪魔の辞典』、一九〇六年(1)

ほかのアメリカ人家庭と同じく、彼らはうすら寒い一一月のある日に食事の席をともにし、同じくらい重要なことに、その年の豊作を神に感謝した。そして食前の祈りを唱えたあと、ごちそうを腹に詰めこんだ――その中央には、ローストされた大きな鳥があった。

この催し――〝最初の感謝祭〟の食事としてアメリカ神話の仲間入りを果たした催し――で食事をとった人々のなかに、のちにピルグリム・ファーザーズ、略してピルグリムと呼ばれることとなる開拓者の生き残り五〇名がいた。彼らは一年前にメイフラワー号で新世界へ渡ってきていた。

これら老若男女は、一六二〇年九月一六日の朝、プリマスのデヴォンポートを出航した。*1〝順風〟と楽観的に表現された風の恩恵があっても、危険の多い不快な長旅だった。二、三週間で終わると思われていたのに丸二カ月かかり、航海の大半は強風のせいで帆を降ろしたまま漂うこととなった。(2)一一月一九日、彼らはようやく陸地を目にした。そして二日後に、メイフラワー号は現在のマサチューセッツ州にあるケープコッドに接岸した。

新世界にぶじ着いたとはいえ、最初の冬はおそろしくきびしかった。極寒のせいで入植にふさわしい場所を見つけられず、船上で暮らしつづけて、壊血病、肺炎、結核といった病気で多くが命を落とした。(3)地面は凍りつき、どんな作物も植えられなかった。激しい雪嵐に、あらたな故郷周辺の探索が妨げられた。春にまだ生き残っていたのは、わずか五三名――当初の植民者の半数そこそこ――だった。(4)

だが、この最悪な状況から、ピルグリムたちの暮らしはしだいに上向きはじめた。先住民ワンパノアグの助けを借りて、この荒涼とした見知らぬ土地で生き残るすべを学び、一六二一年一一月の上陸記念日に、ようやく最初の収穫の感謝を神に捧げることができた。三日にわたり、彼らとワンパノアグの人々はともに座ってごちそうを楽しんだ(5)。

これは、現代の感謝祭——一八六三年にエイブラハム・リンカーン大統領が確立したしきたりにならい、毎年一一月の終わりに執りおこなわれる——の先駆けだ。参加したピルグリムのひとり、エドワード・ウィンズローは、故郷のイギリスに送った手紙にこう書いている。「作物を取り入れると、総督は四人の男を鳥撃ちに送り出した。われわれの労働の成果を集めたあとに、特別な流儀でともに祝えるように(6)」

この歴史に残る催しで調理されて食べられた〝鳥〟がなんなのか、定かではない。だが、数や大きさを考えると、この宴《うたげ》の中心に据えられたのは、おそらく世界一大きな狩猟鳥だろう。すなわち、野生のシチメンチョウだ*2。

毎年、推定二億五〇〇〇万羽から三億羽のシチメンチョウがアメリカ人に消費されている。うち六分の一が、感謝祭に調理されて食べられる。全国シチメンチョウ連盟(National Turkey Federation)によると、〝シチメンチョウの日〟とも呼ばれるこの日には、九〇パーセント近いアメリカ人がこの鳥に舌鼓を打つ。とはいえ、そうする理由は、文化的というより実利的なもののほうが大きい。一羽で

＊1　日付はすべて新暦〔訳注：グレゴリオ暦〕による——当時は、一〇日早い日付だったはずだ。
＊2　〝鳥撃ち〟(fowling)の〝fowl〟には家禽という意味があるので、おもな獲物はカモかガンだったのではないかと議論されてきた。だが、〝最初の感謝祭〟の威光は強力で、そうしたあら探しはおおむね忘れ去られる。ちなみに、当時〝fowl〟は、シチメンチョウを含む大きな鳥全般を指していたようだ。

これほど多くの人の胃を満たす大きな鳥は、ほかにいないのだ。この祝宴の中心に存在することは、「アメリカ人の生活におけるシチメンチョウの唯一にして最も重要な役割」と言われている。(7)

ベンジャミン・フランクリンからアレクサンダー・ハミルトンにいたる政治家たちは、この毎年の祝宴にシチメンチョウがあちこちで供されることを称賛し、ハミルトンにいたっては「合衆国の市民はだれひとりとして、感謝祭にシチメンチョウを控えてはならない」とさえ明言した。市民には、最高位の人物も含まれる。ゆうに一世紀以上ものあいだ、生きたシチメンチョウが、感謝祭に家族と食べられるようにとアメリカ大統領に寄贈されてきた。だが近年、この鳥は大統領の恩赦を受けて、残りの日々を平和に生きることが許されている。

一九一四年に刊行された野生のシチメンチョウの編年史において、アルバート・ヘイズン・ライト〔訳注：爬虫類《はちゅうるい》学者で、国際鳥類学会議の名誉会員でもあった〕は、シチメンチョウは合衆国初期の歴史の心臓部――および胃――にいる、と結論づけた。「このように、野生のシチメンチョウが探検者にとっていかに重要だったか、初期の開拓者や先住民にとっていかにすぐれた保存食だったか、現地人、入植者、外国の狩猟者にいかに楽しい娯楽をもたらしたか、いかに早くから祝祭の喜びのしるしとして選ばれていたかを、わたしたちは見てきた」(8)

のちの歴史家たちは、一六二一年のこの祝宴と現代の感謝祭になんらかの関係があることに疑問を呈して、感謝祭とピルグリムのつながりがはっきり言及されたのは、南北戦争のとき、すなわち、最初の催しとされる時点から二世紀以上のちのことだと指摘している。リンカーン大統領が、今後は一一月最後の木曜日を感謝祭として連邦の休日に定める、と宣言したときだ。(9)

だが、最終的に、本書のじつに多くの物語がそうであるように、神話の力は事実より強大なことが実証された。「シチメンチョウが感謝祭の宴で消費されるのは、この鳥がアメリカ固有であり、また、大自然の豊かな恵みの象徴であるからだ」と、ある歴史家は記している。(10) 象徴性は、どうやら歴史の正しさを凌駕《りょうが》するらしい。一九六二年の映画『リバティ・バランスを射った男』の有名なせりふのとおり「事実が明らかになろうと、伝説を活字にする」のだ。

今日、シチメンチョウ——家畜化されて久しく、いまや産業規模の数が生産されている——は、大西洋の両岸で、感謝祭のみならずクリスマスのメイン料理としても供される。[11] これらの祝いの席では、そろってテーブルを囲み、食べ物がみんなをひとつにまとめて、ふだんの家庭内の争いや不和を忘れさせてくれる。アメリカ人脚本家で映画監督のノーラ・エフロンが、まさにこう記している。「シチメンチョウ。スイートポテト。詰め物。パンプキンパイ。わたしたちがこれほど強烈に同じ見解を抱けるものがほかにあるだろうか。ない、とわたしは思う」[12]

シチメンチョウが、いかにして食べ物、家族、〝家庭〟の概念の強い結びつきを象徴するにいたったか——そして、いかにして歴史家のアンドリュー・スミスが〝アメリカのイコン〟と呼ぶものになったか[13]——は、じつに興味深い物語で、ピルグリムたちのはるか前、アメリカの古代文明にまでさかのぼる。この話はまた、意外なことに、現代においても重要な意味を持つ。この大陸の歴史を形成するふたつの集団、アメリカ先住民とヨーロッパ人入植者にとってそうであったように。

結局のところ、数が多くて、開拓者たるピルグリムがたやすく手に入れられる野生のシチメンチョウの肉がなければ、ヨーロッパ人が生き延びて北アメリカを植民地化することはとうていできなかったはずだ。したがって、シチメンチョウがいなかったら、世界の歴史は大きく異なっていただろう。

## 北アメリカでの繁栄

野生のシチメンチョウ——わたしたちが毎年の祝宴で消費する家畜化された鳥の先祖——は、アメリカ固有の二〇種近い狩猟鳥のうち群を抜いて大きく、この大陸の全鳥種のなかでも最大級だった。一般的に狩猟鳥の意味にもなっているキジ目《もく》（*galliformes*）の三〇〇近い種のうち最も大きくて最も重い。[*3]

キジ目――ほかにキジ、シャコ、ウズラ、ライチョウ、クジャク、ヤケイ（家禽化されたニワトリの先祖）も含まれる――は、世界で最も古い鳥のグループのひとつだ。野生のシチメンチョウはおよそ二〇〇〇万年前に現われたと考えられ、その先祖は恐竜とともに生きていたはずだ(14)。近縁種は、ユカタン半島（メキシコ南東部、およびグアテマラとベリーズの一部）で見つかったヒョウモンシチメンチョウで、マヤの人々はユカタン半島を〝シチメンチョウの地〟と呼んでいた(15)。

野生のシチメンチョウは、一見すると、家畜のシチメンチョウの体が細めで健康的な個体とよく似ている。全身がばかでかく、肉づきのいい胴部に細い首と長い尾。雄はクジャクよろしく求愛のディスプレイ中にこの尾を広げてみせる。ぱっと見は黒っぽいが、近くで細部を観察すれば、緑がかった玉虫色や茶色など、多くの色調があることがわかる。羽の先は白く、全体的につややかな赤褐色で、（大部分は羽がない）頭部と首と喉は薄い青か赤だ。

シチメンチョウは草地のある成熟した混交林か果樹林を好むが、湿地や町の郊外ですらよく育つ。食べ物を探しまわれて、捕食者からの安全な隠れ場所があれば、どこでも繁栄するのだ。[*4]危機にさらされると、野生の個体は、わたしたちが食料として育てた太りすぎの鳥とはちがい、低空をすばやく飛んで逃げる。また、短距離なら時速四〇キロ超と驚くような速さで走れる(16)。必要とあれば泳ぐことさえでき、翼をしまって尾を広げ、力強い脚で水を掻く(17)。

野生のシチメンチョウは北アメリカのほぼ全土にいるが、一部の地域では、長年、猟のために再導入されていた個体の子孫だ。また、おそらくアメリカ合衆国の東半分で見つかる野生のシチメンチョウのほとんどは、家畜化された個体との交配による遺伝物質を多かれ少なかれ持っている可能性が高い。

シチメンチョウは、アメリカ両大陸以外にもさまざまな地域に導入されたが、成功の度合いはまちまちだった。ドイツとチェコ共和国では少数ながら導入に成功して（ただし、一部は家畜化されたものの子孫と思われる）、ハワイとニュージーランドには、より大きな自己持続可能な集団が存在する。[18]一八世紀なかばに、イギリス国王のジョージ二世は数千羽のシチメンチョウを、犬に追いたてさせて猟銃で撃つためにわざわざロンドン南西部のリッチモンドにある王立公園《ロイヤルパーク》に放った。この試みは最終的には失敗した。というのも、多数が密猟者に獲られたからだ。[19]

本題の北アメリカでは、野生の個体数はおよそ六七〇万羽と推測される（一九七三年のわずか一五〇万羽から増えている）。[20]だが、家畜のシチメンチョウにくらべれば、かすんでしまうほど微々たる数字だ。なにしろ、こちらは感謝祭からクリスマスまでの最盛期に、四億二〇〇〇万羽という驚異的な数に達するのだ。[21]

## 先住民との歴史

たいそう大きくて数が多い鳥なので、北米の先住民にとっては、当然ながら入手しやすくありがたい食料源だった。とはいえ、彼らはやがて、ほかのおいしい狩猟鳥や水鳥――ニワトリ、ガチョウ、

＊3　大きめの雄のシチメンチョウは体長一二五センチ、体重一一キロにも達する。雌ははるかに小さくて軽い――一般的に、体長七六～九五センチ、体重は二・五～五・四キロ。雄の体重の半分以下だ。全国シチメンチョウ連盟によると、既知の野生のシチメンチョウで最も重いのは桁外れの一六・八五キロで、記録された野生の鳥の体重の最大級となる。

＊4　シチメンチョウの敵は、キツネ、アライグマ、フクロウ、カラス、タカとワシ、ヘビ、クーガー、コヨーテ、オオヤマネコ、イヌ、ネコなど広範で、もっぱら狙われるのは、体が大きくて攻撃的な成鳥ではなく卵か幼鳥だ。ある不幸なシチメンチョウは、おそらく水を飲んでいる最中に、ここぞとばかりにワニに捕まっている。

アヒルの祖先も含む――と同じく、捕らえて育てたら生活がはるかに楽になると気がついたようだ。そのほうが原野で狩るよりはるかに簡単だし、肉と羽毛を一年じゅう確保できる。

旧世界のふたつの種、ニワトリとガチョウは、七〇〇〇年から五〇〇〇年前に家畜化されたと考えられ、ハトがほどなくあとに続く(第2章参照)[22]。シチメンチョウはもう少しのちに家畜化された。およそ二〇〇〇年から二三〇〇年前、キリスト誕生の直前ごろだ。その時点まで、アメリカ先住民の大半は遊動する狩猟採集民だった。永続的な定住地を確立し、自分たちや家畜が食べる穀物を栽培できるようになってはじめて、彼らは動物を飼うことができた。おかげでシチメンチョウは、アメリカ両大陸で家畜化された唯一の重要な種となった(ガチョウやニワトリなどほかの種は、まずは旧世界で家畜化され、そのあと新世界へ持ちこまれている[23])。

どうやら、シチメンチョウの生息域内の大きく隔たるふたつの地域で、ほぼ同時に家畜化が起きたようだ。また、異なるふたつの民族がかかわっている。ひとつはアステカ以前にメキシコ南部でときどきシチメンチョウを飼っていた人々であり(アステカ人はこの鳥を最初に家畜化した民族というまちがった名誉を与えられることが多い[24])、もうひとつは、アメリカ南西部のフォー・コーナーズ地域に住んでいたアナサジの人々だ[25]。アナサジのシチメンチョウは、彼らの文明とともに約八〇〇年前に死に絶えたため、メキシコ南部の亜種が今日の家畜化されたシチメンチョウ全羽の先祖となる[26]。皮肉なことだ。なにしろ、ほかならぬこの種はいま、野生では深刻な絶滅の危機に瀕しているのだから。

二三〇〇年以上前の儀式的な行事で、家畜化されたシチメンチョウが供され、食べられていた証拠が、最近、ゲインズヴィルのフロリダ自然史博物館の考古学者らによって発掘された。紀元前三五〇年ごろ、つまりそれまで考えられていたよりも一〇〇〇年ほど早く、シチメンチョウはマヤの王が催す祝宴のメイン料理になっていたのだ。

この発見で、歴史家たちはマヤ文明に再度注目した。主任研究者のエリン・ケネディ・ソーントンの言を借りるなら、いまやわたしたちは、古代マヤ人が狩猟生活をしていたのではなく、豊富な食料源をたやすく手に入れられたこと、自分たちでそれらを管理調整できたことを知っている。「植物の栽培と動物の家畜化は、人間と自然環境の関係がはるかに複雑であることを示唆する――人間が意図して自然を変更し、管理するのだから[27]」

とはいえ、食べ物としての利用は、必ずしもシチメンチョウの家畜化のおもな理由ではなかった。二〇一二年に、コロラド州でアメリカ先住民の村を発掘していた考古学者らが、シチメンチョウの骨の集団埋葬地を発見した。宴のあと無計画に捨てられたのではなく、まちがいなく一種の儀式的行事において慎重に並べられ、埋められていたのだ[28]。

シャイアンをはじめとする一部の民族は、シチメンチョウを食べたら臆病になると信じていた。彼らは長い尾羽を得るためにこの鳥を飼い、それらを矢に用いたり、衣服や毛布をこしらえるために使ったり、儀式に利用したりした。翼は箒《ほうき》の代用品にされるか扇として使われ、けづめ――脚のうしろにある長く鋭い爪足――はイヤリングや、小動物を殺すための矢尻にされたりした[29]。

凶作で人々が飢えているときでも、シチメンチョウを育てて生かしつづけるために、貴重なトウモロコシが餌として与えられていた[30]。ところが、プエブロの時代（紀元七五〇年から一五〇〇年）のどこかで、それまでは象徴的存在だったシチメンチョウを人々が調理して食べはじめた――おそらく、食料不足で選択の余地がなかったのだろう。もうひとつの理由は外部からの脅威で、長い時間をかけてほかの狩猟動物を狩ることがあまりに危険になったせいだ。これは、発掘現場の調査から推論される。シカの骨が消えはじめたのとほぼ同時代に、入れ替わりでシチメンチョウの骨が見つかるのだ。理由はなんであれ、ある考古学者が記すとおり「シチメンチョウを食べることがタブーに近かった状況から、大規模に育てて食べることへと、きわめて劇的な変化があった」。今日なお、これら古代狩猟民の子孫たちのあいだで、シチメンチョウは重要な象徴的、文化的な価値を有している[31]。

南方のメキシコでは、家畜化されたシチメンチョウをアステカ人が大量に消費していた。一五世紀はじめには、モンテスマ二世（モクテスマ二世とも呼ばれる）が、飼っていた大型の猛禽たちに多数のシチメンチョウを餌として与えていた――一部の出典によれば、一日五〇〇羽だったという。王家の台所で求められる数を考えれば、モンテスマの必要とする数は一日一〇〇〇羽を超えていたかもしれない。[32]

## ヨーロッパへの到来

最初に宗教的儀式や祝祭の宴のために繁殖させられてから二〇〇〇年近くのあいだ、家畜化された少数のシチメンチョウは野生の個体と共存し、この鳥の限定的な売買がアメリカ両大陸内で行なわれていた。その後、南北アメリカの歴史と文化を永久に変える歴史的なできごと――いや、できごとの連続――が起こった。ヨーロッパ人征服者の到来だ。まずは、クリストファー・コロンブスとファン・ポンセ・デ・レオン、続いてエルナン・コルテス、そして最後は、コロンブス上陸の一世紀のちに、イギリス人探検家にして詩人、冒険家のサー・ウォルター・ローリーがやってきた。

シチメンチョウに最初に目を留めた――そして、食べた――ヨーロッパ人は、コロンブスかもしれない。一五〇二年に、ホンジュラス沖の島で、正体不明の大きな狩猟鳥を宴で食べたことが知られている。[33]たしかな事実としては、スペイン人が一五一八年にメキシコを〝発見〟してほどなく、生きたシチメンチョウをヨーロッパに持ちかえったことで、これも重大な歴史的できごとだ。A・W・ショルガーがこの種の歴史についての権威ある著書で指摘したとおり「スペイン人探検家たちがシチメンチョウをスペインに持ちこんだとき……北アメリカ大陸は鳥類にかかわる史上最も重要な貢献をした」。[34]

スペインを起点に、シチメンチョウを飼って食べる習慣が急速に北へ広がり、フランスを経て一六世紀なかばにイギリスに到達した。この鳥をイギリスに持ちこんだ名誉は、探検家で地主のウィリアム・ストリックランドに与えられることが多い。その家紋には雄のシチメンチョウが描かれ、この鳥が尾を上向きに広げて聖書を掲げる形の書見台もある。(35)

ほかの新世界の食べ物、たとえばトウモロコシ、トマト、ジャガイモ、チョコレートなどは、どれも気むずかしいヨーロッパ人が受けいれて消費するまでに長い時間がかかったが、シチメンチョウについてはすぐに気に入られた。イギリスではとくにそうだ。それどころか、やがてガチョウや、食用になるもうひとつの大きな鳥、ハクチョウに取って代わった。ちなみに、ハクチョウの肉は（成鳥のものはとくに）固いことで悪名高い。

食の歴史家のデイヴィッド・ジェンティルコア教授は、シチメンチョウの赤味がさほど濃くない肉《ホワイトミート》は大西洋の対岸ですでに食べられていた肉に近く、この鳥をどう調理して提供すればいいかを人々がすぐに理解したのだと指摘する。また、上流を気取れるという側面もあった。食肉――なかでも高価な輸入肉――は、上流階級だけが購入、消費することができたのだ。ゆえに、シチメンチョウはほどなく地位と富の象徴になった。(36)「高級料理店がまだコウノトリ、サギ、ノガンの料理を出していた大陸では、肉厚で滋味豊かなシチメンチョウがセンセーションを巻き起こした」と、ある論評者はおどけた口調で記している。(37)

アンドリュー・スミスによれば、その後一世紀あまりのあいだに「シチメンチョウ農場はイギリス各地で増殖した」。(38) 一七世紀なかばには、この鳥の巨大な群れが、ウシと同じく日常的に市場まで長い道のりを運ばれていた。小説家のダニエル・デフォーは国内各地をめぐる旅行本も数冊出しており、イースト・アングリアからロンドンまでの道にシチメンチョウがあふれ、それぞれの群れが一〇〇〇羽もの個体からなっていた、と書いている。(39)

じつに広範に飼育されたせいで、シチメンチョウはやがて高級品としての地位を失い、あらたに出現した中産階級でも手が届くようになった。ピルグリムたちが北アメリカに到達する前にはもう、イギリスの料理本にシチメンチョウのレシピが載っていたくらいだ[40]。この鳥の到来が一六世紀ヨーロッパの大飢饉を防いだ可能性は高い。前述のスミスによれば、当時、農地がどんどん痩せて、深刻な主食不足につながっていた。「ヨーロッパは、栄養不良が広がって飢饉に陥る寸前だった。シチメンチョウは有用すぎて裕福な貴族だけのものにおさまりきれず、たちまち、ごく最貧の層以外は広く入手できる食べ物となった。タンパク質に飢えていた一六世紀のヨーロッパでは、大きいことすなわち善だったのだ」

茹《ゆ》でるか、ローストまたは蒸し煮にしたシチメンチョウをクリスマスに提供する習慣は、この鳥がイギリスに入ってきてすぐ、一五七〇年代という早い時期に始まった。だが清教徒（ピューリタン）の台頭によって、そもそもクリスマスを祝うことが一時的に時代遅れとなり、ある時点でこのしきたりが事実上禁じられさえしたが、王政復古を受けて一六六〇年にようやく復活した[41]。一七九二年にはすでに、シチメンチョウはこの祝祭の宴と密接に結びつけられ、詩人のジョン・ゲイが次の二行連句をこしらえている。

卑しい農民から貴族にいたるまで
そこかしこの食卓でシチメンチョウが湯気を立てている[42]

一九世紀なかば――チャールズ・ディケンズの時代――には、シチメンチョウはクリスマス料理の定番となっていた。ほかならぬディケンズも、この鳥がイギリスの祝祭料理の中心にまつられるのを助けた――それどころか、現代のクリスマスの慣習を事実上こしらえたと言えるかもしれない。一八四三年出版の『クリスマス・キャロル』で、改心した守銭奴のエベネーザ・スクルージが、一家ですばらしいごちそうを楽しめるようにと、使用人のボブ・クラチットに〝タイニー・ティム［クラチットの小柄で病弱な息子］の二倍の大きさ〟のシチメンチョウを届けたのだ。[43]

## なぜ〝ターキー〟と呼ばれるのか

ところが、それよりはるか前に、この鳥の名前にまつわる混乱が生じていた。ニワトリと卵の問題と同じく、鳥（シチメンチョウ、英名ターキー）が国（トルコ、英名ターキー）にちなんで命名されたのか、あるいはその逆なのか、しばしば議論されてきた。両者のつながりも大きな謎だった。なにしろ、アメリカ原産の鳥が、はるか東の国、ヨーロッパとアジアの境にまたがる国と同じ名前なのだ。*5

この鳥の名前の由来には、ふたつの説がある。[44]ひとつは、イギリスに到着した最初のシチメンチョウが、トルコのコンスタンティノープル（現在のイスタンブル）の商人によって、スペインから船で運ばれてきたからではないかと推測されている。この説は、イギリスでは当時、トルコ以遠発祥の品全般に〝ターキー〟または〝ターキッシュ〟という語を名前につけることが多かったという事実に裏づけられる。

ふたつめの説は、イギリス人はすでに、（アフリカ原産の）ホロホロチョウを同じ理由――トルコの商人によってイギリスへ船で運ばれてきたという理由――でターキーと呼んでいた、だから、似たような――ただし、はるかに大きい――鳥がやってきたとき、単純に同じ名前が与えられた、というものだ。

おそらくは、このふたつの説の組合せが正解だろう。いや、この名前はもっと古くからあるかもし

＊5　二〇二二年六月に、英語化した国名〝ターキー〟を、この国自身が使用する名称〝テュルキイェ〟に改めることが決定されたので、混乱の多くは解消されるはずだ。

れない。ショルガーは、家畜化されたクジャクと、野生のオオライイチョウ（雄は小さめのシチメンチョウの雄に似ている）も、たぶん一四世紀には〝ターキー〟と呼ばれていた、と述べている。[45] こうしたアイデンティティー・クライシスは、野生のシチメンチョウの学名、*Meleagris gallopavo* にも反映されている。大ざっぱに訳せば、〝ホロホロチョウに似たクジャク〟という意味だ。[46]

最初に鳥の〝ターキー〟に言及した刊行物は、一五五五年に出版された作品だ。一五九八年にシェイクスピアが『ヘンリー四世　第一部』を書いたころには、この名称はいっさい説明が必要ないくらい広く使われていた。[47]

## 愚かで攻撃的？

シチメンチョウの名前の起源がなんであれ、奇妙ななりゆきと言うべきか、ピルグリム・ファーザーズは家畜化されたシチメンチョウをともなって大西洋を渡る長い船旅に出て、野生の祖先がまだ暮らしている土地へ彼らを連れもどした。これら開拓者があらたな故郷マサチューセッツをようやく探検したとき、よく似た鳥が自由に森をうろついているのを見てさぞかし驚いたことだろう。

当時、肉を得るおもな手段は狩りだったし、野生のシチメンチョウはじつに大きくて味がよく数も多くて（そのころは）あまり人間を恐れなかったことから、恰好《かっこう》の獲物となった。初期の入植者であるウィリアム・ストレイチーは、シチメンチョウの肉は「そこで食べたあらゆる肉のなかで最高」だった、と記している。[48] 入植者たちはしばしばアメリカ先住民の腕ききの狩人に手伝わせてこの鳥を追跡し、殺したり捕まえたりした。一七世紀はじめの説明には、銃で撃って飛ぶ能力を失わせたあとも、シチメンチョウは追いかけて捕まえる必要がある、そうしないと走り去って森に隠れてしまうからだ、とある。[49]

この鳥を狩るほかの方法としては、地面に落ちたドングリを食べているときに網で捕らえる、生きた囮《おとり》を用いる、包囲して柵内へ追いこむ、吹き矢筒で矢を放つ――これはもっぱら子どもが用いる手段で、ときに成功を収めた――などがあった。また、シチメンチョウは深い雪のなかを走るとすぐに疲れるので、極寒の冬にもたやすく狩れた(50)。

野生のシチメンチョウを見つけるもうひとつの手法は、騒々しい音をたてることだ。この手法は、彼らが――クジャクやキジといった、ほかの狩猟鳥と同じく――予期していなかった、または異常な音にすばやく反応することが、早い段階でわかったおかげで編みだされた。画家にして探検家のジョン・ジェームズ・オーデュボンは、森で木が倒れたとき、聞こえる範囲にいるシチメンチョウがそろって大きな鳴き声をあげるさまを観察している。おそらく潜在的な危険をほかの個体に警告するためだろうが、皮肉にも、そのせいで追跡され、射殺されることが多かった(51)。

一九世紀はじめには、シチメンチョウは主食になるほどたくさん飼育されていた。一八三三年、トーマス・ハミルトン大尉はフィラデルフィアのとある晩餐に出席したあと、提供されたシチメンチョウが晩餐客の礼儀作法におよぼしたよい影響について書いた。「口いっぱいにシチメンチョウを頬ばっていると、どんな男も不快なことは言えず、争う者どうしも同じ喜びを分かちあって意見の相違を忘れる(52)」

このころ、シチメンチョウはほかの鳥より知性が劣るという(おおむね不当な)考えが確立されはじめた。たぶん、この鳥が追い詰められるまで逃げたり飛びたったりしたがらないからだろう(53)。あるいは、夜間はたいてい低い枝に集まって寝るせいで、たやすく銃で撃たれるからかもしれない。理由はなんであれ、シチメンチョウはいまだに格言において愚かだとされる。鳥をもとにした文化的な通念を著書『鳥と人間』(*Birds and People*)にまとめたマーク・コッカーによると、ある広く知られた都市伝説では、雨降りのときシチメンチョウが空を見あげたら、いずれ大量の水を飲んで溺れてしまう、と言われている(54)。完全に誤りと判明しているにもかかわらず、いまだに広く信じられている話だ。

コッカーはまた、驚くほど最近――一九四四年――に生まれたことば、“gobbledegook”(または“gobbledygook”)についても述べている。これはオックスフォード英語辞典(OED)の定義によると「官僚機構や役所でとくに用いられる、もったいぶって長たらしいか、専門的すぎて一般大衆には理解できないことばや専門用語。ナンセンス。わけのわからないおしゃべり」という意味で、雄のシチメンチョウがたてる奇妙なしわがれ声をそのまま表記したもの――しばしば“gobble gobble”と表される音で、早くも一九世紀はじめごろに記録されていた――から派生した[55]。

“ターキー”という語はほかのさまざまな文脈でも、単独あるいはほかの語や成句とつなげて使われているが、いくつかはこの鳥自身とはなんら関係がないように思える。たとえば、人は――とりわけ政治家は――扱いのむずかしい話題についてざっくばらんな議論をしたいときに“talk turkey”する(シチメンチョウの話をする)[56]。一九二一年に生まれた“cold turkey”(冷たいシチメンチョウ)は、料理を指す無害な意味が失われて久しく、いまや薬物またはアルコール依存を断つ中毒者の激しい苦痛を指す[57]。また、演劇や映画産業で“turkey”は大コケの劇または映画を表すために広く使われ、OEDには「できが悪いか失敗した映画または舞台作品。失敗作。転じて期待はずれや価値のないものを指す」とある。こうしたじつに多種多様な慣用句を見ても、アメリカの言語および文化においてシチメンチョウが中心的な地位を占めてきたことがわかる。

シチメンチョウ――とくに肥育されている個体――は、攻撃的だという(当然の)通念がある。これは野生の個体の求愛行動に由来するもので、雌とつがうためには、体がかなり大きい雄でも戦って競争相手を追い払わなくてはならない。家畜化されたシチメンチョウの攻撃性を示すいっぷう変わった事例が、スーダンのハルツーム包囲のさなかに起きた。一八八四年九月、自身が殺害されるほんの数カ月前に、イギリスのチャールズ・ゴードン総督が、雄の個体がわが子二羽を殺すさまを日記に綴っている。ただし、ゴードンはこの種にひそかな称賛の念を抱き、「シチメンチョウの雄が羽を総毛立たせて首に虹の七色をまとった姿は、まさに肉体的な強さの権化である」とも書いている。[58]愚かさと攻撃性はともあれ、この鳥の長所に関するゴードン総督の見解には、多くの観察者が同意している。アルバート・ヘイズン・ライトは、この種を〝アメリカ随一の気高き狩猟鳥〟という形容辞で呼んだが、これはオーデュボンが最初に用いた表現だ。[59]

## シチメンチョウは食べるな

ところで、今日ではシチメンチョウの大量消費が疑問視され、はたして感謝祭とクリスマスにシチメンチョウを食べる長年の慣習は持続可能なのか、もっと言うなら妥当なのかと、大勢が世に問うている。

世界の人口は増えつづけ、ベジタリアニズムやヴィーガニズムがとくに先進国でもてはやされてはいるものの、肉の需要もまた増えつづけている。シチメンチョウも例外ではない。二〇一六年の一年間に、シチメンチョウの肉の世界市場は九パーセント成長し、六〇〇〇万トン超に達して、二〇二五年には年間七〇〇〇万トン近くになるものと予測されている。[60]

二〇二〇年には、アメリカだけで、およそ二四〇万トンのシチメンチョウ肉が購入された。アメリカの老若男女ひとりにつき七・五キロという信じがたい数字だ――一九七〇年の二倍近くになる。[61]なのに、すべてが食べられているわけではないことに留意してほしい。感謝祭だけでも、推定九万一〇〇〇トンのシチメンチョウの肉が廃棄されている――ひとりにつき、たっぷり一食分に相当する量だ。[62]

たぶん予想されているとおり、シチメンチョウ肉の消費は、アメリカやカナダ、ヨーロッパやラテンアメリカの一部地域など、先進国で最も多い。だが、アジアの国々――とりわけ、莫大《ばくだい》な人口を擁する中国とインド――でも生活水準があがって西洋風の食事に移行しつつあり、消費が上向きだ。アメリカのシチメンチョウ農家にとって、これは朗報だろう、なにしろ、世界のシチメンチョウの半数近くを供給しているのだから。[63]

だが、当のシチメンチョウにとってはそうではない。動物福祉《アニマルウエルフエア》の推進者たちは、数百万羽にのぼるシチメンチョウの肥育法に懸念を高めつつある。動物の保護を目的にしたあるウェブ記事では、非人道的な輸送および食肉解体」を列挙している。[64]「過密状態、肉体の一部の切断、自然な本能の妨げ、急速な成長、劣悪な健康および衛生状態、非人道的な輸送および食肉解体」を列挙している。一九七〇年代からシチメンチョウの飼育法が大きく変化したことを、彼らは指摘する。かつてアメリカ農村部各地に点在していた家族経営の小規模農場は姿を消し、広大な工業的孵化場に置き換わった。一軒あたりの規模は一九七五年の二〇倍以上だ。その孵化場から、誕生したばかりのシチメンチョウが巨大な家畜小屋へ送られる。約二三〇〇平方キロメートルに一万羽もの鳥が収容され、一羽あたりの空間は四分の一平方メートルにも満たない。

これがいかに狭いか、想像するのはむずかしい。なので、次のように考えてみよう。イングランドとウェールズの一般的な家屋の平均床面積は、九九平方メートル。現行の法規では、この空間は四〇〇羽以上のシチメンチョウを収容するのにじゅうぶんな広さだとされている。しかも、これらストレスを抱えた過密状態の鳥が互いに傷つけあうのを防ぐため、くちばしや爪の先が――麻酔なしに――切断されて、鳥たちは苦痛を味わい、ときには早死にしさえする。

さらに、運動家たちが指摘するとおり、〝放し飼い〟もたいして改善をもたらさない。このことは本質的に無意味だ。というのも、唯一の法的要件は、シチメンチョウが戸外に出られるようにしておくことであり、彼らがその恩恵を得ようとするかどうかは、寒い冬のあいだはとくに疑わしい。

だが、おそらく最も衝撃的な統計値は、これら不運な鳥の成長速度だろう。最新の遺伝子操作技術によって、シチメンチョウは自然にまかせるよりはるかに速く成長できるようになった。ある有力な農業新聞によれば、およそ想像しがたい成長率に達しているようだ。いわく、「仮に、体重七ポンド（約三一七五グラム）の［人間の］赤ん坊が、今日のシチメンチョウと同じ速さで成長するとしたら、生後一八週で一五〇〇ポンド［約六八〇キロ――およそ成人男性八人分に相当する］になるだろう[65]」。現代の飼育下のシチメンチョウは途方もなく（率直に言うなら不釣りあいに）重く大きいせいで、飛ぶことはおろか、歩くこともままならない。さまざまな病気にかかりやすく、大量の抗生物質を与えられている。また、肥満体ゆえに、次世代の雛をもうけるには注射器を用いて人工授精をしなくてはならない。

せめてもの救いと言うべきか、家畜化されたシチメンチョウは寿命が短い。たいていは孵化後三、四カ月で命を絶たれる。解体処理の過程は、気の弱い人にはお勧めできない。シチメンチョウはまず、餌も水もなしにときには三六時間もかけて輸送され、それから脚を縛られ逆さまに吊されて電流で気絶させられる。そして喉を裂かれ、熱湯が張られたタンクに浸《つ》けられて羽をほぐされ、機械でこれをむしられる。恐ろしいことに、気絶処理はつねに有効なわけではなく、おそらく何羽かは喉を裂かれたり熱湯に浸けられたりする過程で死の苦しみを味わうことになる[66]。

ここまで聞いたら、さすがに感謝祭やクリスマスに丸々したローストターキーをたらふく食べる気になれないかもしれない。だが、それでも食べたいのなら、用心したほうがいい。毎年、大西洋の両岸でおびただしい数の人が、加熱不足や汚染されたシチメンチョウで食中毒の餌食となっている[67]。イギリスでは、食中毒が年間一〇〇万件発生しているが、ほかの時期よりもクリスマスに起きる割合が高い。多くの場合、シチメンチョウが犯人だ[68]。

なんといっても、ほとんどの人はこれほど大きな鳥――たいていは、標準的なニワトリの五、六倍の重さ――を調理した経験がないことが問題だ。基本的な過ちのひとつは、冷凍のシチメンチョウをちゃんと解凍しないこと（大ぶりの鳥は完全に解けるまで四日かかることもある）で、もうひとつ一般的な過ちは、シチメンチョウを洗うこと――皮肉にも、そうするほうが安全だとみんな思いこんでいる[69]。加熱不足は多発しているが、たぶん近代的な対流式オーブンのおかげで数は減っているだろう。

クリスマスイブにわたしの祖母が調理用ストーブに火を点《つ》け、クリスマス当日に早起きしてシチメンチョウを料理していたのを思い出す。それでも、午後早い時間にごちそうにありつけることはめったになかった。

これら潜在的な落とし穴をすべて回避できたとしても、祝いの晩餐後かなり経ってから食中毒が発生することがある。ヘレン・フィールディングのベストセラー小説（と、のちの映画化作品）『ブリジット・ジョーンズの日記』[70]で、ブリジットの母親が一週間前のターキー・カレーを温めなおしていたが、これは家族、友人、隣人間で集団食中毒を起こす典型的な要因だ。ずさんな食品衛生管理は、ただ数日間の病と不快感をもたらすだけではない。死を招くこともある。二〇一二年一二月、四六歳の女性がロンドン東部のパブでクリスマスのランチを食べたあと亡くなり、ほかに三三人の食事客が病気になった[71]。感謝祭はクリスマスから新年までの期間よりも短いおかげで、リスクは低いようだ。それでもやはり、汚染されたシチメンチョウによるサルモネラ食中毒で人々が死んでいる――通夜ではなく祝いの宴であるべきなのに[72]。

このような重大な事例は、幸いにもそう多くはない。だが近年、シチメンチョウの生産と消費に関してべつの側面が注目されている。カーボンフットプリントだ。これは比較的新しいことばで、一九九九年にはじめて活字になり、ＯＥＤの定義には「特定の個人、共同体、組織、または特定のできごとや製品等がもたらす環境負荷のこと。関係する温室効果ガスの総排出量によって算定される」とある。

愛好者にとって朗報なのは、シチメンチョウのカーボンフットプリントは――少なくとも、牛肉、豚肉、羊肉といったほかの肉にくらべて――少ないことだ。悪い報せは、それでもなお〝レッド〟の範疇《はんちゅう》に入っていること。一般的にクリスマス料理一人前に使われる一一〇グラムを生産するのに必要なエネルギーは、ガソリンまたはディーゼル車で四キロあまり走るときの温室効果ガス排出量に相当する。[73] 典型的なシチメンチョウ料理は――つけ合わせもすべてひっくるめて――ヴィーガン料理の排出量の二倍以上になる。[74]

もっと言うなら、環境倫理学者のピーター・シンガーが説明するとおり、シチメンチョウに食べさせる穀物を飢餓に苦しむ人々に食べさせると、温室効果ガスの排出量がはるかに減る。いっぽう、アメリカ人医師のマイケル・グレガーは、家禽の消費とがんに相関関係が見られるのは、調理された肉に発がん性物質があるせいではないかと主張している。まだ判明していないなんらかの要因で、これら発がん性物質は、ほかの動物よりもニワトリやシチメンチョウの筋肉に多く蓄積するようだ。したがって、健康を保ちたいなら、そして地球を救いたいなら、メッセージは明快だ――〝シチメンチョウは食べるな〟。

クリスマスや感謝祭にローストターキーを心ゆくまで味わいたいとなおも渇望する人にとって、安全策《セーフティーネット》はあるだろうか。近年、人工肉――培養肉とも呼ばれ、見かけも味も動物の肉とほぼ同じ――の製造法が発達しているので、わずか数年後に、実験室で作られた代用肉が経済的に実用化されるもしれない。[75] 核融合反応が環境にやさしい無限のエネルギー供給をもたらすかもしれないのと同じく、培養肉は――少なくとも理論上は――動物の工場飼育に突然の幕引きをする可能性がある。もちろん、そうした急速な発展を遂げるには、たとえば消費者の抵抗感から、世界的規模の農産業界の既得権益という邪悪なものまで、数多くの障害がある。だが、しかるべき規模で取り組めるなら、家畜のシチメンチョウの時代は近いうちに終わりを迎えるかもしれない。[76]

## 野生のシチメンチョウを救え

さて、野生のシチメンチョウと、ここ一世紀あまりの波乱に富んだ彼らの運命に話を戻そう。一六七〇年代、ピルグリムたちが到着したわずか半世紀後に、観察者たちは早くも急速な減少に懸念を示し、ある報告書は、ヨーロッパ人入植者と先住民が結束して「群れを破壊した結果、森で野生のシチメンチョウに遭遇することがごくまれになった」と述べている。[77]

一八四二年には、危機的な状況に陥っていた。「野生のシチメンチョウは、かつてこの国全域でよく見かけられていたが、入植が進むにつれて各地で減少し、いまやニューイングランド一帯、さらにはアメリカ東部一帯でもきわめてまれな存在になりつつある」[78]

オーデュボンも同意見で、一八二七年から三八年に刊行された『アメリカの鳥』(*The Birds of America*)のなかで、この種は「ジョージアと南北カロライナにおいて以前ほど数が多くない」し、「アメリカ合衆国各地で数が減り」つつあると述べた。ゆゆしきことに、「わたしがロングアイランド、ニューヨーク州、五大湖周辺の田園地帯を散歩するあいだ、一羽も見かけなかった」とも彼は書いている。[79]

野生のシチメンチョウは、一九二〇年にはすでに、かつて姿を見かけられていた三九州のうち一八もの州から消えていた。これは乱獲と生息地の喪失が相まった結果で、当時、森林の樹木(シチメンチョウが種子を食べるオークやクルミの木など)が伐採され、耕作物に置き換わりつつあった。[80]

野生の個体数を増やすために介入が試みられたが、減少傾向は続いた。介入策には、たとえば冬季に補助食を与える、雑穀や小麦やトウモロコシなど種子作物を植える、餌となる植物の再生をうながすために生息地を野焼きする、野生のシチメンチョウを一時的に飼育下においたのち放つ、といったものがあった。これらは局地的にうまくいくこともあったが、個体数の容赦ない減少を止めることはできなかった。一九七三年には、アメリカ合衆国の個体数はわずか一五〇万羽にまで激減した。[81] この時点で、州と連邦のさまざまな環境保全組織が、野生のシチメンチョウを絶滅の危機から救うには何か抜本的な手段が必要だと認識した。ありふれたよく知られている象徴的なこの鳥が永久に姿を消すなどばかげた話に思えるかもしれないが、かつておびただしい数が存在したリョコウバトが消滅したことを考えると、シチメンチョウも同じ道をたどる可能性はおおいにある。

一九八〇年代末に、当局はようやく、数が減りすぎて存続が不可能になった地域の遺存種を捕まえて、もっと条件のいい生息地に輸送するプログラムに着手した。資金はじゅうぶん集まった。調達された総額四億一二〇〇万ドルが、この象徴的なアメリカの鳥を救うために使われた。これらの対策が結果的に実を結んで、今日では個体数が四倍以上に増え、七〇〇〇万羽近くになっている。[82]

野生のシチメンチョウ、アメリカ人がたいそう愛し、ベンジャミン・フランクリンがかつてハクトウワシよりアメリカ合衆国の象徴にふさわしいと主張した鳥（第8章参照）の未来は、どうやら保証されたようだ。だが、次章の主役はちがう。その鳥は、絶滅のなんたるかを示す格言的な存在——ドードーだ。

# 第4章 ドードー

*Raphus cucullatus*

ドードーには生き残る見込みはなかった。まるで、絶滅という唯一の目的のために創造されたかのようだ。

——ウィル・カッピー(1)

その鳥は、わたしが目にしたほかのどんな鳥ともちがっていた。全身を覆うくすんだ灰色の羽毛はごしごし洗う必要がありそうで、たいていの鳥のような整ったなめらかな羽ではなく、愛されまくってよれよれになったテディベアよろしくぼさぼさに毛羽立っていた。翼は——そう呼べるのなら、だが——滑稽なほど短く幅広で、尾もまた同じだった。褪《あ》せた黄土色の脚とずんぐりした胴、直立した姿勢。純朴な子どもの目には、不恰好なシチメンチョウに見えた。

だが、最も印象的なのは頭部だった。顔は羽が一本もなく、鈍い黄色で、祖母のヘッドスカーフを思わせる薄いフード状の羽がかぶさっていた。大きなくちばしは黒くて鉤形《かぎがた》に湾曲し、コンドルのようだ。滑稽なほど小さな目が、批難と悲しみが入り交じった奇妙な表情で、わたしを見つめかえしている。

一瞬、この鳥がこちらへ歩き出す気がして、わたしは恐怖にたじろいだ。そのとき、自分たちのあいだに分厚い板ガラスのウィンドウがあることに気がついた。その鳥がもう死んでいること、三〇〇年以上ずっとそうだったことにも。

わたしは七歳くらいだったはずだ。母親と一緒に、年一回のロンドン自然史博物館の訪問中だった——わたしにとっては、夏休みのメインイベントだ。問題の鳥は、もちろんドードーで、わたしは当時ですら、この鳥はまちがいなく完全に絶滅しているが、おそらく世界一よく知られた鳥であると認識していた。

それから半世紀以上経った現在、わたしは七歳の自分が残酷なまでに欺かれていたことを知っている。わたしにしても、わざわざ足を止めてこの驚くべき生き物を見つめた一日数千人の来館者たちにしても、当然ながら、自分が本物のドードーを見ているものと思っていた。剝製にされたのち台に載せられ、この博物館の〝絶滅した鳥〟展示室の主要陳列物となったのだ、と。

だが、わたしたちは思いちがいをしていた。目に見えるものすべてが人工の作り物だった。頭やくちばしなどのむき出しの部位は石膏《せっこう》で成形され、羽はハクチョウとガチョウのものをみすぼらしいくすんだ灰色に染めてあった。アイルランドの作家、ロイシン・キバードがその展示物のうろんな位置づけを完璧に要約している。「これは合成物だ、ほかの鳥の部位でこしらえられ、作り手が実生活では目にしたことのない姿にまとめあげられた、フランケン・ドードーなのだ」[*1][(2)]

シルエットすらもまちがっている。この展示物は著名な剝製師のジェームズ・ローランド・ウォードが作製したもので、現実のドードーよりもかなり太めだ。とはいえ、これはウォードの落ち度ではない。オランダの画家ルーラント・サーフェリーが一七世紀はじめに描いた鳥をもとに、この作品をこしらえたからだ[(3)]。

では、サーフェリーはといえば、生身のドードーを最初に見た男たち——一五九八年にインド洋のモーリシャス島に上陸した、オランダほかヨーロッパの船乗り——の証言に従って描いていた。また、ヨーロッパへ連れてこられたドードーは長い航海中に餌を与えられすぎていたことも示唆されている。

*1　二〇二二年夏、子ども時代にはじめてドードーに遭遇してから半世紀以上のちに、わたしは再度ロンドン自然史博物館を訪れた。この鳥はいまも前面がガラス張りの陳列棚に鎮座し、いまも特大のニワトリとすり切れたテディベアをかけあわせたように見え、いまもわたしや大勢の子どもたちをみじめそうに見つめかえしている。だが、ひとつだけ変化した点がある。博物館がペテン行為をすっかり白状し、本物のドードーではなく〝模型／実物大の復元〟であるとの説明をつけたのだ。

運動不足も相まって、彼らは太ってしまったのだ。[4]

伝言ゲームの芸術版とでも言うべきか、ドードーが途方もなく太っていたという〝事実〟が、何世紀にもわたって伝えられた。そのせいで、わたしの幼い心にくっきりと刻まれたドードーの歪曲《わいきょく》像が作られ、発見から現在にいたるまでずっと、この鳥の標準的な姿とされている。

この歪曲は見過ごせない。というのも、ドードーは絶滅の象徴の決定版になったからだ。なにしろ、名前だけでその悲惨な破滅的運命を想起させるし、〝ドードーのように死んでいる〟〔訳注：完全に死滅した、忘れ去られた、時代遅れ、という意味〕という言い回しもある。[5] 仮にドードーが太った愚かな鳥だったなら、わたしたちはその消滅もある意味で自業自得だったと信じやすい。真実――わたしたちだけが、その絶滅の責めを負うこと――は、あまり気持ちのいい考えではないのだ。

ドードーの見た目が愚かそうなところも、その名前に結びつけられた。オックスフォード英語辞典は、〝まぬけ〟〝愚か者〟を意味するポルトガル語のドウド（doudo）からこの語が派生したと説明しているが、[6] 絶滅史家のエロル・フラーはそれとはべつの、オランダ語の起源説を唱え、〝太った尻〟と解釈できる複数形の〝dodaersen〟から生まれたと主張する。[7] いずれの説も、あまりありがたくはない。

英語の〝ドードー〟（dodo）には滑稽な響きがあり、この鳥が太って知性に欠けるという妄信や、飛べないという事実と相まって、彼らの運命はやはり自業自得だという気にさせられる。

ドードーに関する根本的な問題は、フラーがみごとに詳述したこの鳥の研究論文で指摘するとおり、じつに有名でありながら、パラドックスを内包することだ。「一般によく知られ、ドードー文学が数多く生まれているにもかかわらず、わたしたちはこの鳥そのものについてほとんど知らない」[8]。それどころか、ドードーの生態よりも、およそ六六〇〇万年前に絶滅した著名な恐竜、ティラノサウルスの生態のほうが知られているくらいだ。

これは、人間と鳥の波乱に富んだ長い関係のなかでも、とくに驚くべき物語のパラドックスだ。信頼に足る明確な証拠がほとんどないせいで虚偽の――それでいて妙に持続する――過去の物語が作られたとき、何が起きるかを実証している。

ドードーの消滅は、のちに〝絶滅の時代〟と呼ばれる時代の先触れだった[9]。この鳥が死に絶えて三〇〇年あまりのあいだに、わたしたちはさらに数百もの種を失った。なかには、あまりにも世に知られておらず既知の博物館標本がひとつしかない種もいれば、オオウミガラスやリョコウバトなど、ドードーと同じくらい有名な種もいる。近年、絶滅のペースが劇的に速まって、いまや世界の一万七〇〇〇の鳥種のうち、およそ七分の一が危険な状態にあるとされる。彼らの窮状はドードーのそれを忠実になぞり、わたしたちが地球を分かちあう野生生物に対してどう接しているのか、耳の痛い現実を突きつけてくる。

わずか四〇〇年あまり前にはじめて発見されてから、ドードーは称賛され、貶《おとし》められ、しまいには諷刺化された。失われた種の決定的な象徴となり、組織的宗教の偏狭さと悪しき科学の遺物を暴きたてた。論争、対立関係、不当利得、詐欺、不正をもたらした。いろいろな意味で、現実に対する神話の完全な勝利でもある。

だが、この物語の核心において、わたしたちはこれがひとつの鳥種であることを忘れてはならない。この鳥は、いまようやく、誤解とパロディーと歪曲が入り交じった混合物から真の姿を現しつつある。その急速かつ不運な消滅によって、自然界に対するわたしたちの見かたを永久に変えてしまった鳥なのだ。

## ドードーはわずかな事実しか知られていない

まずは、ドードーについて知られているわずかな事実から語ろう。当初から、この鳥についての説明は錯綜《さくそう》し、その大きさ、形、色、全体的な外観の描写が相容《あいい》れないことも多かった(10)。

最も古い記録は間接的なもので、いまや失われてしまったオランダ語の原本の英訳版だ。これは一五九八年、ヨーロッパの船乗りがモーリシャスに初上陸した一〇年たらずのちに出版された。彼らはこの地で「ハクチョウの二倍の大きさのニワトリをたくさん」見つけたが……「ハトとオウムがふんだんに見つかったので、この巨大なニワトリを食べるのをよしとせず、彼らをWallowbirdes、つまり吐き気をもよおす鳥と呼んだ(11)」。

悲しいかな、のちのできごとに照らせば予想できることだが、この最初の説明はドードーの実際の大きさを露骨に誇張しているばかりか、この鳥が食べられるかどうかだけに関心を向けている。同じ航海にもとづくのちの説明では、ドードーの大きさを〝ハクチョウと同じくらい〟に縮小してはいるが、やはり、長距離航海者からすれば当然の関心事が焦点となっていた。すなわち、新鮮な肉が手に入るかどうか、だ。

それでも、やがて同時代の記録のなかに、奇妙でなじみのないこの鳥に関する魅力的な描写がぽつぽつと加わりはじめた。「カールした羽が二、三本ついた丸い尻」「翼はないが、代わりに三、四本の黒い羽軸がある」「ダチョウみたいな体で……頭にはフード状のベールをかぶっている」、そしてたぶん、とくに衝撃的なのは「人間であるかのように直立歩行する(12)」。のちの描写には、ドードーは「ほかの鳥とはいちじるしく異なり、頭の上には膜のようなフードがあり、くちばしは大きくて強く、翼は小さく、尾は房状で、脚は短い」とある(13)。

ドードーの体の構造と見た目があまりにも奇異なせいで、発見から二世紀以上ものあいだ、科学者たちはほかの鳥との類縁関係に頭を悩ませていた。そのときどきによって、この鳥はクジャク、クイナ、アホウドリ、さらには（おそらく湾曲したくちばしを理由に）ハゲワシの近縁とされた(14)。

一八四二年、若きオランダの動物学者、ヨハネス・テオドール・ラインハルトが博物館の頭蓋骨を念入りに調べて、ドードーはじつはハトの近縁ではないかとためらいがちに提唱し、大勢から嘲笑された。[15]だが六年後に、ラインハルトは正しかったことが立証された。ふたりのイギリス人博物学者、ヒュー・エドウィン・ストリックランドとアレクサンダー・ゴードン・メルヴィルがこの島に関する最初の権威ある研究論文を出版したのだ。[16]オックスフォード大学自然史博物館所蔵のミイラ化されたドードーの頭部の形態と構造、そしてロンドンの大英博物館所蔵の乾燥させた脚を調べた結果、彼らふたりもまた、この飛べないドードーと、その仲間でいまや同じく絶滅したロドリゲスドードーは、ハトの近縁であると正しく結論づけた。

彼らの見解は、時の試練に耐えた。ドードーとロドリゲスドードーは、たしかにハト科の一員だ。[17]ハト科は鳥の最大級の科で、三五〇近い種が世界の七大陸のうち六大陸で見つかっている。だが、有史時代に入ってすでに二一もの種（と一一の亜種）が絶滅しており、最も危うい科のひとつでもある。[18]

ドードーの現存する最近縁種はミノバトで、アンダマン諸島およびニコバル諸島からマレー半島、フィリピン、インドネシアを横断してソロモン諸島にいたる広い帯状地域で見つかる。とはいえ、それより稀少《きしょう》なオオハシバト（生息域は太平洋のサモアの島々にかぎられている）のほうが、はるかに見かけが似ていて、ドードーの縮小版とでも言うべきか、大きな力強いくちばしが特徴的だ。この種――学名の〝*Didunculus*〟から、〝小さなドードー〟とも呼ばれている――も、悲しいかな、いまや絶滅の危機にある。[19]

最近の研究で、ドードーとロドリゲスドードーの祖先は、二三〇〇万年前にハト科の残りの種から分かれたことがわかった。当時はまだ飛ぶことができたはずだ。というのも、彼らが終焉《しゅうえん》を迎えることとなった遠隔の島々は、海底火山の活動によって八〇〇万年から一〇〇〇万年前にようやくインド洋に浮上したからだ。[20]

## いつ姿を消したか、その後何が起こったか

海洋島に閉じこめられたほかの鳥とともに、ドードーの祖先は数百万年かけてしだいに飛ぶ能力を失った。捕食者のいないこの環境では、飛ぶ能力は不必要なエネルギー消費をともなうからだ。また、食べ物を取りあう草食動物がいないおかげで、彼らは生存期間中はおおむね繁栄していた。ところが、一五九八年のある日、ひとりのオランダ人探検家がモーリシャスに初上陸して、ドードーの運命が決定づけられた。

しばしば唱えられるのは、食用として殺されたからドードーが全滅したという主張だ。だが、当初のオランダ名が〝まずい鳥〟を意味するヴァルクフォーゲル（Walghvoghel）だったことから、船乗りたちはじきにドードーの肉に飽きて、ほかの、ハトなど味がよい小さな種を好んだと思われる。事実はどうやらもっと凡庸で、ブタをはじめとする家畜や、ネズミらの密航動物、カニクイザルなど珍しいペットの導入が、ドードーを破滅させた。地上に巣を作るせいで、卵と雛はとくにこれら新参者に狙われやすかった。

要因はなんであれ、ヨーロッパ人がモーリシャスに到着してわずか六〇年で、ドードーは絶滅とまでいかないにせよ、回復の見込みがないほど激減した。とはいえ、今日ですら、この種がいつ最終的に姿を消したかについては議論がある。最も広く受けいれられているのは、一六六二年、難破したオランダ人船乗りのフォルカート・エフェルツが、当該種の最後の生き残りと思われる鳥たちを本島沖の小島で捕まえたときだ。

> おれたちは手で捕まえられるよう、やつらを一箇所に追いこんで、一羽の脚をつかんだ、するとそいつが大声をたてて、ほかのやつらが助けようとみんな全力で駆けてきた、おかげでそいつらも捕まった。[21]

ところが、まぎらわしいことに、この一六六二年の数年後にドードーに遭遇した報告がいくつかある。もっとも、その鳥はじつはモーリシャスクイナ、つまりドードーのあとほどなく絶滅した、もうひとつの飛べない固有種の鳥だったことが示唆されている。*2

ある意味、正確な日付はさして問題ではない。もっと重要なのは、その後何が起こったか。つまり、ドードーはいかにして、生きた本物の鳥からすみやかに絶滅の偶像《イコン》へ、いや、唯一無二の絶滅のイコンへと変わったのか。アメリカのユーモア作家、ウィル・カッピーは、「ドードーには生き残る見込みはなかった。ドードーは、まるで、絶滅という唯一の目的のために創造されたかのようだ」と述べている。

だが、ドードーの物語は、ぱっと見よりも複雑かつ相反する性格を持つ。作家にして博物学者のマイケル・ブレンコウが説明するとおり、

ドードーは不可解きわまりない。〝ドードーのように死んでいる〟は、最後の最後の状態を指すことばだ。なのに死を超越し、ずんぐりした異色のメシアとして諷刺され、客体化され、商業化され、復活させられた。ドードーはこれまでに生存したどんな種よりもよく知られている。そして奇怪な不死を実現した——笑顔の絶滅者だ。(22)

*2　推測するに、一七世紀後半にこの島を訪れた船乗りたちは、当然のようにドードーを見られるものと期待していた。したがって、べつの大きな飛べない鳥——モーリシャスクイナ——に遭遇したとき、これが予期していた種だと思いこんだが、どうやら、そのころにはもうドードーは絶滅していたと思われる。A. S. Cheke and J. C. Parish, 'The Dodo and the Red Hen, A Saga of Extinction, Misunderstanding, and Name Transfer: A Review', *Quaternary*, 3 (1): 4 (2020).

では、ドードーの長年の物理的、文化的運命から、わたしたちは何を学べるのか、そして、なぜそれが今日大きな意味を持つのか。

## ドードーは二度失われた

絶滅する前から、ドードーはすでにサーカスの出し物の鳥版として扱われていた。わたしたちのそばで生存していた短い期間中に、モーリシャスからヨーロッパまでの長く困難な船旅を生きぬいた少数のドードーは、ほかの〝自然の奇形種〟とともに見世物にされ、金を払った観衆の興をそそって楽しませていた。なぜ、それが今日知られているかというと、一六三八年ごろに、イギリスの作家で歴史学者のハモン・レストレンジが友人とロンドンの通りをぶらついているとき、ある地所の外に「布に描かれた奇妙なニワトリの絵が吊されている」ことに気がついたからだ。彼が好奇心に駆られてその敷地内に入ると、「シチメンチョウの最大級の雄よりも大きい巨大なニワトリ」を目にした。「脚の恰好はシチメンチョウに似ているがもっとがっしりして太くまっすぐで、胸の色はクジャクの若い雄さながら、背中側は焦げ茶色か黒っぽい色。飼い主はドードーと呼んでいた」。そばの地面に小石が積まれていたので飼い主に尋ねると、消化を助けるためにこの鳥が食べるのだと説明された。奇怪なこの生き物をしばらく驚異の目で眺めたのちに、レストレンジたちはいとまを告げた。

歯がゆいほど短いこの記述から、少なくとも一羽のドードーが——たぶん、ほかにも何羽かが——捕らえられ、ヨーロッパに持ちこまれたのち、生き延びて展示されていたことがわかる[23]。もう少し長く生き延びていたら、この種はぜんぜんちがう運命をたどっただろうと、エロル・フラーは思いを馳《は》せている。もし、彼らが都市の公園や庭園に定着できていたなら、「今日、ドードーは世界じゅうの装飾庭園でクジャクと同じくらいよく見かける存在になっていただろう！[24]」ところが、そうはならずに「残されたのはただ、数片の骨と皮膚」そして「伝える情報が奇妙なほど乏しい」絵画や文字による描写だけだ[25]。

生きた鳥から絶滅の象徴へと変遷したドードーの文化的な旅を正確に理解するには、それが消滅した当時の宗教的、哲学的な風潮を――とくに、種の創造について人々がどう考えていたかについて――考察しなくてはならない。

キリスト教信仰の基本原理、すなわち、全能の神があらゆる生き物を創造したことが、旧約聖書の冒頭、「創世記」一章に明確に記されている。

神は大きな海の怪獣を創造された。水に群がりうごめくあらゆる生き物をそれぞれの種類に従って、また、翼のあるあらゆる鳥をそれぞれの種類に従って創造された。神は見て良しとされた[26]。

（聖書協会共同訳）

現代の読者は、全能の神が〝翼のあるあらゆる鳥〟に（そして、たぶん飛べない鳥にも）命を与えたのなら、どんな種であれ神が絶滅を許すと考えるのは異端だ、という主張を理解できないだろう。中世の教会が発達させて、数百年のちにもなお幅を利かせていた正統派の考えは、〝存在の大いなる連鎖〟[27]と呼ばれていた。神を頂点として、その下に天使、人間、さらに動物と植物がいる階層ピラミッドだ。この〝存在の大いなる連鎖〟の基本概念は、次のとおり。神がお造りになったものなら、それは完全無欠で（何よりも重要なことに）不変である。したがって、どんな種にせよ絶滅はありえない。なぜなら、神はこの連鎖のどの鎖であっても壊れて消滅することをお許しにならないからだ[28]。

こうしてみると、ドードーは人為的絶滅という生態系の危機が迫っていることを世界に警告した最初の生物だとよく主張されてはいるが、話ははるかに複雑で、はるかにややこしいことがわかる。ドードーが消滅して一世紀以上ものあいだ、ひとつの種があっさりと姿を消すなど、一顧だにされなかった。永久の消滅という巨大な恐ろしい危険を世界に知らしめる〝気づきの瞬間〟になるどころか、ドードーの絶滅はほとんど注目されずにいた。最後のドードーの目撃から一〇〇年以上経った一八世紀末にようやく、フランスの動物学者ジョルジュ・キュヴィエが、種は絶滅しうるのだとはじめて主張した。マンモスやマストドンといった、かつて地球上を歩きまわっていた野生の生物が――一部の者が主張するように――アフリカの人里離れた地域でいまも生きているのではなく、永久に死に絶えたことを、彼は実証したのだ(29)。

これは、啓蒙《けいもう》運動と呼ばれる、より広範な運動において重要な転換点となった。ヨーロッパの哲学者、科学者、知識人たちは、時代遅れの、しかしいまだ影響力の大きい教会の宗教的概念に疑問を呈し――最終的には、これを捨てて――野外観察と演繹《えんえき》にもとづく考えに転換しはじめた。やがてこれが、最も重要な科学のブレークスルーに帰着することとなる――チャールズ・ダーウィンとアルフレッド・ラッセル・ウォレスの〝自然選択による進化論〟だ（第5章参照）。

前述のキュヴィエは、種が絶滅しうる――し、絶滅してきた――と確信してはいたが、そこから次の論理的な思考――人間が、直接または間接的に責めを負う――にいたらなかったことは留意しておくべきだ。公正を期すなら、彼がそこまで考えなかったのは、もっぱら化石に関心を注いできて、それら化石の多くは人間が地球に現れる以前のものだったからだ。では、教会はというと、絶滅の概念をいっこうに受けいれられずにいた。このことは、のちのダーウィンとウォレスの進化論に対する彼らの反応からもはっきりとうかがえる。科学ライターのコリン・バラスが指摘するとおり、キュヴィエ以前は、種が絶滅するという概念そのものがおよそ考えられないことであり、ゆえに、ヨーロッパに持ちこまれたドードーの標本は、しかるべき重要性を認められずにいた。

種が永久に消滅することを科学者たちがいまだ受けいれられなかったせいで、博物館の学芸員も、所蔵するドードーの扱いに無頓着だった。なにしろ、たとえ失われるか損なわれるかしても、つねに代替品が手に入ると思われたのだから。結果として、一九世紀の最初にはもう、ドードーの完全な骨格標本は一体も残っていなかった[30]。だからこそ、子どものわたしをあれほど魅了したロンドン自然史博物館の偽の〝ドードー〟が作られたわけだ。バラアが結論づけたとおり、「ドードーは二度失われた」[31]。一九世紀後半になるまで、ドードーの身体標本の総数はわずか三体で、それらはすべて、エロル・フラーの二〇〇二年の著書に記載、提示されている[32]。頭部と足はオックスフォード大学自然史博物館に所蔵され、ドードーの軟組織の標本としては世界で唯一のものだ[33]。頭蓋はデンマークのコペンハーゲンにある自然史博物館に[34]、上あごはチェコ共和国のプラハの国立博物館に収められている[35]。これとはべつに、ドードーの足が最初は大英博物館に、その後はロンドン自然史博物館に所蔵されていたが、のちに失われてしまった。

そして一八六五年、ドードーの分類に関する知識と理解にきわめて重要な飛躍的進展があった。モーリシャスの教師ジョージ・クラークが、地元の湿地、マール＝オー＝ソンジュでたくさんの骨が見つかったことを耳にしたのだ[36]。

クラークは三〇年近く前に故郷のサマセットからモーリシャスへ移住し、地元の宗教学校で教鞭《きょうべん》を執っていた。熱心な博物学研究家にして化石ハンターだったが、この島にはドードーの標本がひとつもないと知って驚き、これを探すことに余暇を費やそうと決意した。だが三〇年近く経ても、なんの成果も得られずにいた。

そこへ、ずっと待ち望んでいた報せが入った。ハリー・ヒギンソンという名の若き技師が、湿地を抜ける鉄道建設で掘削を監督しているとき、生物の亡骸の集積場を発見したという。それを調べたクラークは、鳥類学の聖杯、すなわち数百片のドードーの骨をついに見つけたのだった。

彼はのちに、その大半をイギリスの博物館や個人蒐集家《しゅうしゅうか》に売り、ひとつを著名な生物学者にして古生物学者のリチャード・オーウェンに送った[37]。また、みごとに保存された標本一セットを、友人のウィリアム・カーティス――ハンプシャーのアルトンにあるカーティス博物館の設立者――にも送った[38]。

## 絶滅のイコン

偶然にも、ヒギンソンとクラークによる一八六五年の発見は、児童書『不思議の国のアリス』の出版と同じ年だった。風変わりなオックスフォードの講師にして数学者のチャールズ・ドジソンがルイス・キャロルの筆名で書いた不思議なこの物語には、帽子屋、代用ウミガメ、三月ウサギ、ドードー鳥といった奇妙なキャラクターが登場する。とくに印象的なある場面で、ドードー鳥がレースを提案するが、決まったルールはいっさいなく、〝みんな優勝、みんな賞品をもらう〟というせりふがのちに格言化した[39]。

本書中のドードー鳥の絵は、有名な画家ジョン・テニエルによってみごとに描かれ、じきに世の人々の想像力をとらえて、大衆文化におけるこの鳥のイメージを定着させるのにひと役買った。だが、そもそもドジソンはなぜ、あらゆる生き物のなかからドードーを選んだのだろう。広く唱えられている(が、悲しいかな証明されていない)説によれば、自分を茶化したのだという。もっとはっきり説明するなら、彼には吃音《きつおん》があり、ストレスがかかると〝ドー・ドー・ドジソン〟ですと自己紹介していたのだ。とはいえ、彼は絶滅の典型としてのドードーの役割を承知していたはずだ。これは、ドジソン生誕一年後の一八三三年に、労働者階級の教育を目的とした大衆向け刊行物『ペニー・マガジン』ではじめて披露された考えだ。執筆者で博物学者のウィリアム・ブロデリップは、次のように書いて先見の明を示している。

人間の営みが下等な生き物の増加を抑制し、特定の種を絶滅させた事例として、ドードーほど典型的なものはおそらくないだろう。これほど特徴的な種が絶滅せざるをえなかったこと……は、われわれの驚きを喚起し、同じ要因で同様の変化がいまも進行中であることをわれわれに留意させるはずだ。[40]

ブロデリップがいまから二世紀近くも前に、絶滅は偶発的で些細《ささい》なできごとではなく、より広範な地球規模の重要性を持つと提唱していたことは興味深い。一八四八年に、ストリックランドとメルヴィルの『ドードーとその近縁種』(*The Dodo and its Kindred*)が出版され、"ドードー・マニア"の本と表現されることとなったが、これまでも指摘されてきたとおり、[41]ストリックランドとメルヴィルはドードーの消滅に"人間の営み"が果たした役割を認識してはいたものの、人間が上位にあるという古くさい概念に逆戻りしていた。いわく「人間はその創造主によって"産み、増え、地に満ちて、これを従わせる"よう運命づけられている」[42](聖書協会共同訳)。同じ運命をほかの種がたどるのを防ぐ運動が本格的に始まったきっかけは、ドードーよりもあとの絶滅、一九世紀なかばのオオウミガラスの絶滅だったが、[43]一八四九年、ストリックランドとメルヴィルの著書の書評が『ブラックウッズ・エディンバラ・マガジン』に掲載され、オオウミガラスに代えてドードーが絶滅の世界的なイコンに位置づけられた。[44]「ドードーとその近縁種の死のほうが、もっと痛ましい」と書評者は述べている。「これは種全体の完全な消滅であり、個々の生物だけでなくその集合体たる種においても、死が法則であることを証明した」

今日、ドードーは、地球の生態系が脆弱《ぜいじゃく》であること、そして、中国のヨウスコウカワイルカやアメリカ南東部およびキューバのハシジロキツツキなど、人間の行動によって絶滅に追いやられつつあるほかの多くの種の脆弱性が高まっていることを、人類に警告する貴重な旗印となっている。[45]

## 絶滅の最速記録

ドードーは失われた種のなかでも群を抜いて有名だが、だからといって、マスカリン諸島（モーリシャス、レユニオン、ロドリゲス）で絶滅した唯一の固有種ではない。一五〇〇年から一八〇〇年にかけて、この諸島の四八種もの陸生脊椎動物――大半は鳥と爬虫類――が消滅している。[46] 鳥類の犠牲者には、ドードー、ロドリゲスドードー、モーリシャスクイナのほかに、モーリシャスインコ、マスカリンインコ、マスカリンオオバンなどがいる。いずれもドードーと同じく、ヨーロッパ人探検家と危害を加えるさまざまな家畜たちの到着によって絶滅に追いこまれた。皮肉にも、これらの島々は地球上で最も入植が遅かったのに、最もひどく生態系が傷つけられている。ある環境保全家がにべもなく述べたとおり、「このように、われわれ人間の環境破壊への性向がいかに大きいかを実証している」のだ。[47]

マスカリン諸島はほかの場所よりも急速に鳥類が失われたが、失われた割合の大きさでは、特別とは言いがたい。最近の研究で、大洋島の鳥は、もっと広い陸塊に住む鳥にくらべて絶滅の危険性が四〇倍も高いことが示された。結果として、絶滅の危機に瀕した世界じゅうの鳥のうち、三九パーセントを島の固有種が占める。[48]

理由はいくつかある。ドードーの物語が示すとおり、島の種はきわめて特殊な環境――とりわけ、捕食者のいない状況――に適応し、飛ぶ能力を失ったか、ほぼ失っていることが多い。これは、道理にかなった適応だ――人間が入ってきて、たちまち飛ぶ能力の欠如が大惨事につながるまでは。ドードーと同じく、飛べない鳥はたやすく狩って殺すことができ、侵略的外来種にとって恰好の餌食となる。また、隔絶されて人の手が入っていなかった土地はどこもそうだが、生息地の喪失やその規模の縮小が大きな問題になる。なにしろ、ただひとつの島または群島に生息する固有種は、当然ながら、もっと大きな陸塊に暮らす種よりも数が比較的少ないのだ。また、個体群の遺伝的多様性もおそらく低いだろう。

これらの脅威のうち、とくに問題が大きいのは、侵略的な捕食種の存在だ。バードライフ・インターナショナル〔訳注：鳥類の保護を目的とする国際環境組織〕の最近の報告によれば、絶滅の恐れがある大洋島の鳥のうち四分の三が、意図的、非意図的な外来種の導入によって危険にさらされている——総計ほぼ五〇〇種、絶滅の恐れがある鳥種の三分の一近くだ。これら移入捕食種のなかで、ネズミとネコはずば抜けて大きな脅威となっている[49]。

スティーブンイワサザイの悲しい物語が示すとおり、これは新しい問題ではない。スティーブンズ島は、ニュージーランド南島の最北端に位置する小さな島で、面積はわずか一・五平方キロ。一九世紀末まで無人島だったが、一八九四年に灯台が建てられ、灯台守のデイヴィッド・ライアルが入居した。不幸にも、ライアルは数匹のネコを持ちこみ、うち一匹は妊娠していた。一年もすると、これらのネコは逃げ出して野生化し、島で見つけたさまざまな小鳥を餌にした。そのなかに飛べない小さな鳴禽がいて、のちにスティーブンイワサザイと名づけられた（あるいは、皮肉にも無自覚の天敵の名前を与えられ、Lyall's wren、すなわちライアルのイワサザイと呼ばれてもいる）。

その年の春から夏にかけて、島のネコは引きずってぼろぼろにしたイワサザイの死体をたびたびデイヴィッド・ライアルのもとに運び、それを彼は博物学者にして鳥類蒐集家でもあるヘンリー・H・トラヴァースに売った。トラヴァースはというと、何体かの標本を裕福な鳥類蒐集家のウォルター・ロスチャイルドに売って大金を得ていた。

翌年の二月、トラヴァースとその助手が島を訪れ、イワサザイの標本をもっと手に入れようとした。だが一体も見つからなかった。一カ月後の一八九五年三月一六日、クライストチャーチの新聞『ザ・プレス』に掲載された社説が、「この島は、くだんの島ではもはや見つからないと信じるに足る理由があり、ほかのどの場所においても存在が確認されていないことから、どうやら完全に絶滅したようだ。これはおそらく絶滅の最速記録だろう」との見解を示した。

奇妙にも、その後、野生化したネコをスティーブンズ島から駆除する計画が立てられ、三〇年後の一九二五年に、このプロジェクトはようやく完了した――島の名前がつけられたイワサザイにとっては、当然ながら、手遅れもいいところだ[50]。

さらに、皮肉にも、一四世紀にマオリがポリネシア東部から海を渡って到来するまで、スティーブンイワサザイはニュージーランドのあちこちで見られたことが、のちに判明した。ヨーロッパの探検家が意図せずにイヌ、ネコ、ネズミをモーリシャスに導入したように、そのおよそ二五〇年前に、マオリが家畜をあらたな居住地に持ちこんでいたのだ。大きな哺乳動物がいなかったせいで、入植者たるマオリは遭遇した大きな鳥を片端から食用に狩ってもいた。

おかげで人類史上最速かつ最も破壊的な固有種の淘汰《とうた》がもたらされ、ニュージーランド固有の鳥類相が恒久的に貧弱化した。九種類もの恐鳥《モア》も犠牲者に含まれるが、そのひとつであるサウスアイランドジャイアントモアは体高三・七メートルに達し、既知の鳥のなかでは最も背が高い。このモアの唯一の捕食者であるハーストイーグルは史上最大級にして最重量級の猛禽だったが、やはり根絶された。

概観すると、マオリがニュージーランドに定住して以降、この地固有の陸生鳥種の半分近くが絶滅した[51]。これら初期の定住者たちはのちのヨーロッパ人入植者よりも環境を気にかけていたと広く信じられているが、そうだったにしてはあまりにも多い。ある生物学者の核心を突いたことばどおり「わたしたちは、先住民が自然と調和して暮らしていたものと考えたがる。だが、そうした例はごくまれだ。どこの人間であれ、生きていくために必要なものは奪う。そういうものなのだ[52]」。

### 危機への反撃

いま多くの鳥種が絶滅の危機に瀕していることを考えると、今後数十年でさらに多くの種が、モア、スティーブンイワサザイ、ドードーのあとを追って絶滅しそうな気がする。

だが、どう考えても土壇場のいま、先見の明がある動物学者や環境保全家が、このうえなく野心的なプロジェクトで反撃に出ている。目標は、害になる外来種を沖合の島から駆除し、その島で繁殖する種を回復させること。すでに、イギリス周辺のいくつかの小島、たとえばデヴォン州沖のランディ島で、外来のドブネズミの駆除計画が成功裏に完了した。成果はたちまち現れた。ランディ島の海鳥の個体数が劇的に増加し、わずか一五年で、象徴的なニシツノメドリ（アイスランド語でルンディと呼ばれ、この島の名称の由来となった）はわずか一三羽から三七五羽に、マンクスミズナギドリのつがいは三〇〇対《つい》以下だったのが五五〇〇対あまりになった。[53] 同様に、連結したシリー諸島の島、セント・アグネス島とギュー島では、繁殖中の海鳥だけでなく、小型哺乳動物のトガリネズミがドブネズミ駆除の恩恵を受けている。[54]

ランディ島のドブネズミ駆除プロジェクトにかかわっていた王立鳥類保護協会（ＲＳＰＢ）は、近年、はるかに野心的な、南大西洋のイギリス領ゴフ島からハツカネズミを取りのぞく計画に着手した。[55] このネズミの脅威にさらされているのは、意外にも世界最大級の海鳥で、深刻な危機にあるゴウワタリアホウドリだ。

ゴウワタリアホウドリの雛が――ときには、成鳥さえも――ホラー映画さながら、巣のなかで生きたままネズミに食べられている。この齧歯《げっし》動物は一九世紀に船乗りがゴフ島に意図せず持ちこんだもので、通常の大きさの数倍にまで変異し、たとえ二〇〇倍もの重さがある獲物でも、ひどい怪我を負わせて緩慢な出血死にいたらせる。このネズミはゴウワタリアホウドリやほかの海鳥の卵も食べており、毎年、推定二〇〇万羽もの海鳥が死んでいる。駆除チームの当初の計画では、二〇二〇年五月にゴフ島に上陸するはずだったが、新型コロナの蔓延《まんえん》で一年の遅れが生じ、先ごろようやく、このチームが持ち場についてプログラムに着手したところだ。[56]

これが野心的に聞こえるなら、ニュージーランド政府の最新の計画はどうだろう。捕食者ゼロ二〇《プレデターフリー》五〇は、まさに国全体から二〇五〇年までに外来の捕食者を取りのぞくプロジェクトだ——いまから三〇年もない。(57) 二〇二五年完了予定の第一段階では、オコジョ、ネズミ、フクロギツネを島部の自然保護区全域から一掃する。これら自然保護区には、カカポ(飛べないオウム、フクロウオウムともいう)やニュージーランドの国鳥であるキーウィ数種など、絶滅の危機にある鳥が数多く生息している。(58)

もし、このプレデターフリー二〇五〇が成功したら、得た見識を用いて、ついに環境保全家たちは世界のあらゆる大洋島から外来捕食者を駆除できるかもしれない。そして、手遅れになりかけてはいても、目下危機にある数百種の鳥をドードーと同じ道筋から救えるだろう。

## 同じ道をたどらずにすんだ鳥たち

すでにもう、島に生息する鳥の数種が、圧倒的に不利な形勢にもかかわらず救われている。前述のモーリシャスでは、環境保全家の草分けのひとり、カール・ジョーンズ教授が、四〇年あまりの歳月を費やして——職業人生のすべてを捧げ——まだこの島に残っていた絶滅危惧鳥種を救い、二〇〇四年にしかるべく大英帝国勲章を授けられた。

ウェールズ生まれのジョーンズは、二〇代なかばの一九七九年にモーリシャスにやってくると、ただちに、世界で最も危機に瀕していたふたつの鳥種、モモイロバトとモーリシャスチョウゲンボウを救うプロジェクトに取りかかった。いずれもこの島固有の鳥で、当時は絶滅寸前だった。

絶望的な活動に見えたはずだ。一九七〇年代なかばには、モーリシャスチョウゲンボウはわずか四羽しか生存を確認されておらず、確実に消える運命にあった。たとえこれらの個体が救出されて飼育下で繁殖しても、遺伝子プールがかぎられすぎて、二度と野生では生存できないものと思われていた。

ノーマン・マイヤーズら、広く尊敬を集めて影響力も大きい環境問題専門家はこぞってこの計画に反対した。この種を救うためのかぎられた資金をほかへ向けて、危機に瀕している（が、個体数がもっと多い）ほかの多くの鳥種を救うべきだ、と。[59]

おそらくカール・ジョーンズは、これら懐疑論者の声に耳を傾けなかったか、傾けたとしても気にしなかったのだろう。それどころか、飼育下での繁殖の定石を捨てて、独自の方策を考案し、単純だがきわめて効果的な戦略を用いた。そのひとつが〝ダブルクラッチ〟で、一周期めの卵が産み落とされると、抱卵《ほうらん》が始まる前にただちにそれらを取りのぞいた。そうすれば、つがいに二周期めの産卵をさせて、その間《かん》に一周期めの卵を人工孵化させ、雛を飼育することができる。ジョーンズは里親の助けを借りたり、栄養補助食品を雛に与えたりもして、最終的に、飼育下で繁殖した個体を自然に戻しはじめた。

一九八三年から九三年のわずか一〇年間で、このプロジェクトは三三三羽ものモーリシャスチョウゲンボウを飼育し、その多くを彼ら本来の住みかに戻して、しまいには自己持続可能な個体群を生み出した。[60]かつて世界一稀少だった鳥が、いまや繁栄している。ジョーンズとその共同研究者らはプロジェクトの成功を概説した一九九四年の論文で、自分たちの計画に反対したマイヤーズに厭味《いやみ》を言いたい衝動を抑えて、その見解に敬意を示した。[61]

ジョーンズとそのチームは、危険性がきわめて高かったほかの種も絶滅の淵から連れもどした。たとえば、前述のモモイロバトは一九九一年に残存数わずか一〇羽だったのが今日の五〇〇羽近くにまで増え、[62]この島に唯一残存するオウムの種、モーリシャスホンセイインコも一〇羽から八〇〇羽あまりへと急増している。[63]

ジョーンズは早くから、これら稀少な鳥を自然に戻す計画は適切な生息地が存在してはじめてうまくいくことを認識していた。それを確保するために、彼のチームは辛抱強く外来種を取りのぞき、生態系を回復させて、貴重な種がうまく生存できるようにした。[64]

二〇一六年、かつて〝極めつきの楽天家[65]〟と描写されたカール・ジョーンズは、環境保全の〝オスカー〟たる誉れ高きインディアナポリス賞を受賞した[66]。「カール・ジョーンズがいなかったら、自然界ははるかに貧弱になっていただろう」と、正当な称賛が送られているが、これは控えめな表現だ。彼のおかげ、その先見の明と手腕のおかげで、モーリシャスチョウゲンボウ、モモイロバト、モーリシャスホンセイインコはいまも息をする生きた種でありつづけ、たくさんの島の鳥とちがって、ドードーと同じ道をたどらずにすんでいるのだ。

## 今日のドードー

すべてが始まった島、モーリシャスでは、今日、ドードーはどのくらい大きな意味を持っているのだろう。ほぼどこにでも存在することから、おそらくきわめて重要視されているはずだ。アメリカの作家、メグ・チャールトンに言わせるなら、ドードーは遍在する象徴、〝陽気な国民的マスコット〟と普遍的セールスマンを兼ねた存在として利用されてきた。「ドードーはピザ店やコーヒーショップにその名前を、ビーチタオルやバックパックにその肖像を貸し与えている。公園やショッピングセンターのフードコートには、大きなドードーの像がある。無数の土産物店が小さなドードーの彫像をひとつ数ドルで売っている[67]」

モーリシャスのどこにでもドードーの姿があることを、すべての人が歓迎しているわけではない。一九八〇年代のある児童書では、ドードーが一人称の語り手となり、ドードー関連の製品がひっきりなしに市場に投入されることを嘆いている。「ぼくたちは、なんになった?……切手、キーリング、マッチ箱、Tシャツ、ふきん、サトウキビの茎やひもで作られた絵、栓抜き、ステッカー、カード、看板、本立て……さらには、ヘリコプターで飛ぶマスコットもあって、ぼくたちはかつてそうだった気高い鳥ではなく丸々した飛行船にでもなった気分だ[68]」。ドードーのロゴをつける余地があれば、いかに悪趣味だろうと、どんな製品にもつけられてしまうようだ。この鳥の排泄物《はいせつ》を忠実に再現したように見える、〝ドードーのうんち〟と名づけられたレーズンチョコレートを買うことすらできるのだ。(69)

モーリシャス当局が主導し、通貨や郵便切手(ドードーの専門家、ジュリアン・ヒュームがデザインした数セットを含む)(70)や国章でドードーに最高の地位を与えてきた。奇妙にも、ドードーは、その物語が人間にとって恥辱と喪失の物語であるにもかかわらず、国民意識《ナショナル・アイデンティティー》の象徴となっているのだ。なんとも皮肉なことに、外国人旅行者が記入する入国審査用紙にも、ドードーの絵が描かれている。もとはと言えば、ここにやってきた人々の子孫のせいでドードーは絶滅に追いこまれたのだが。*3

いっぽう、ジョージ・クラークに続いて、考古学者や動物学者がドードーの死体をもっと見つけようとマール＝オー＝ソンジュを探索した。二〇〇五年から〇九年にかけての遠征では、七〇〇片以上の骨が発掘され、その多くは成鳥だったが、一羽の雛のものもあった。この発見から『ジュラシック・パーク』ばりの空想的シナリオ、すなわち、これらの骨から抽出したDNAを用いれば、理論上は遺伝子配列すべてを復元し、この失われた種を蘇《よみがえ》らせることができるという考えが生まれた。万がいち、これがうまくいけば、ドードーがクジャクさながら都市の公園を歩きまわるというエロル・フラーの夢想がいずれ現実になるかもしれない。

*3 ヨーロッパの植民地としては珍しく、モーリシャスはオランダ人入植者が訪れるまで無人だった。したがって、チャールトンが述べたとおり「モーリシャス人は全員が移民の子孫」だ。首都の自然史博物館に展示されたドードーの絵のキャプションが、それを裏づけている。〝Les vraies Mauriciens ont été mangés par les Hollandais il y a longtemps〟――「本物のモーリシャスの住民は遠い昔にオランダ人に食べられた」

## 絶滅から何も学んでいない

島嶼《とうしょ》生物学の概念と現実をまとめた傑作『ドードーの歌――美しい世界の島々からの警鐘』において、アメリカの科学・自然ライターのデイヴィッド・クォメンは、地上を歩いた最後のドードーの運命を想像している。

たとえば、一六六七年のある薄暗い早朝、雷雨のなか、彼女はブラックリバーの崖の底の冷たい岩棚の下で雨宿りをしていた。頭をさげて体に押しつけ、体温を逃がさないよう羽毛を膨らませて、あまりのみじめさに目を細める。彼女は待った。自覚はなかったし、ほかのだれもが知るよしもなかったが、彼女は地球上でたった一羽のドードーだった。嵐が去っても、彼女が目を開くことはなかった。これが絶滅なのだ(71)。

人類が世界の野生生物にもたらした途方もない破壊をようやく認識し――場合によっては受けいれ――はじめたこの世界で、わたしたちはどのように絶滅の概念と折りあいをつければいいのだろう。わたしたち自身の死と同じく、これは必然であると認めながらも拒んでしまうものなのだ。自分の死すべき運命と同じく、つらすぎて考えられないのかもしれない。

オーストラリアの民族誌学者、デボラ・ローズは、絶滅を〝二重の死〟と呼ぶ――未来と過去、両方の消去だ、と(72)。また、文化史家のアンナ・グアスコが指摘するとおり、ドードーは「人類に起因する破壊において、炭鉱のカナリアの役割を果たす。人間と自然とのかかわりを見れば、その絶滅は必然の結果と思われる(73)」。

ドードーを救うにはもう手遅れだし、有史以降絶滅してしまった数十の(いや、数百かもしれない)鳥種を救うにも手遅れだ。そして悲しいかな、オーストラリア南東部のキガオミツスイなど、絶滅寸前の種を救うにもほぼ手遅れになっている。キガオミツスイは個体数が激減して、もはや若い鳥が種独特の歌を父鳥から学ぶことができない[74]（第10章参照）。この種は、オーストラリアの野鳥観察者にして環境保全家のショーン・ドゥーリーが〝ゾンビバード〟――まだ（かろうじて）生存してはいるが、今後二、三〇年で消える運命にある鳥――と呼ぶものになってしまった[75]。どうやら、わたしたちはドードーの急な消滅から何も学んでいないようだ、とダグラス・アダムスとマーク・カーワディンは指摘する。「ドードーが絶滅した結果、わたしたちは悲しみと知識を増したと言うのは簡単だが、数々の証拠を見れば、たんに悲しみと知識が増えただけのようだ[76]」

ともあれ、次の章では、宗教と科学の関係においてほぼまちがいなく最も重要な転換点を考察する。この物語は、太平洋の赤道付近の孤島群で展開し、ひとつではなく〝パン屋の一ダース〟〔訳注：数量の単位で一三を表す英語表現〕の種がかかわっている。すなわち、〝ダーウィンフィンチ類〟として集合的に知られる一三またはそれ以上の鳥だ。

第5章

# ダーウィンフィンチ類

*Geospizinae sp.*

地上フィンチ一三種のくちばしは、太く大きいものから、ムシクイのように細く小さいものまで、ほぼ完璧に順を追って少しずつ変化している。
——チャールズ・ダーウィン『ビーグル号航海記』（一八三九年版）[1]

チャールズ・ダーウィンとその名前がつけられたフィンチ類の物語——というよりも、広く流布された神話——は、次のようなものだ。

長く困難な旅だった。一八三一年一二月にプリマス市デヴォンシャーの港を出た探検隊は、二年後に帰国するはずだったが、すでに四年めに入っていた。だが一八三五年九月一五日にようやく、ビーグル号は太平洋東部のガラパゴス諸島にたどり着いた。

この船の博物学者だったチャールズ・ダーウィンの輝かしき経歴において、最も胸躍る瞬間だった。彼はさっそく上陸し、目にしたものに驚いた。ペンギン、アホウドリ、ウミイグアナもいた——どれも笑えるほど人を恐れず近づきやすい——が、専門家たるダーウィンの目は、じきに奇妙な小鳥に向けられ、たちまちフィンチ類であると認識した。

その後の二、三週間に、彼は訪れる先々の島でよく似た鳥を見かけた。だが、生息地によってそれぞれ顕著なちがいがあり、とりわけくちばしの大きさと形が異なっていた。

ダーウィンは長らく、自然選択による進化——それぞれ特定の環境に適応するよう種が進化した——という自説が正しいことを示す証拠を探していた。そしていま、のちにダーウィンフィンチ類と名づけることとなった一ダースあまりの種の鳥に、まさにこれが生じているのを目にした。

これらの鳥はすべてひとつの共通した祖先を持つことに、彼は気がついた。その祖先はフィンチの一種で、南アメリカ本土から西へ一〇〇〇キロあまりのこの諸島になんらかの形で到達した。それから数百万年かけて、このひとつの種がいま目にしている一ダースあまりの種に分かれたのだ。

ダーウィンにとって、まさしく〝エウレカの瞬間〟だった――コペルニクスが地動説に気づいた瞬間や、サー・アイザック・ニュートンが万有引力を発見した瞬間に匹敵する至高のときだ。一年後にビーグル号で帰国したのち、彼はこのフィンチ類を議論の中心に据えて、代表作の『種の起源』を執筆することとなる。

その本は世界を変えるだろう――すべては、見た目はさえないが科学的に大きな意義を持つこれらの鳥のおかげだ。


じつに心惹かれる話で、数々の書籍や新聞、雑誌、ウェブサイト、そしてラジオやテレビの番組で綿々と無限に繰り返されてきたが、いまなお、その魅力はほとんど失われていない。(2) ただ、ひとつ問題がある。これは純然たる作り話、神話なのだ。

そもそも、チャールズ・ダーウィンはビーグル号の公式な博物学者ですらない。進化生物学者のスティーヴン・ジェイ・グールドが指摘するとおり、この船の艦長であるロバート・フィッツロイの〝紳士階級の話し相手〟として乗船していた。艦長はその社会的地位と身分ゆえに、航海士や乗組員たちと社交的なつきあいができなかったのだ。(3) また、うつの症状にも悩まされており、ダーウィンの存在がそれを緩和するかもしれないと思われていた。*1

ダーウィンはこの有名な航海でビーグル号に乗船したときわずか二二歳（フィッツロイはその四歳年上）で、集中力を欠いた世間知らずの未熟な青年だった。ケンブリッジ大学を卒業して、生涯にわ

*1　悲しいかな、そうはならなかった。数十年のちの一八六五年四月三〇日、フィッツロイはかみそりで喉をかききって自死した。

たる自然界への情熱を抱いていたが、家族や友人たちは彼が広い世界の有益な知識と経験を得て、聖職者としての経歴にふさわしい成熟を身につけて帰国することを望んでいた[4]。

ところが、この航海はダーウィンが予想していたほど快適ではなく、ひどい船酔いにとくに苦しめられた。また、フィッツロイと衝突することも多かった。彼は教条的な福音主義のキリスト教徒にして保守主義者だったので、リベラルな考えを持つダーウィンとは、およそ相容れなかったのだ。船が接岸するたびにダーウィンがさっそく遠征に出かけたのも、無理はない。その遠征では、(当時の慣例どおり)可能なかぎり多くの野生生物を殺して集めていた。

このころのダーウィンは、進化の過程について完成した理論はおろか、一貫した思考を構築するのにもほど遠かった。『種の起源』が刊行されたのは、およそ四半世紀近くのちだ[5]。それも、まさに同じ自然選択のメカニズムを独自に考えついたもうひとりの生物学者、アルフレッド・ラッセル・ウォレスに先行される恐れがあったので、あわてて出版に取り組んだという経緯がある[6]。

というわけで、外見がさえないこの小鳥の重要性をダーウィンがただちに認識し、世界を変えることとなった自説の根拠に用いたという、広く流布された話は、根も葉もないたわごとだ。実のところ、彼の説を発展させたのは、はるかに異国情緒に欠ける鳥、すなわちさまざまな品種の飼育されたハトと、ガラパゴスで彼が集めたべつの種のグループ、マネシツグミ科の鳥だった[7]。

読者のみなさんはすでに、そもそもなぜ本書にダーウィンフィンチ類が登場するのか疑問に思っているだろう。逆説的になるが、それはまさに、ダーウィンにとってこれらの鳥がきわめて重要であるという神話が理由なのだ。この神話が長年のあいだに強固に確立されたことから、進化生物学者たちはこれらの鳥をおよそほかのどんな生物群よりも詳しく調べるようになった。その過程で、後述のとおり、ダーウィンの後継者たちが進化の本質や過程について革新的な洞察を得たのだ。

この諸島にチャールズ・ダーウィンが滞在していた五週間に実際には何があったのか、そしてもっと重要なことに帰国後何が起きたのか。本章では、これらについて、複雑だが興味の尽きない話を語るつもりだ。だが、まずはこのフィンチ類そのものから始めよう。

## 流動的で変化しやすい種

本書のほかの章では、それぞれ一種類の鳥しか取りあげていないが、この章には少なくとも一四、最大では一八もの異なる種が登場する。ダーウィンフィンチ類が正確には何種類いるのかさえ、科学者の意見に相違があり、この鳥がいかに変化しやすいかがうかがえる——そして、ほかならぬ〝種〟の概念がいかに流動的で変化しやすいかも。

話を単純にするために、ほぼ全員が認めている一四の種から始めよう。うち一三種はガラパゴス諸島固有の種で、ほかの一種は、北東へおよそ七五〇キロのココス島で見られるココスフィンチだ。

その名前にもかかわらず、じつはダーウィンフィンチ類は、英名でフィンチと呼ばれるアトリ科（*Fringillidae*）の鳥ではない。また、当初の発見から一世紀以上そう考えられていたような、ホオジロ科（*Emberizidae*）の新世界ホオジロ類でもない。今日、広く一致した見解では、フウキンチョウとその近縁が属すフウキンチョウ科（*Thraupidae*）の鳥だ。これは新世界最大の鳴禽の科で、分類学上のさまざまな論争ののちに、三八三の現存種が入れられている。[8] そのひとつであるマメワリが、ダーウィンフィンチ類の祖先だったらしい。この種は南アメリカ西部の亜熱帯低地の森に生息し、そのくすんだ色から英名の dull-coloured grassquit（〝くすんだ色のクビワスズメ〟という意味）がつけられた。[9]

祖先とされるこのマメワリは、およそ二〇〇万年から三〇〇万年前に、おそらく強烈な嵐に運ばれてガラパゴス諸島に到達したと考えられている。この種が変異し、やがて今日この諸島で生息が確認されている最大一七の種に進化した。[10] この過程は適応放散と呼ばれるもので、祖先であるひとつの種が、長年のあいだに、異なる生態的地位《ニッチ》に適応するよう変化した結果、見た目はかなりちがうことも多いが、それでも近縁の新しい種が多数生まれたのだ。

もし、主張されている〝種の分化〟がすべて認められるなら、全部で一七種になる。内訳はムシクイフィンチ二種（グレーとグリーン）、ダーウィンフィンチ三種（オオダーウィン、ダーウィン、コダーウィン）とキツツキフィンチとマングローブフィンチ、ハシブトダーウィンフィンチ、ガラパゴスフィンチ五種（オオガラパゴス、ガラパゴス、コガラパゴス、ハシボソガラパゴス、ハシナガガラパゴス）、サボテンフィンチ三種（サボテン、オオサボテン、エスパニョーラオオサボテン）、そして最後に、〝吸血フィンチ〟という興味深い英名がつけられている種〔訳注：ハシボソガラパゴスフィンチの亜種〕で、この種は、食べ物が乏しいときに、体がうんと大きいナスカカツオドリの皮膚に鋭いくちばしを刺して血を吸うことで生き延びる。[*2]

吸血フィンチは入手可能な食料源を利用するために種が進化した最も劇的な例ではあるが、これらダーウィンフィンチ類はどれも同じ理由で進化してきた。ムシクイフィンチ二種は、その名前が示すとおり、ごく細いくちばしを木の幹に差しこんで小さな虫を引きずり出す。かたやガラパゴスフィンチの四種（地上フィンチ類）は太いくちばしを持ち、それを用いて種子や甲虫を食べる。キツツキフィンチは創意工夫という点で吸血フィンチに引けを取らず、サボテンの棘を道具として用い、木の穴に潜む無脊椎動物を外にほじくり出す。

餌と採食方法のこうした相違はきわめて重要で、新しい種が進化する要因となっている。想像してみよう。すべての鳥種が同じ生息地に住み、同じ方法で捕まえるか手に入れるかした同じものを食べる世界を。そういう世界では、種が異なっても形状や構造にほとんど差異がなくなるだろう。

もちろん、これは現実からはほど遠い世界だ。わたしたちや鳥が住むこの惑星は、多種多様な食べ物や生息地があって、異なる機会がほぼ無限に存在する。だからこそ、少なくとも一万七〇〇〇の（おそらく、それよりはるかに多い）鳥の種がいて、それぞれ、ごくかぎられたニッチを利用できるよう進化してきたのだ[*3]。

一生物の個体間の目に見える相違を、科学者は〝表現型〟と呼ぶ。オックスフォード英語辞典の定義によると、表現型は「遺伝子と環境の相互作用によって生じた、一個体の観察可能な一連の特徴」だ。したがって、人間がそれぞれ異なる目の色や血液型を持つように、鳥も個体間でちがいがあっておかしくはない。そうした相違の――大半とは言わないまでも――多くは、さして重要ではない。だが、環境が変化すると――たとえば気候の劇的な変動などで、急に変化したときはとくに――こうした小さな相違が最終的に生存と消滅の差を生むこともある。

まさしくこれが、ガラパゴス諸島で起こった。ダーウィンフィンチ類は長年かけてこの諸島の「不安定で困難な環境」[11]に適応し、体の大きさ、くちばしの形、羽、採食行動、そしてさえずりにも顕著な相違が生じた。

このように、見かけや行動がちがっていたり、利用するニッチが大きく異なっていたりするものの、これらの種はすべて近縁種であり、もとは単一の共通先祖から進化したのだ。

## フィンチ神話の起源

ダーウィンがガラパゴス諸島の各島を訪れたとき、のちにその名前を冠することとなった〝フィン

＊2　ダーウィンフィンチ類には現在、四つの属が設けられている。ムシクイフィンチ属（*Certhidea*）、ダーウィンフィンチ属（*Camarhynchus*：ダーウィンフィンチ三種、キツツキフィンチ、マングローブフィンチ）、ハシブトダーウィンフィンチ属（*Platyspiza*）、ガラパゴスフィンチ属（*Geospiza*：ガラパゴスフィンチ五種、サボテンフィンチ三種、吸血フィンチ）だ。

＊3　『世界のすべての鳥』（*All the Birds of the World* Lynx Editions, 2020）という全一巻の書籍に、四つのおもな〝鳥のワールドリスト〟に収められた種がすべて掲載されている。総計一万一五〇〇あまりの種だ。

チ類〟を目にしたことはまちがいない――この地に生息する鳴禽のなかでもとくにありふれた、どこにでもいる鳥なので、見逃すことはまずないはずだ。

ダーウィンが帰国後ほどなく出版した旅行記『ビーグル号航海記』には、〝興味深いフィンチ類〟という小見出しが――ほかの興味をそそられる項目、たとえば〝巨大陸ガメ〟や〝海藻を食べる海生トカゲ〟とともに――ある。[12] だが、仔細《しさい》に書かれた五〇〇ページ以上の本文中、ほかにフィンチ類に言及しているのはわずか一〇箇所で、どれも短くて詳細に欠ける。ただし、ひとつだけ、先見の明というよりも後知恵の考察がある。「残念ながら、フィンチ類の標本の大半は採集地が区別されずまざってしまったが、ガラパゴスフィンチ属［ガラパゴスフィンチ、サボテンフィンチ、吸血フィンチ］には、ひとつの島にしかいない種がいくつかいるものと強く推測される[13]」

じつは、ダーウィンは、助手のシムズ・コヴィントンと収集している鳥たちがべつべつの種であると認識していたものの、当初は、互いに近縁関係にあるとは思っていなかった。それどころか、ムクドリモドキ（*Icteridae*）や、〝くちばしの大きい〟ムシクイ、ミソサザイ、アトリなど、幅広い科に属するものと考えていた。マネシツグミについては、住む島ごとにきわめてはっきりした相違があることに気づいていた。だが、〝フィンチ類〟とその仲間が共通の祖先を持つとはおよそ考えてもみなかった。本人も率直に認めているとおり、それらをきちんと分類していなかったので、一年後の一八三六年一〇月にイギリスへ帰国したとき、どの標本をどの島で採集したのか区別がつかなかった。だからといって、彼の採集品がまったくの役立たずだったとは言えないが、それは慰めにはならない。

ところが、彼は思いがけない幸運に恵まれた。一八三七年一月初旬にダーウィンからこれらの標本を送られて、ロンドン動物学会は、その博物館の学芸員であり鳥類学者、分類学者、鳥類画家でもあるジョン・グールドに詳しく調べさせた。一週間もしないうちに、学会のある会合でグールドは爆弾発言をした。ダーウィンが分類上近縁ではない種の雑多な寄せ集めとみなしていた鳥たちは、じつは同じ科に属するのだ、と。グールドはそれらについて「いずれも地上フィンチだがきわめて独特であり……一二の種を含むまるきり新しいグループ」であると述べた。[14] 彼はのちに、ダーウィンが集めた〝さまざまな〟マネシツグミが、単なる変種ではなくべつべつの種であることも発見した。[*4]

これはダーウィンやほかの者たちが発展させはじめていた科学理論において大きな意味を持った。見た目が大きく異なってそれぞれ特定のニッチに完璧に適応した（とくに採食方法がちがう）これらの鳥たちが、もし同じ科に属するなら、彼らはきっと共通する祖先の子孫たちだ。もしそうなら、当然考えられるように、造物主たる神が人類を巧妙にからかっているのか、それとも、ひとつの種がほんとうに――適切な環境条件下で、時間をかけて――まるきり新しい種に進化しうるのか。

ほかの陸塊から遠く隔絶した大洋の群島であり、種の数が少ないおかげで、ガラパゴス諸島はこうした変化が生じるのにうってつけの場所だった。生息する鳴禽の種類が少ないことから、利用できる空きニッチがたくさん存在し、新参者は争うことなく各ニッチを利用できたのだ。なのに、自然選択による進化の圧倒的な証拠と思えるものを目の当《ま》たりにしながら、ダーウィンはこれを忘れ去っていたかに見える。たしかに、彼は一八四五年に出版された『ビーグル号航海記』の第二版（現在の英語のタイトルは *Journal of Researches*）で、グールドがいまや一三の異なる種と推定した鳥たちの相違点を詳細に――美しい挿絵入りで――述べている。

＊4　皮肉にも、これらの鳥が互いに近縁種であるというジョン・グールドの発見は、ある意味、ダーウィンののちの研究をうながすこととなったとはいえ、グールド本人はけっしてダーウィンの支持者ではなく、その説を否定していた。Jacqueline Banerjee, 'John Gould and Darwinism': https://victorianweb.org/science/gould/darwinism.html 参照。

残る陸鳥は類いまれなフィンチのグループを形成し、くちばしの構造、短い尾、体の形、羽が互いに似通っている……何よりも興味深いのは、ガラパゴスフィンチ属の各種のくちばしが、シメのような大きいものから、ズアオアトリのような小さいもの、そして（もし、ムシクイフィンチ属をこのグループに含めたグールド氏の分類が正しいなら）ムシクイのような細いものまで、ほぼ完璧に順を追って少しずつ変化していることだ。[15]

自分の発見を総括して、ダーウィンは驚くべき結論と言えるものに到達した。「密接な近縁関係にある小さな一グループの鳥に、このような順を追った構造の変化と多様性があるのを見れば、当初この群島の鳥の種類は少なかったが、ひとつの種がしだいに変化してそれぞれ異なる結果にたどりついたと本気で考えたくなるだろう［強調はダーウィンではなく本書著者］」

ところが、一八五九年にようやく『種の起源』を出版したとき、彼はこのフィンチ類についてひとことも言及しなかった。そして生涯を閉じる少し前の一八七七年に、ほかならぬ自分の信仰心が、〝自然選択による進化〟という当時は異端だった概念を受けいれようとしなかったのだと認めた。

ビーグル号に乗船していたとき、わたしは種の不変性を信じていたが、記憶がたしかなら、かすかな疑いがときどき脳裏をよぎっていた。一八三六年の秋に帰国して、ただちに航海記の出版準備に取りかかり、多くの事実からこれらが共通の種の子孫と言えることに気づいたので、一八三七年七月、わたしはノートを開いて、疑いをもたらしているとおぼしき事実をすべて書きつけた。だが、それでも、たぶん二年か三年経過するまで、種が変異しうるとは確信できなかった。[16]

ダーウィンは種が変異しうるという考えを退けて、生まれつき信仰していたイングランド国教会の唱える説をひたすら固持した。これに逆らうことはおよそ考えられなかった（第4章参照）。だが、のちに、トマス・ヘンリー・ハクスリー（ダーウィンの説をあくまで擁護して〝ダーウィンの番犬〟の異名を取った人物）が国教会について、「科学と現代文明の進歩に抵抗しうる、そして死活問題であるから抵抗せざるをえない、唯一の巨大な宗教組織」であると批難した。[17]

ちなみに、ダーウィンにしろ、ハクスリーやほかの同時代人にしろ、じつはだれもこれらの鳥を〝ダーウィンフィンチ類〟とは呼んでいない。いまや有名なこの呼称は、ダーウィンの死後半世紀以上経った一九三五年に、ロンドン自然史博物館の学芸員だったパーシー・ロウがこしらえた。科学者仲間への講演で、ロウはこの新しい呼称についてこう説明している。「知ってのとおり、これらのフィンチ類や、マネシツグミ、カメ、植物が示した多様性のおかげで、ダーウィンは種の起源の概念へといざなうまばゆい思考の回廊をたどりはじめたのだ[18]」。したがって、もし、これらの小島に遭遇したダーウィンの〝エウレカの瞬間〟について、魅惑的かつ広く流布されている――が、完全に偽りの――神話をこしらえた手柄が、ひとりの人間に付与されるとしたら、それはミスター・ロウにほかならない。

一九八〇年代はじめにはアメリカ人科学史家のフランク・サロウェイ、より最近ではシンガポールに拠点を置くイギリス人科学史家のジョン・ヴァン・ワイが、ダーウィンフィンチ類を取り巻く神話の起源、および、それが延々と語り継がれていること、とりわけ、長いあいだ過度に――というか、誤って――重要視されてきたことについて調べている。ヴァン・ワイは、ダーウィンが自説の着想をもたらしたものとしてガラパゴスにもフィンチ類にも言及していないことを指摘する。また、一八八二年のダーウィンの死後に〝相次いで書かれた死亡記事〟のどれひとつとしてフィンチ類に言及していないし、彼がこの諸島を訪れたことを重要視する記事もほとんどない、とも。[19]

ダーウィンのこの諸島での経験が自然選択による進化論につながったとはじめて言及されたのは、

彼の生誕一〇〇周年の一九〇九年だった。この年に、息子のフランシス——自身も著名な植物学者だった——が、はじめて両者を明確に結びつけた。

「ダーウィンの関心は、自身とほかの乗船者たちが撃ち落とした鳥を比較することで、〝完全に喚起〟された。彼はたちどころに——厳密な同定を待たずして——この事例は進化のミクロコスモスであると気がついた[20]」

どうやら、これが転換点だったようだ。いわば神話の起源であり、このあとで、ガラパゴス諸島のフィンチ類の発見と、のちにダーウィンが唱えた説との偽りの結びつきが、いっそう広まることとなった。四半世紀のち、パーシー・ロウが〝ダーウィンフィンチ類〟という語をこしらえたとき、この結びつきはすでに大衆文化にすっかり定着していた。

さらに愉快な皮肉と言うべきか、この偽りの結びつき——と、ダーウィンにとってこれらフィンチ類が重要な役割を果たしたと思われていること——が、二〇世紀後半に、科学者たちを驚くべき結論に導く一連のできごとを誘発した。じつはダーウィンフィンチ類は、ダーウィンの着想をうながしてはいないものの、彼自身の説だけでなく、その後継者たちが発展させた説を最もうまく説明する実例なのだ。

ダーウィンフィンチ類を現地でもっと詳しく研究した最初の人物は、一介の教師として経歴を歩みはじめたが、最終的に世界でも指折りの偉大な進化生物学者となった。その名は、デイヴィッド・ラック。

## ダーウィンの理論を証明する実例

今日、デイヴィッド・ラックは、最新の伝記の副題に書かれているとおり、〝進化生態学の父〟として学術界で尊敬を集めている[21]。だが、第二次世界大戦まではデヴォン州の学校教師であり、ほぼアマチュアの鳥類学者だった[22]。

前述のパーシー・ロウは、最初にダーウィンフィンチ類に関心を寄せたものの、それらがほんとうにダーウィンの理論の重要な実例であるとの確信を持てなかった。この難問の答えを見つけるために、ロンドン動物学会の事務局長、ジュリアン・ハクスリー（のちにサーとなる）が、ラックをガラパゴス諸島へ派遣して現地の鳥を研究させ、関連性を明確に証明する――あるいは、反証する――べきだと提案した。そこで、一九三八年一一月初旬、デイヴィッド・ラックと少数の同僚科学者の一行は地球の裏側に向けて長い船旅をするべくリヴァプールを出航した[23]。六週間近くのちに、一行はようやくガラパゴス諸島のチャタム島に上陸した――偶然にも、ほかならぬダーウィンが一世紀あまり前に最初に上陸した場所だった。

ラックはこの諸島で五カ月近く暮らし、それ以前のだれよりも詳しく鳥を研究した。そして翌年の四月、生きたフィンチ類という貴重な積み荷とともに出航した。彼と同僚たちが異なる島々で生きたまま捕まえ、ダーウィンとちがってその出どころを慎重に記録した鳥たちだ。ただし、まっすぐ帰国せず、サンフランシスコに向かった。というのも、はるかに長いイギリスまでの船旅だと、鳥たちが生き延びられない恐れがあったからだ。

ラックはカリフォルニアに四カ月滞在し、このフィンチ類の特徴と寸法を念入りに記録したのち、帰途の旅でニューヨークに立ち寄り、一九三九年九月三日に、イギリスがドイツと開戦したニュースを聞いた。幸運にも、九月中に、なんとか船でぶじイギリスへ戻った。

一年後の一九四〇年、デイヴィッド・ラックはこのフィンチ類に関する二大研究の最初のひとつを著した。「ガラパゴスフィンチ（*Geospizinae*）、変異の研究」（The Galapagos Finches (*Geospizinae*), A Study in Variation）と題した論文だ[24]。この論文では、やや驚くような結論が示されている。異なる種のくちばしの大きさや形状の顕著なちがいは、食べ物や、採食習性、生活様式に関連がない。単純に、おのおのの種が生殖面でほかから孤立していた――ゆえに異種交配が避けられた――からだ、とラックは主張していたのだ。

戦争のせいで、ラックの論文は出版が遅れ、一九四五年にようやく世に出た。そして彼の伝記作家のテッド・アンダーソンが示すとおり、そのときまでに、これら多様なフィンチの種の進化史に関する彼の理論は、ほぼ一八〇度方向転換していた[25]。

一九四七年、つきあいがある出版社、H・F・&G・ウィザービーに断られたのちに、ラックは科学者としての名声を確立することとなる本を出版した。『ダーウィンフィンチ――進化の生態学』（*Darwin's Finches: An Essay on the General Biological Theory of Evolution*）だ[26]。独創的なこの著作で、彼は以前の自説を退けて、代わりに、異なる種間の変異のほぼすべては、まぎれもなく自然選択の圧力の結果であると主張した。この自然選択の圧力が適応放散を、ひいては完全に新しい種の進化をもたらしたのだ、と。

これらの変異は、まず鳥たちが南アメリカ本土から地理的に孤立したことで引き起こされ、のちに生態学的に孤立したこと、言い換えるなら、ガラパゴス諸島の各島で異なる食料源と生息地を利用したことで促進された。そして、この過程により、異なるガラパゴスフィンチ三種――コガラパゴス、ガラパゴス、オオガラパゴス――が同じ島に共存することになったのだと、彼は考えた。

デイヴィッド・ラックの革新的な説は、一〇年以上かけて科学界に完全に受けいれられた。彼はついに一流の学者としての経歴を手に入れ、世界トップレベルのオックスフォード大学エドワード・グレイ野外鳥類研究所の所長の座に就いた。その後も、イギリス国内外で鳥の現地調査を続けて、今日の一流科学者の多くに影響を与え、一九七三年に六二年間の生涯を閉じた。

## 偽りの物語

科学史家のジョン・ヴァン・ワイは、ガラパゴスフィンチ類とダーウィンの説が誤って結びつけられてきた歴史の代表的な研究の結びとして、彼が（ほかならぬダーウィンへの暗黙の称賛を込めて）〝これら伝説の進化〟と呼ぶ六段階の過程を概説している。

1. ガラパゴス諸島について一度も言及されていない。
2. 言及されているが、特別な役割はいっさい与えられていない。
3. 彼の説はのちに、この地での経験から導き出された。
4. 彼の説はこの地で着想された。
5. 当該フィンチ類が特別な役割を担った。
6. 当該フィンチ類がガラパゴス諸島で彼の説を思いつかせた。

ヴァン・ワイが指摘するとおり、こうした誤りの累積は、なんらかの遠大な構想やよこしまな陰謀が原因ではない。単純に「無数の個人が、ダーウィンについて特定の時期に特定の形で語る政治的あるいは個人的な動機を持って、自分が見聞きした話を独自に展開した結果」なのだ[27]。BBCのナチュラル・ヒストリー・ユニット――と偉大なるサー・デイヴィッド・アッテンボロー――でさえ、この偽りの物語を真に受けて、名高い一九七九年のTVシリーズ『ライフ・オン・アース』において、「ダーウィンはガラパゴス諸島のフィンチ類のくちばしに同様の変異を認め、それらを彼の自然選択説の強力な証拠とみなしました」と述べている。その前年に、べつのBBCのTVシリーズで英国アカデミー賞を受賞した『チャールズ・ダーウィンの航海』（*The Voyage of Charles Darwin*）が放送されたが、やはり神話と現実を混同し、虚構の一人称の語りで次のように説明している。

しかし、この驚くべき群島でわたしの好奇心を刺激したさまざまな生き物のうち、長年かけて発展させた自説に影響をおよぼすこととなるものは、平凡でさえない見かけのせいで、あやうく目に留めそこなうところだった。それはフィンチ類で、サボテンなどの茂みのあいだをちょろちょろと飛びまわっていた。

彼らはすべて互いに明らかな近縁だったが、はっきりした相違もあり、とりわけくちばしの大きさと形がちがっていた。

これがじつは重要であること、そして、この諸島の彼らの分布に光明を投じる可能性があることは、わたしの頭に浮かばなかった。わたしが収集したこれらの標本は、めちゃくちゃに混ざりあってしまった[28]。

だが、こんなふうに偶発的に、ほぼ行き当たりばったりに発展したにもかかわらず、この伝説は進化のメカニズムの解明に大きな影響をおよぼした。

夫婦でチームを組む生物学者、ピーターとローズマリーのグラント夫妻は、ガラパゴス諸島のフィンチ類を四〇年以上詳しく調べてきた。そして、綿密かつ革新的な論文で、ダーウィンフィンチ類はたしかに、新しい種の進化の過程の実証になりうることを示した。夫妻がいかにそれをなし遂げたかは、あらゆる科学的発見のなかでもとくに思いがけない物語だ。

## 目の前で生じた進化

生物科学が複雑になるにつれて、多くの飛躍的発見――とくに、鳥の異なる種間の進化的な類縁関係について――は、いまや野外ではなく実験室の研究でなされている。生物学者の最新の武器は、鳥の死骸または生体の血液や羽から抽出したDNAを化学的に分析することだ。彼らは異なる種のDNA鎖《さ》が互いにどう一致するかを見て、一致点が多ければ多いほどそれらの種は近い関係にある、と判断する。この革新的な技術はDNA‐DNA分子交雑法《ハイブリダイゼーション》と呼ばれ、二〇世紀最後の一〇年間にアメリカの科学者、チャールズ・シブリーとバート・L・モンローによって開発された。その後大幅に修正、改良されて、異なる種間の類縁関係についての認識に革新的な変化をもたらし、以前は近縁関係にあるとみなされていたグループ間にまったく関係がないことが判明したり、その逆の事例が明らかになったりした[29]。

このように実験室での発見が主流となったせいで、野外研究を行なう生物学者――壮健で日焼けし、袖まくりをしてフットワークが軽い――の時代は終わったものと思われるかもしれない。ところが、ピーターとローズマリー・グラントの生涯をかけた研究を見れば、それが誤った考えだとだわかる。

ピーター・グラントは一九三六年一〇月にロンドンで誕生し、妻のローズマリーは同じ月にウェストモーランド（現在のカンブリア）で生まれた。ピーターは幼いころから博物学に魅入られていたが、彼のいとこでベテランの旅行・自然ライターであるブライアン・ジャックマンは、幼少期の自分たちの大きなちがいを次のように回顧している。「ピーターは……わたしと同じく自然界に愛情を抱いていたが、わたしたちは当時からちがう視点を持っていた。彼がすでに科学的な手法を採りはじめていたのに対し、わたしは救いがたいロマンチストだった[30]」

ピーターはケンブリッジ大学を、ローズマリーはエディンバラ大学を卒業したのちに、進化生物学の学究の道に入った。ふたりは一九六〇年にバンクーバーの大学で出会い、二年後に結婚して北アメリカに居を定めた。カナダのモントリオールにあるマギル大学でしばらく過ごしたあとで、一九八五年にニュージャージー州のプリンストン大学に移って、以降ずっとそこで働いてきた。

とはいえ、これは厳密には事実ではない。グラント夫妻は北アメリカを本拠にしてはいたが、ダーウィンフィンチ類を研究するためにガラパゴス諸島をはじめて訪れた一九七三年からは、自宅よりこの地で過ごした時間のほうが長い。仕事と並行して育てあげた娘ふたり――ニコラとタリア――は、幼少期のほとんどをこの諸島で暮らし、両親の先駆的な研究に貢献してもいる。[31]

はじめてガラパゴス諸島を訪れたとき、グラント夫妻はダーウィンフィンチ類の多様な種間の関係を調査したいと考えていたが、一年かそこらでそれを終えるつもりだった。半世紀近く経って、九〇歳に手が届きそうないまなお、ふたりはこの興味深い小さな鳥に心を奪われたままだ。「ダーウィンフィンチ類は、ほかに類がないものを生物学者に提供してくれる。互いによく似ているので、ひとつの種からべつの種へどのように変化したかがわかりやすい。しかも、容易に接近できる。人馴《ひとな》れしているおかげで、行動を研究しやすい」[32]

もはや長期の野外研究は行なっていないが、ピーターとローズマリーはいまも定期的にガラパゴス諸島を訪れている。とくに、これまで長期にわたってフィンチ類の野外研究を行なってきたダプネ・マヨール島についてはそうだ（皮肉にも、チャールズ・ダーウィン本人はこの島を一度も訪れて――目にしてさえも――いない）。岩がちで上陸しにくく、地表面積が〇・五平方キロメートルに満たない――標準的なサッカー場のざっと五個分の――この島は、人を恐れない定住性の自立した鳥の群れについて、各個体をきちんと認識したうえで研究するには、さまざまな意味で理想的な場所だった。だが、べつの見地からすると、理想的な研究地にはほど遠かった。ダプネ・マヨール島の生活環境は苛酷だ。グラント夫妻は何カ月も文明から切り離され、食料も水も自給自足しなくてはならなかった。もうひとつ大きな問題は、予測しにくい極端な気候で、長い乾季があるかと思えば土砂降りの雨が何週間も続いた。エルニーニョ（神の子キリストを意味するスペイン語）と呼ばれる気象現象のあいだはとくにそうで、太平洋の海温が上昇して季節はずれの激しい長期間の降雨をもたらし、その合間に異常なほど長い干ばつの期間が訪れる。

この気候はグラント一家を苦しめ、鳥たちの研究を困難にした。だが、尋常ではない極端なこの気候が、結果として、ダーウィンフィンチ類の進化にかかわる発見の鍵となった。ときに何百年、何千年もかけて起きると思われていた進化が、驚く観察者たちの目の前で、リアルタイムで生じたのだ。グラント夫妻の人物紹介にあるとおり「ピーターとローズマリーのグラント夫妻は、ごく少数の科学者集団に属する――進化が起こるさまを目の当たりにした人々なのだ。グラント夫妻にとって、進化は理論的な抽象概念ではない。現実に目の前で驚異的な速さで生じた現象だ[33]」。この未曾有の急激な変化を引き起こしたのは、当時ダプネ・マヨール島での生活と研究をひどくつらいものにしていた極端な気候だった。

ピーターとローズマリー・グラントの研究は、アメリカ人作家ジョナサン・ワイナーの一九九四年の著書にしてピューリッツァー賞を受賞した『フィンチの嘴――ガラパゴスで起きている種の変貌』によって、最初に大衆の注目を浴びた[34]。当初〝リアルタイムの進化〟（*Evolution in Real Time*）と副題がつけられた本書では、じつに興味深い話が語られる。太平洋の異常気象がもたらした長期の干ばつのあとで、グラント夫妻が調査していた種――ダーウィンフィンチ類の一種――が、彼らのまさに目前で異なる新しい種に進化しはじめたようすを、ワイナーは描写しているのだ。

この急速な〝進行中の進化〟は、グラント夫妻の最初のガラパゴス訪問以前に、（夫妻も含む）だれもが考えていたのとはまるきり逆だった。一般的に受けいれられていた仮説では、ダーウィン的な進化は気の遠くなる時間をかけてカタツムリの歩みで進行し、個体間の形態的、行動的な小さな相違がじわじわとゆっくり彼らを引き離して、最終的に新しい種に進化させる、というものだった。したがって、ワイナーが語るとおり、一九七三年にはじめてダプネ・マヨール島を訪れたとき、グラント夫妻はただ、異なるフィンチの種、とりわけガラパゴスフィンチとコガラパゴスフィンチの現在の進化的な状態を断片的にとらえたいと願っていただけだった。「これらの鳥を観察するのは、天文学者が星々を、地質学者が山々を観察するようなものだ。ガラパゴス諸島で一〇〇年研究しても、スナップショットの域を出ないだろう[35]」

ところが、最初の滞在中に、この小さな鳥たちの何かがピーターとローズマリーにこの島での研究を延長するべきだと告げた。偶然にも、わずか一年前に、革新的な新説が登場していた。ふたりの若きアメリカ人科学者、ナイルズ・エルドリッジとスティーヴン・ジェイ・グールドが提唱した、〝断続平衡説〟だ。この説は、進化は途切れなくゆるやかにじわじわ生じるという、それまで広く信じられていた説に疑問を呈し、より動的なモデルを提示した。変化がほぼ、あるいはまったく起きていない長い均衡状態の合間に、進化が急速に生じうる——いや、実際に起きている——短い期間が断続的に挟まったモデルだ[36]。もっとも、ピーター・グラントによると、夫妻はグールドとエルドリッジの説を耳にしてはいたが、とくに影響を受けてはいなかったようだ[37]。

とはいえ、病原菌や農作物の害虫など、単純な生物がきわめて速い進化を遂げることを、科学者たちは以前から認識していた、とピーターは指摘している。また、オオシモフリエダシャクというガの話もよく知られていた。工場による大気汚染が深刻だった時代に、このガがとまる樹木が煤煙《ばいえん》に覆われて、暗色型のほうが捕食者に狙われにくくなり、個体群のなかでこの型が急速に広がったという話だ。だが、ピーターが言うとおり、「鳥や哺乳動物といった寿命の長い生物が、われわれの一生のあいだに観測しうる進化を遂げるという考えは、われわれが研究を始めたときには有力ではなかったし、研究、評価される見通しもなかった[38]」。

研究を始めて四年ほどは、ダプネ・マヨール島では予測どおり、乾季のあとに雨季が訪れては去っていった。簡単に手に入る食べ物——おもに植物の種子——が豊富にあるおかげで、フィンチ類は栄えて、個体数が雨季に増えて乾季に減る、を繰り返していた。グラント夫妻の調査は計画どおりに進んでいた。

ところが、一九七七年のなかばに状況が変わった。それまで時計仕掛けのように規則正しく雨が降っていたのに、通常の量のごくわずかになった——総量およそ二四ミリだ。干ばつが悪化するにつれて、鳥たちは困窮しはじめた。巣を作って卵を産んで家族を育てることはおろか、交尾さえしなくなった(39)。

だが一部の鳥は、この苛酷な環境でもなんとか食べ物を見つけられた。小さめの種子が乏しくなっても、ガラパゴスフィンチのなかで仲間より少しだけ大きめのくちばしを持つ個体は、まだ入手可能な大きめの種子を食べることができたのだ。結果として、くちばしが小さめの仲間は餓死したが、これらの鳥は生き延びた。そして、命を救ってくれた大きめのくちばしという特質を、遺伝を介して子孫に伝えた。

いっぽう、同じ種でも体が小さめの個体と、くちばしがさほど大きくも強くもないべつの種——コガラパゴスフィンチ——は、大きい種子を割ることができず、べつの植物の小さな種子を食べざるをえなかった。不運にも、その植物がべたつく物質を分泌していたので、頭の羽毛がボサボサになってその下の地肌を灼熱《しゃくねつ》の太陽にさらした。多くの場合、それが原因で体の小さい個体は死んだ。ほかは単純に飢えて落命した。

一九七七年一二月にグラント夫妻が帰国するころには、ダプネ・マヨール島のダーウィンフィンチ類は、一九七六年三月から二年たらずのあいだに一四〇〇羽からわずか二〇〇羽へと九〇パーセント近く減っていた。この島で最も数が多かったガラパゴスフィンチは、かつての個体数の数分の一にまで激減した。コガラパゴスフィンチ——わずか十数羽しかいなかった——はもっと悪かった。たった一羽になってしまったのだ。鳥たちの思いがけない災難に、グラント夫妻はまたとない機会を見出し、研究を継続してこれから何が起こるのか知ろうとした。

ピーター・グラントのマギル大学での教え子ふたり、ピーター・ボウグとその妻のローレン・ラトクリフが、当時、島に残って貴重な観察を行なっていた。乾季の終わりごろに、ニコラとタリアを含むグラント一家が現地調査を引き継ぎ、どの個体が生き延びてどの個体が死んだのかを総出で入念に記録した。(40)

グラント夫妻とピーター・ボウグは、カナダに戻ったあとで、慎重に集めたデータを丹念に調べ、乾季に死んだ鳥のくちばしの大きさに注目して、生き延びられるだけの餌をかろうじて見つけた鳥のくちばしと比較した。驚くべき発見の瞬間だった。自然選択による進化の過程と時間について、科学者たちの認識を根本から変える発見だ。

くちばしの大きさのちがいは、素人目には取りたてて言及する価値がないほどささやかだった。生き延びたガラパゴスフィンチの標本は、死んだ標本よりもくちばしが五ないし六パーセントほど大きかった。体そのものが小さいので、大きさがちがうといっても一ミリの数分の一と、人間の目には見分けがつかないくらいわずかな差だ。それでも、このごくわずかな変異が個々の鳥にとって生死の分かれ目になったのだと、グラント夫妻は気がついた。まさしく大発見だ。「自然選択が働くのをその目で見ただけではない」と、ワイナーは書いている。「自然界で記録された自然選択の事例として、これは最も強烈だった」(41)

気候がじきに正常に戻ったことから、くちばしが大きい――そして、体が大きい――鳥が生き残ったことは、べつのある重大な要因がなかったなら、長期的には大きな問題にならなかっただろう。じつは、雄のガラパゴスフィンチはふつう雌よりも体がやや大きいので、乾季を生き延びた個体は、雌より雄のほうがはるかに多かった。そのせいで、一九七八年一月に通常の六カ月遅れでようやく雨季が戻ってきたとき、あらたな要因――性選択――が働くこととなった。

雄六羽に対して雌はわずか一羽と、まさに雌の〝買い手市場〟で、生き残った群れから〝最高〟の雄を選ぶことができた。そして、そのとおりにした。体がいちばん大きくて強い雄を選んで交尾したのだ。かくして、一時的だったかもしれない大きめのくちばしもいちばん大きが、じきにこの個体群に永久に定着した。くちばしへの変化

　このように、一年たらずのうちに、進化的な大変化が生じた――もっと重要なことに、そのさまを目撃された。ピーターとローズマリー・グラントはライフワークを見つけ、その後はだれひとりとして、進化をいままでと同じ目で見ることができなくなった。(42)

## 進化の実例はフィンチだけではない

　ダーウィンフィンチ類は、最も明確な――そしてもちろん、最も有名な――適応放散の事例だろう。だが、けっして唯一ではない。ほかにも、孤立した大洋島で同様の事例がいくつか起きている。なにしろ、こうした辺境の地はたいてい鳴禽の固有種が少ないので、生息地やニッチに空きがたくさんあり、この過程が生じるのに理想的な立地なのだ。

　マダガスカルの森林では、オオハシモズ[*5]の二一の種が、モズに似た中型の鳴禽の多様なグループを形成しており、共通するひとつの祖先から進化したものと考えられている。二〇〇〇万年以上前に――おそらくはアフリカ本土から――この諸島に到来した鳥だ。(43)

　ダーウィンフィンチ類と同じく、オオハシモズは異なる食料源を利用するために多様化した。結果として、見た目が大きく異なるさまざまな種に進化し、やはりダーウィンフィンチ類と同じく、くちばしの形状が大きくちがう。必然的に、採食行動も大きくちがう。ベニバシゴジュウカラモズは、その名前が示唆するように、ゴジュウカラに似た行動をとる（ただし、木の幹を駆けおりることはでき

＊5　オオハシモズ科に属する。

ない）。ヘルメットモズはイカルに似た大きなくちばしを使って甲虫やトカゲを噛《か》み砕く。何よりも目を引くのはハシナガオオハシモズで、湾曲した長く細いくちばしを使って、樹皮の下に隠れている昆虫を引きずり出す。やはりダーウィンフィンチ類と同じく、これら近縁関係にある鳥は、素人目には完全に異なる科に属しているように見える。

もうひとつ主要な大洋島群であるハワイでは、ハワイミツスイ類が同様の進化過程を経て五〇種以上に分かれ、果物、種子、花蜜、無脊椎動物など幅広い餌を食べている。ダーウィンフィンチ類やオオハシモズと同じように、ハワイミツスイ類の祖先は共通するひとつ、またはいくつかの種で、この隔絶した島々に四〇〇万年から五〇〇万年前に到来した[44]。

ハワイミツスイ類のくちばしの大きさと形状は、驚くほど多種多様だ。長年のあいだに、ハワイ諸島の数多くの異なるニッチを利用できるよう変化して、世界に六〇〇〇種以上いる鳴禽のくちばしのさまざまな形状をほぼすべて再現してきた[45]。

ところが、皮肉にも、まさにこの多様性と分化能力のせいで、島に棲むこれらの種は生息地の喪失と気候変動に脅かされることとなった。また、本質的に個体数が少なく行動圏がかぎられていることも、島の種の大きな問題で、環境の変化によって絶滅するリスクが、もっと大きな陸塊に棲む類似の種にくらべて不釣りあいに大きい（第4章参照）。ハワイミツスイ類の運命ほど、それが一目瞭然なものはない。なにしろ、いまや既知の種の半分以上が絶滅しているのだ――しかも多くは、過去数十年のあいだに絶滅した[46]。たとえば、一九六九年に絶滅したカウアイユミハシハワイミツスイ、一九八八年に姿を消したマウイアケパなどで、一九七三年に発見されたばかりのカオグロハワイミツスイは、発見から五〇年も経たない二〇一九年に絶滅を宣言された。最後に目撃が確認されたのは二〇〇四年だが、そのころには、カタツムリを食べるこのハワイミツスイは〝世界一稀少な鳥〟という好ましくない栄誉を得ていた[47]。現在は、音の響きがよいハワイ名〝プーリ〟だけが、ドードーと同じく亡霊さながら生き残っている。

ハワイミツスイ類の五〇あまりの種は鳥類の適応放散の一例だが、これらを含むスズメ目全体もこの過程を実証している。ただし、規模ははるかに大きい。そしていま、二冊の本――一冊は大部の学術書、もう一冊はポピュラーサイエンスの作品――が、鳥の種の進化について考えるきっかけをふたたびもたらした。

## 分類体系をひっくり返す

二冊のうち新しいほうの『最大の鳥類放散』（*The Largest Avian Radiation*）は、世界の鳥種のゆうに半数以上の鳥――スズメ目の鳥――が進化した過程を図示している[48]。編者らのことばを借りるなら、本書は「地球のすばらしい生物多様性がいかに生じたかを説明する統一的理論」と言うべき革新的な新しい分類法を提示しており、一〇〇〇を超える科学論文を編者らがみごとにまとめあげた、一冊の、ただしかなりぶ厚い本だ[49]。

本書で研究を紹介された科学者たちは、従前より正確な新しい分子生物学的手法を用いて、はるかに厳密に種間の比較を行なった。その過程で、鳥類の分類体系の定説に爆弾を落とし、長年広く受けいれられていた分類をひっくり返した。科のいくつかが分けられ、あるいは統合されて、あらたな類縁関係がたくさん生み出された。なかでもとくに興味深く、従来の野鳥観察者にとって驚くべき例は、〝ムシクイ〟として知られる旧世界の科だ[50]。

イギリスの野外の鳥を記録した公式の〝ブリティッシュ・リスト[51]〟は、イギリス鳥学会（ＢＯＵ）によって作成、改訂されており、総計五四のムシクイの種が収められている。それらは、よく見かける一般的なチフチャフ、ズグロムシクイ、ノドジロムシクイから、オリーブウタムシクイ、センダイムシクイ、キタムシクイなど非定住性の鳥まで幅広く、なかにはイギリスではごく少数しか目撃されないものもある。だが、このリストをじっくり見ると、奇妙なことに気づく。イギリス南部の湿地帯全域に隠れて生息する種、ヨーロッパウグイスと、ほかの五三種のムシクイのあいだに、よく見かけるーーそして、類縁関係はないとされるーーエナガがはさまって、両者が切り離されているのだ。これを見て、たとえばヨーロッパウグイス〔訳注：日本のいわゆるウグイスとは別系統〕はムシクイの仲間ではない、エナガこそがムシクイだ、いやどちらもムシクイではない（または、どちらもムシクイだ）と考えたとしても許されるだろう。

また、〝旧北区西部〟[52]ーーヨーロッパ、アフリカ北部、中東を含む生物地理区ーーの鳥のリストを調べたなら、いっそう困惑するかもしれない。イギリス鳥学会のリストとちがって、この種が複数の科に分かれ、ムシクイという単一の科だったものが、最低でも六つになっている。

これら新しい科のあいだに、従来はムシクイの類縁とはみなされていなかった、ほかの数種の鳥が散らばっているーーヒヨドリ（*Pycnonotidae*、ヒヨドリ科）、前述のエナガ（単体で *Aegithalidae*、エナガ科を形成する）、ヒゲガラ（やはり単体で *Panuridae*、ヒゲガラ科を形成する）、チメドリ（*Leiothrichidae*、ガビチョウ科）、そして何よりも驚きなのはヒバリ（*Alaudidae*、ヒバリ科）とツバメ（*Hirundinidae*、ツバメ科）だ。

この革新的な分類は、『最大の鳥類放散』の第二章を反映したものだ。「ウグイス上科ーー旧世界ムシクイ類とその仲間たち」（Superfamily *Sylvioidea*: The Old World Warblers and Their Allies）と題されたその章には、一二〇〇もの異なる種が掲載されているーースズメ目全体のざっと五分の一、世界の全鳥種の一〇分の一あまりだ[53]。

もし、この発見が正しいならーーそうではないと考える理由はないのだがーー〝ムシクイ〟はすべて単一の科に属するという従来の見解、一八世紀後半の博物学者ギルバート・ホワイトの時代から支配的だった見解は、もはや批判に耐えうるものではなくなる。

いったい、どういうことなのか、と不思議に思われるなら、世界の鳥を——いや、ほかの生物であっても——分類する試みは、つねに不確実だったことを肝に銘じてほしい。利用しうる最先端の科学をもってしても、最近までは、今日の鳥の科や種がいかに進化したのか正確には言えなかった。だが、いまや最新の試験技術が、科や種の関係について決定的な答えをもたらそうとしている。

分類は、時とともにしじゅう変化してきた。鳥類学の黎明期に出版された鳥の本の多くは、今日のものとは大きく異なる体系を示している。たとえば、〝捕食性の鳥〟はどれも——フクロウも、タカ、トビ、ワシ、チュウヒ、ハヤブサも——すべて〝猛禽〟に分類されていた。

ぱっと見は、筋が通った見解だ。タカもフクロウも獲物を殺すための鋭い鉤爪と、獲物を引き裂いて食べるための鉤状のくちばしを持つ。ところが、今日、わたしたちはこの類似は純粋に環境によるものであり、収斂《しゅうれん》進化と呼ばれる過程の結果だと知っている。類縁関係のないふたつの種が類似したニッチを共有し、それぞれの習性から類似した身体的特徴を発達させたときに、これが起きるのだ。

現在のわたしたちからすれば、これら先駆的な鳥類学者が唱えていた説、ただ単に類似したくちばしと鉤爪を持つという理由で、タカとフクロウが互いに近縁関係にあるとする説を愉快に思えるかもしれない。だが、タカとハヤブサはごく最近まで、ふたつの異なる目、タカ目（*Accipitriformes*）とハヤブサ目（*Falconiformes*）に据えられてはいたものの、一般的に近縁とみなされていた。それがいま、科学的知見の進歩のおかげで、わたしたちはハヤブサがもはやフクロウはもちろん、ワシやタカとも近縁ではないこと、むしろオウムやスズメ目に近いことを知っている。

ところが、『最大の鳥類放散』に概説された最近の飛躍的発見がありながら、野鳥観察者はいまなお、大半は渡りをする食虫性の鳥を描写するにあたって、ためらいもなく〝ムシクイ〟という語を使いつづけている。時が経てば、のちの世代はこれらの鳥をちがう視点で見て、なぜ近縁関係にあるとされたのかと不思議がるかもしれない。

## 欧米の先入観を葬り去る

世界の鳴禽に関する従来の見解に疑念を投げかけたもう一冊の本は、『最大の鳥類放散』よりもかなり薄いが、鳥——と、異なる国々——の文化的な考えかたについて、過去一〇年のどんな出版物よりも多くを語っている。

『歌の始まるところ——オーストラリアの鳥がいかに世界を変えたか』（*Where Song Began: Australia's Birds and How They Changed the World*）[54]は、二〇一四年にオーストラリアの生物学者にして科学ライターのティム・ロウが著した。テーマがかなりむずかしいことから驚かれるかもしれないが、本書は学問的にも商業的にも成功を収め、ベストセラー入りして、栄えあるオーストラリア出版業界アワードの一般ノンフィクション賞を受賞した最初のネイチャーブックとなった。

称賛に値するロウのこの著書は、オーストラリアの多様な鳴禽の進化について長く支持されてきた仮説を科学者たちがひっくり返した経緯を説明し、世界じゅうの鳴禽の進化と拡散について、まるきりあらたな視点を提供している。オーストラリアの野鳥観察の第一人者、ショーン・ドゥーリーが『シドニー・モーニング・ヘラルド』紙の書評で述べたとおり、ロウの「すばらしくおもしろい本は……長く待ち望まれていたオーストラリアの鳥への正当な評価のみならず、世界が（とりわけ、わたしたちの大陸が）どのような役割を持つかについて新鮮な見解をもたらしてくれる」[55]。

ティム・ロウがやったのは、鳥類学の〝聖なる牛〟〔訳注：侵してはならない神聖な存在〕との対峙《たいじ》だ。ごく最近まで、鳥は北半球で進化し、広大なユーラシア大陸からゆっくりと広がって、一部の種が最終的に遠く離れたオーストラリアの地に到達したが、ほかから孤立しているため、そこで進化しつづけてあらたなちがう科や種になった、と信じられていた。これは、偉大なドイツ系アメリカ人進化生物学者で、〝二〇世紀のダーウィン〟とも呼ばれているエルンスト・マイヤーが普及させた説だ。さまざまな科の鳥がべつべつにオーストラリアに到達し、しだいに進化して今日かの地で見られる幅広い種になった、と彼は主張した。だが、マイヤーは気づかなかったが、姿形や行動がユーラシアの種と同じに見えるオーストラリアの鳥の多くは、じつはそれらの種と類縁関係になく、やはり収斂進化の実例だったのだ。

それどころか、ティム・ロウがこの著書で示すとおり、マイヤーが唱えたのとはほぼ逆のシナリオが正しかった。世界の鳥の半分以上——オウム、ペンギン、スズメ目の鳥（鳴禽）など——は、ゴンドワナと呼ばれる広大な先史時代の超大陸で進化した。その超大陸がおよそ一億八〇〇〇万年前に、オーストラリアのほか南アメリカ、アフリカ、アラビア、インド亜大陸、南極大陸といった今日のわたしたちが知る数個の陸塊に分裂し、しだいに離れ離れになった。その後しばらく経って、オーストラリアで進化した鳥たちがアジアを含むさまざまな陸塊へ広がりはじめ、最終的に全世界に入植した。その一部、たとえばフィンチ類やワタリガラスなどが、数百万年のちにまた戻ってきた。

なぜ、この説が受けいれられるまでにこれほど時間がかかったのか。これが、ティム・ロウの著書の中心的な問いだ。序文で、彼は〝北の正統性〟と呼ぶ説——オーストラリアとその野生生物をいわば〝次点〟とみなす見解——が、オーストラリアに対するヨーロッパ人やアメリカ人の認識に組みこまれており、皮肉にも、オーストラリア人もときおり自分たちを同じように考えるのだと説明している。この先入観をさかのぼると、一八世紀末のヨーロッパ人入植者と、彼らがオーストラリアで発見した風変わりな動物相への嫌悪感にたどり着く。

産卵するカモノハシや、ハリモグラ、風変わりな有袋動物は、オーストラリアがほかの大陸から孤立していたがゆえに生き残った原始的な哺乳動物とみなされた。もちろん、オーストラリア人は自国の野生生物に誇りを抱いていたが、これら哺乳動物、そしてある程度まではすべての動物が後進であるという考えによって、その誇りは弱められた。鳥類は歌の才能がないように見えるせいでこの考えにぴったり当てはまっていた。[56]

だが、こうした劣等感が科学的探究に永遠に影を投げかけることはなかった。一九七〇年代、オーストラリアの文学、絵画、映画、音楽への世界的な評価が高まったのと同時期に、科学者たちはようやく、エルンスト・マイヤーら主流派が強固に支持してきた〝北の正統性〟に疑問を持ちはじめた。アメリカの科学者、チャールズ・シブリーは、聖像破壊的な新技術のＤＮＡ－ＤＮＡ分子交雑法を用いて、オーストラリアのごくありふれた種、たとえばコマドリ、ヒタキ、ムシクイ、チメドリなどが、その名称が示す旧世界の鳥の一員ではなく、オーストラリア以外に生息するどんな鳥の科よりも互いに近い関係があることを明らかにした。

コマツグミ（American robin）がじつはコマドリ（robin）ではなくツグミであったように、これらの鳥は風景に溶けこみ、誤解を招く偽りの名前の陰に隠れていた――ホームシックにかかったイギリス人入植者が、目にした新しい鳥を、故郷でよく見かけた鳥の名前で呼んだ結果だ。同じことが、カササギフエガラス（Australian magpie）やヨコフリオウギビタキ（Willie wagtail）にも言える――それぞれカササギ（Eurasian magpie）とタイリクハクセキレイ（pied wagtail）に外観や行動が似ているせいで、それらにちなんで名づけられたのだ。*6

シブリーは自説をさらに展開させて、これらの鳥はオーストラリアで進化したばかりか、その子孫がのちに世界の残りの地に移入した、と唱えた。これは火付け役的な主張だった、とロウは述べている。「オーストラリアは固有の鳴禽分岐群《クレード》［共通の祖先から進化した全子孫により構成されているとされる生物群］を進化させたばかりか、大規模な輸出者でもあった。カササギ、カケス、モズなど、ヨーロッパやアメリカが誇る鳥種の多くは、オーストラリアからの放散の一部だ。彼らは北半球の大

半の鳥よりもオーストラリアの鳥に近い」(57)

ほかにも、ふたりのオーストラリア人生物学者、レス・クリスティディスとディック（リチャード）・ショーデが、シブリーの研究を押し進めて、オーストラリアの象徴的なふたつの鳥の科――コトドリとクサムラドリ――をほかのあらゆる鳴禽の〝姉妹科〟に据える〝系図〟をこしらえた。これが意味するものは驚きであると同時に、イギリス人やアメリカ人には衝撃的でもあった。クリスティディスとショーデの研究は、庭園や家の裏庭で見かける鳥の多くが――イギリスのコマドリ、クロウタドリ、ウタツグミから、北アメリカのショウジョウコウカンチョウ、コマツグミにいたるまで（さらには、アジアやアフリカのチメドリ、タイヨウチョウ、ハタオリドリも）――もともとはオーストラリアの祖先から進化したことを示唆していたのだ。

当然ながら、当初は西洋世界の科学者の多くが、そうした聖像破壊的な結論の受けいれをにべもなく拒んだ。一九九一年に、イギリス鳥学会の権威ある機関誌『アイビス』に掲載されたときですら、クリスティディスとショーデは自分たちの結論に〝仮説〟という語を用いて、この説が事実ではないかもしれないという予防線を張らざるをえなかった。二〇〇四年にようやく、たしかに鳴禽は数百万年前にオーストラリアで進化したことが証明された(58)。オーストラリアの動物相と植物相は世界のほかの土地のものより劣るという時代遅れの古い考えは、もっぱら西洋のスノッブ精神と植民地主義によって広まった頑迷な概念だったが、ようやく葬り去られたのだ。

＊6 ちなみに、オーストララシア〔訳注：オーストラリアとニュージーランドを含む地域区分。使用される文脈によって、指す範囲が異なる〕の鳴禽のすべてが、この大陸にしか生息していないわけではない。コウライウグイス、カラス、ツバメ、フィンチ類は旧世界の近縁種と同じ科に属する。だが、大多数はたしかに固有種だ。

## フィンチたちの運命

進化生物学のこのような急速な発展が、異なる鳥の種や科の類縁関係について刺激的でときに困惑させられる洞察をあらたにもたらしたいま、ほかのどんな鳥よりも進化論と密接な関係を持つ鳥たちの運命は忘れられがちだ。だが、ダーウィンの名前を冠したこのフィンチ類は、現在、ありとあらゆる脅威にさらされて生存の継続が危うくなっている。皮肉にも、ピーター・ローズマリー・グラントに進化がいかに働くかを示してくれた思いがけない気候変動が、その大きな要因だ。

気候非常事態と、それがガラパゴス諸島の気候や食料供給におよぼす予測不能な影響に加えて、生息地の喪失、外来の捕食者、鳥マラリア、巣にいる幼鳥を攻撃して寄生し、たいていは殺してしまう侵略外来種のハエ、フィロニス・ドウンシにも、このフィンチ類は対処しなくてはならない[59]。捕食者や寄生虫を駆除する保全手段が効果をあげるかどうかはじきに判明するが、いまわたしたちにわかるのは、もし効果がなければ、これから半世紀のうちにダーウィンフィンチ類の何種かはおそらく絶滅する、ということだ。

どんな種が失われても大きな不幸だが、これらの鳥は進化のメカニズムについてじつに多くをわたしたちに教え、地球上のあらゆる生物への見解を変えさせた。ゆえに、その絶滅はいっそう大きな悲劇であり、オオウミガラス、リョコウバト、ドードーの絶滅に匹敵するだろう。

第6章

# グアナイウ

*Leucocarbo bougainvillii*

だれかが奴隷制に賛意を唱えるのを聞くたびに、その人に身をもってこれを体験させたいと強く思うのです。
――エイブラハム・リンカーン、第一四〇インディアナ連隊へのスピーチ（一八六五年）

夕陽が太平洋に沈むと、男たちはようやく、つらい肉体労働から数時間の休息を得られるのを心待ちにする。まだ夜が明けないうちから、彼らは身を粉にして働き、一日二〇時間、週に六日、同じ作業を一年じゅう繰り返す。

翌朝、彼らは日が昇るかなり前に、寝台代わりの薄いむしろから体を起こし、暗闇のなか仕事に取りかかって、つるはしやシャベルで丘から採掘物を回収する。まずは、悪臭を放つこの重い物質を手押し車に積んで、島を取り巻く崖の上まで押していく。積み荷はキャンバス地の導管を通して崖下のはしけへ送られ、そのはしけから沖合の貨物船に移される。このあと、彼らは採掘場に引き返す。ひとり一日五トン――手押し車一〇〇杯分――を採掘しなくてはならないのだ。拒んだり命令に従わなかったりすると、その場で撃ち殺される。

命をつなぐため、労働者はそれぞれ一日の割当てとして、固いパンと、たいていはウジが湧いている乾燥肉と、米を与えられる。果物も野菜もなく、多くが壊血病にかかっている。また、結膜炎やさまざまな呼吸器疾患にも苦しんでいる。地面から絶えず立ちのぼる粉塵《ふんじん》を肺へ吸いこみつづけたせいだ。

一日がまた終わり、沈みゆく夕陽を見つめるとき、同じ太陽がちょうど地球の裏側の故郷に昇るところだと、彼らは気づくだろうか。何カ月、いや何年も前に、彼らは飢饉や戦乱や貧困を逃れて中国を離れ、あらたな人生をあらたな土地――北アメリカ――で始めた。カリフォルニアのゴールドラッシュに一枚噛んで金を稼ぎ、貧困にあえぐ故郷の家族に仕送りをするという、一見手が届きそうな願望に誘われてやってきたのだ。

現実は大ちがいだった。マカオの港で、ネズミが出るぼろぼろの船に数百人単位で危険なほどぎゅう詰めにされ、果てしない太平洋を渡る終わりなき旅と思えるものに出発した。文字どおり暗闇でほぼずっと過ごし、旅仲間のすえた臭いに満ちた不快な空気を吸おうとあえいだ。

ある航海では、四人にひとりが生き延びられず、病気、栄養不良、旅仲間や船員の暴力で命を落とした。あるいは、長い旅の果てに待ち受けるおぞましい体験に立ち向かうよりはと、船外へ身投げする者、首を吊《つ》る者、自刃する者もいた。

一八五〇年から七四年にかけて、推定八万七〇〇〇名の労働者――インドのことばで下層労働者を意味する〝苦力《クーリー》〟と呼ばれていた――が、かろうじて最終目的地にたどり着いた。だが、そこは、目的地と聞かされていたカリフォルニアではなかった。それよりもはるか南、ペルー沖のチンチャ諸島だったのだ。

到着するなり、彼らは地獄からべつの地獄――世界貿易史上とくに高価な商品を調達する苦役――へと投げこまれた。採掘するのは、自分たちが思っていた金《きん》ではなかった。海鳥の糞だ。

世界一鳥類が豊かな南アメリカ大陸を訪れて、わざわざグアナイウ[*1]（グアナイムナジロヒメウ）を探そうとする野鳥観察者はめったにいない。オオハシ、フウキンチョウ、マイコドリ、オウム、ハチ

＊1　学名の *Leucocarbo bougainvillii* は、南アメリカの海岸を探検したルイ・アントワーヌ・ド・ブーガンヴィル（一七二九～一八一一）にちなんで、一八三七年に命名された。よく知られた花、ブーゲンビリアも、彼の名前からつけられた。

ドリといった数十種の華やかな鳥をはじめ異国情緒あふれる種がたくさんいるのに、なぜ労力を割いてこんな平凡で見た目もぱっとしない海鳥を探さなくてはならないのだ？　だが、二〇一七年五月にわたしがペルーへ旅したとき、グアナイウこそ心から見たい種だった。稀少とか美しいとかいう理由ではなく、世界の一万種あまりの鳥のなかでも並はずれた物語を有するからだ。

それは、貪欲さと利潤、恐怖と苦難、膨大な富とほぼ想像を絶する苦しみの物語だ。また、イギリス、ヨーロッパ、北アメリカの田園地帯の風景を変え、人間の食べ物の栽培や生産の方法を変容させた話でもある。その物語のおかげで、グアナイウは〝一〇億ドルの鳥〟と呼ばれることとなった——人類史上最も高価な野生の鳥だ。

ペルーに着いて最初の朝、わたしは首都リマから一時間ほど南のプラヤ・プクサナ港に向かい、色とりどりの漁船のあいだに目を走らせ、大柄なペルーペリカン、優美なインカアジサシ、腐肉をあさるヒメコンドルの群れのなかに、羽毛がはっきり二色に分かれた中型のウを探した。数分後、目当ての鳥を見つけた。すらりとした成鳥で、港の端にある岩の上にとまり、淡い桃色の脚と深紅のアイパッチを誇示していた。漆黒の背中と、対照的にまっ白な胸部。晩餐のために正装した小粋な鳥といった印象だ。

たいていの野鳥観察者はグアナイウに目もくれないが、その価値を理解している人々は昔からいた。奇妙なその名前に反映されている価値だ。グアナイウは世界の鳥一万種あまりのなかでもごく少数の、貴重な生成物にちなんで名前がつけられた鳥なのだ。[*2]それは糞で、ペルー先住民のケチュア語から派生した語〝グアノ〟と呼ばれている。

## 世界一高価な鳥

グアナイウは世界有数の汎存種〔訳注：全世界に分布する種〕であるウの仲間だ。ウは全部でおよそ四

○種いて、世界の七大陸すべてに生息、繁殖する。
グアナイウは南アメリカの太平洋岸沿いで見られ、北は赤道付近から南はチリまでを繁殖地とする。アルゼンチンの大西洋岸にも遺存種がしばらく生存していたが、現在は死に絶えたようだ。繁殖期以外は、さらに遠くへ羽を伸ばし、北は中央アメリカ、南はホーン岬にまで散らばっている。破壊的なエルニーニョ現象が続く年には、とくにその傾向が強い。

ペルーで目にするほかの海鳥二種——ペルーカツオドリとペルーペリカン——と同じく、グアナイウはフンボルト海流（ペルー海流）の恩恵を大きく受けている。太平洋岸に沿った海流で、冷たい海水の湧昇を絶えず生じさせ、これらの鳥の餌となる魚（もっぱらカタクチイワシとトウゴロウイワシ）の大群に理想的な環境を作るのだ。グアナイウは互いに協力しあって餌を捕る。海面に巨大な群れをなし、アーティスティック（シンクロナイズド）スイミングよろしく水中ダイブして獲物を追い、水深三二メートル(1)、ときには七四メートルの深さにまで潜る(2)。ペルー海流は〝地球上最も生産性の高い海洋環境(3)〟と呼ばれる生態系をもたらすが、海岸沿いにきわめて独特な気象を生む。暑く乾燥した気候で、ほとんど降雨がない。後述のように、これが本章の物語の鍵となる。

多くの海鳥はそうだが、グアナイウは陸上の捕食者から身を守れて餌場を利用しやすい辺鄙な岬や沖合の島にコロニーを作って営巣する。大規模コロニーはペルー沖すぐの岩がちな火山諸島に集中し、

＊2　その生成物にちなんで公式の英名がつけられたほかの数少ない種は、かつて丸々した雛から採油されていた南アメリカのアブラヨタカ（oilbird）、中国の美食珍味、ツバメの巣のスープに主要な材料を提供している東南アジアのジャワアナツバメ（edible-nest swiftlet）、巣が食用になるツバメという意味の英名）だ。ほかに、ミツオシエ（honeyguide）を加えてもいいが、この鳥は蜜を作るのではなく、（わたしたち人間を含む）哺乳動物をハチの巣へ案内する。オーストララシアのハシボソミズナギドリは、その肉の味がマトンに似ていることから話しことばでマトンバードと呼ばれている。

そこでこの鳥は一年じゅう繁殖して、南半球の春である一一月から一二月に最盛期を迎える。

平坦部や緩やかな斜面に営巣するのを好み、雌が青みがかった緑色の卵を二、三個産んで、三週間から四週間抱卵する。孵化してすぐの雛は骨張って弱々しく、鳥というより綿毛の生えた爬虫類に見えるが、両親に餌をもらって育ち、孵化後およそ四週間で巣立ちする。海鳥が一般的にコロニーで繁殖するのは、陸鳥とはちがって、周囲の海にある餌が豊富で手に入りやすいため食料源を守る必要がないからだ。おかげで、騒々しくてたいていはひどい悪臭を放つ混みあったコロニーに、仲間とくっつきあって営巣する。群がって暮らすと周囲とのもめごとは増えるが、空中の捕食者から比較的身の安全を確保できるという利点がある。カモメ、ヒメコンドル、そして飛ぶ鳥としては南アメリカ最大のコンドルなど、捕食者がしじゅう頭上を旋回し、無防備な卵や雛をさらおうと狙っているのだ。

グアナイウのつがいもその雛もおびただしい量の糞を出し、それらを使って円形の巣が作られる。気候がここまで乾燥していなければ、世界各地の海鳥のコロニーと同じく、糞はじきに雨に流されただろう。だが、ほぼ完全に乾ききった環境なので、グアナイウは何世紀もかけて、岩がちな土地の上に厚さ五〇メートルもの糞の層を形成した。これが採掘されて肥料用に売られたことから、この種は〝世界一高価な鳥〟と呼ばれた。

グアノ貿易で生み出された富の大部分は、一九世紀のイギリス人実業家、ウィリアム・ギブズに占められていた。彼はきっと〝汚物のあるところ金あり〟[4]という有名な格言を正しく理解していたのだろう。ペルー産グアノ――〝茶色い金〟とも呼ばれていた――のほぼ独占的な利益で、ギブズはやがてイギリス一富裕な平民となった。彼は次の有名な歌で称えられて（おそらくは嘲笑されても）いる。

ウィリアム・ギブズは銭を稼いだ[5]
異国の鳥の糞を売って

ギブズはその財産の大半を注いで、ブリストル西部の邸宅、ティンツフィールドを改修した(6)。だが、すばらしい邸宅と庭の年間三〇万にのぼる来場者のうち、その歴史の暗部に気づく者はそう多くない。ティンツフィールドを築いた富、いまわたしたちが目にする壮麗な景観を生み出した富は、何万人もの名もなき中国人労働者が生き地獄――同時代のある人が〝いわば人間の処理場〟と表現した苦境――で働いてもたらされたものなのだ(7)。

長期的な観点から言えば、グアノ産業は現代社会にさらに重要な影響をおよぼした。作物の生産高を大幅に増やし、今日なお用いられている農法の基礎を敷いて、ひいては北アメリカ、イギリスほか大半のヨーロッパ地域の田園風景を形作ったのだ。

## 鳥の糞が生んだ富

寒いが陽光がさんさんと降り注ぐ一月の午後、遠くでミヤマガラスの声が響き、ティンツフィールドの壮大な邸宅はこのうえなく牧歌的で平和に見えた。ここは、歴史的建築物の保護を目的に設立されたナショナル・トラストのプロジェクトのじつにうまくいった事例だ。壮麗なヴィクトリアン様式の傑作で、ナショナル・トラストが手がけたどの場所よりもたくさん貴重な芸術品が詰めこまれ、丹念に手入れされた樹木園と庭、それから喫茶室と古書店がある。

ウィリアム・ギブズは一八四三年に総額二万一二九五ポンド（今日の価値にしておよそ一九〇〇万ポンド）でティンツフィールドを購入した(8)。邸宅は、一九世紀はじめに、一六世紀の狩猟小屋の敷地にジョージアン様式で建てなおされていた。一〇年後、ギブズはグアノ貿易であげた儲《もう》けを使って、建築家のジョン・ノートンに邸宅の外構を改修させ、二倍の広さにした。また、デザイナーのジョン・グレゴリー・クレイスを雇い、目の飛び出るような金額で洒落《しゃれ》たヴィクトリアンゴシックに内装を改めた。[9] ギブズの莫大な富のおかげで、ティンツフィールドはやがてこの時代の代表作と呼ばれるものに変貌を遂げ、数千点もの絵画、書籍、芸術作品にあふれている。[*3]

わたしの案内役は、ティンツフィールドのプロパティ・キュレーターにして歴史学者のミランダ・ギャレット博士だった。書斎の二〇〇〇冊以上の書籍のなかに、フランシス・オーペン・モリス牧師の『英国鳥類史』(*A History of British Birds*)全六巻がそろえられていることに、わたしは気がついた。廊下を歩きながら、わたしたちはペルーカツオドリ(やはりグアノを生み出す鳥)とおぼしきものがデザインされたステンドグラスの窓をしげしげと眺めたが、もしかしたら、グアナイウも描かれているかもしれない。階段の最上段には、サー・ウィリアム・ボクソールが描いた七〇歳当時のウィリアム・ギブズの堂々たる肖像がある。これぞまさしく、築いた富で社会的地位を確立したヴィクトリア朝紳士だ。最後に、わたしたちは特別にしつらえられたプライベートチャペルに入った。聖書の場面を再現した寄せ木細工が壁をぐるりと取り巻き、その細部が午後遅い光にくっきりと照らし出されている。[*4]

邸宅とその収蔵品の純然たる美しさに、わたしたちはたやすく魅了されてしまう。ミランダが指摘したとおり、その豪奢《ごうしゃ》さは時の試練に耐えてきた。ステンシルの壁、複雑な彫刻を施された天井、七万四〇〇〇点もの貴重な芸術品に、わたしはとくに感銘を受けた。

テレビ司会者のアラン・ティッチマーシュも当然のように驚嘆した。[10] チャンネル・ファイブの『ナショナル・トラストの秘密』(*Secrets of the National Trust*)シリーズの最終エピソードで、彼はティンツフィールドを「国内随一の洗練されたヴィクトリアン邸宅であり、肥料を資金源とした……ゴシックの傑作」と誉めたたえた。だが悲しいかな、ウィリアム・ギブズの華麗な生活の資金源であるグアノを採掘した年季奉公の労働者たちについては、一度たりとも言及されなかった。この状況を、ミランダ・ギャレットはなんとか変えたいと切望している。ティンツフィールドのボランティア案内役として、彼女はギブズ家の歴史の暗部を熟知し、この邸宅と収蔵品に注がれた資金がいかに形成されたかを観光客に知らせようと努めている。[11]

## グアノと先住民

今日、〝グアノ〟ということばに聞き覚えがあるとしたら、おそらくポップカルチャーを通じてだろう。一九九五年のコメディ映画『ジム・キャリーのエースにおまかせ！』では、ジム・キャリーが演じる不運なペット探偵が、数十億ドルの価値があるコウモリの糞化石《グアノ》を調査するためにアフリカに赴く。[12] また、イアン・フレミングの小説『００７／ドクター・ノオ』（のちに、ジェームズ・ボンド・シリーズの一作め『００７は殺しの番号』として映画化された）では、ボンドの邪悪な敵がジャマイカ沖の架空の島、クラブ島で核実験をしていたが、クラブ島はグアノの島でもあった――それどころか、この悪党はグアノを採掘、販売して、世界を破滅させかねない活動の資金を捻出していた。[13]

だが、グアノの物語の始まりははるかに古い。オックスフォード英語辞典ではじめて言及されたのは、ジェームズ一世在位二年めの一六〇四年、ホセ・デ・アコスタによるスペイン語の著書の翻訳からで、「海鳥の糞の山……彼らはこの糞をグアノと呼ぶ」と記されていた。[14] スペイン人征服者《コンキスタドール》が〝三つのG――神《ゴッド》、金《ゴールド》、栄光《グローリー》〟を探求していたことを思えば、新世界最大の富が、やはり〝G〟で始まるものだったのは皮肉めいている。こちらは上品さに劣るが、貴重である点は同じだ。

＊3　ティンツフィールドは、曾孫《ひまご》で第二代ラクソール男爵のジョージ（ミドルネームのリチャードで知られる）が二〇〇一年に亡くなるまで、三世代のあいだギブズ家が所有していた。その後、募金活動が行なわれ、ナショナル・トラストがこの時代の代表作として二四〇〇万ポンドで購入した。

＊4　ギブズはそこに埋葬されるつもりでこのチャペルを作らせたが、完成前に亡くなった。その後裔《こうえい》とバース＝アンド＝ウェルズ司教が対立した結果、許可が退けられて、彼は近くの教会に埋葬された。

海鳥の糞《グアノ》が商品としてこれほど高く評価されるのは、三つの主要成分――窒素、リン酸塩、カリウム――がきわめて高濃度で、量は少なめながらリン、カルシウム、マグネシウムも含むからだ。どの成分も、植物が健康に生長するためには欠かせない。肥料としての魔術めいた力は、少なくとも一五〇〇年前、ことによると五〇〇〇年も前――もっと広い世界に注目されるよりはるか前――に、太平洋沿岸の先住民が知っていた。そのことが判明したのは、グアニャペ諸島で何層ものグアノが採掘によって取りのぞかれた結果、数百点の先コロンブス期の遺物が見つかったからだ。西暦紀元のはじめごろにまでさかのぼるそれらには、身の毛のよだつものも含まれていた。残酷にも生け贄にされ、裸体を薄い金箔に覆われた若い女性たちの亡骸だ。

ほかにも、ふたつの先コロンブス期の文化がこれらグアノの蓄積物を利用していた。まずは、ナスカ文化。地球外生命に関するさまざまな突飛な説を着想させた砂漠の線（地上絵）で有名な、およそ紀元前一〇〇年から紀元後八〇〇年ごろまでペルー南岸沿いに住んでいた人々だ。もうひとつは、インカ帝国。コンキスタドールが訪れる前はアメリカ両大陸最大の帝国で、その統治期間は一三世紀はじめから、一五七二年にスペイン人に征服されるまで続いた。ある科学ライターは、インカは〝糞の上に建てられた〟帝国だと、下品に――だが正確に――描写している。[15]

インカ人が住んだのは、山地の乾燥した不毛な土地だった。作物をうまく育てるには、次の三つが必要だった。平坦な土地、豊富な水、養分が濃くて効果的な肥料だ。それらを得ようと、彼らは段地を切り開いてトウモロコシやジャガイモなどの作物を植え、水を施すために複雑な灌漑《かんがい》システムを築き、さらには沖合の島々から集めたグアノを用いて、栽培する作物に貴重な栄養を施した。これが信じられないほど効果をあげた。かつては耕作に適さなかった荒涼たる土地で、一年に三回の収穫があったのだ。奇跡のようなこの自然の恵みがたいそう成功を収めたので、インカ人は数多い神のなかでもとくに、〝ウを一箇所に集めた人〟という意味の名前を持つファマンタンタクを崇《あが》めた。[16]

グレゴリー・T・クッシュマンは、アメリカ合衆国のグアノ貿易史を綴ったすばらしい著書『グアノと太平洋岸世界の始まり』(*Guano and the Opening of the Pacific World*)[17]で、スペイン系ペルー人編年史家のガルシラーソ・デ・ラ・ベーガ、通称エル・インカが一六〇九年に著した、インカ文明に関する最も早い文字の記録を引用している[18]。デ・ラ・ベーガは鳥の糞の採掘手法を記録していたが、その大半はリマの南およそ一六〇キロのチンチャ諸島から採掘されていた。各島から糞を採掘する権利がひとつまたは複数の島に割り当てられ、それから必要に応じて村人たちに配分される。貴重なグアノを生成する鳥を守るために、厳格な法律が制定されていた。

インカの時代には、これらの海鳥はこの上なく大切に保護され、その繁殖期には、鳥が怯えて巣から離れたりすることのないよう、なんぴとといえども島に足を踏み入れることは許されず、禁を破った者は死刑に処せられた。また、海鳥を殺すことは、季節のいかんを問わず、さらに島の内外にかかわらず禁じられており、違反者は同じく死刑になった[19]。(牛島信明訳)

海鳥のコロニーを大切にしていたのだから、インカの人々は世界最初の環境保全家である、と言われている。だが、ほかのいくつかの候補はさておき*5、インカ人が海鳥を保護したおもな動機は、鳥の安全な暮らしを利他的に案じたからではなく、単純に自分たち自身の利益を守るためだったと思われる。

＊5　ほかのもっとふさわしい候補は、リンディスファーン島のホンケワタガモを保護した七世紀の修道僧、聖カスバート、そして、ハヤブサ(エレオノラハヤブサ)を保護したサルデーニャのアルボレーア国のプリンセス、エレオノーラ・ダルボレーアだ。

皮肉にも、デ・ラ・ベーガの著書が一七世紀初頭に登場するころには、インカ文明はすでに消滅していた。ヨーロッパ人征服者によってまずは蹂躙《じゅうりん》され、のちに、先住民には免役のない天然痘とインフルエンザが南北アメリカ大陸に持ちこまれた結果、根絶させられたのだ。

## 完璧な解決策

グアノが最初にヨーロッパに入ったのは一八世紀はじめで、スペインの海港カディスに到着した。帰国する船乗りたちが、なぜこの悪臭を放つ物質をわざわざ運んだのか、謎と言えば謎だ。なにしろ、南アメリカ以外でこれが肥料として使われていた形跡はないし、多くの人々がその〝異常な悪臭〟に不快感を示していたのだから。ところが、史上屈指の科学者にして探検家、博識家のアレクサンダー・フォン・フンボルト——その名前にちなんで海流やハチドリや南アメリカのペンギンが名づけられた*6——が、この大陸へ航海したときに急展開が見られた。

フンボルトがこの物質を知ったのは、一八〇二年、グアノを肥料として施されたリマ近郊の畑を目にしたときだ。彼は標本を持ちかえってパリへ送り、フランス人の一流科学者ふたりに分析させた。ほかにも、イギリス人化学者の草分け、サー・ハンフリー・デイヴィの手に標本が渡った。デイヴィは経済学者トマス・ロバート・マルサスの説に関心を抱いていた。影響力の大きい一七九八年の著書『人口論』(20)で、マルサスは終末論的な予言をした——人口の増加を抑制しなければ、必然的に、大規模な食料不足、飢饉、大量死がもたらされる、と。デイヴィはこの問題に実利的な反応を示した。化学物質——とりわけ窒素——がいかに土壌を改良するか、そしていかに作物の収穫高を増やして食料を多く作れるのか、調査に乗り出したのだ。ペルーのグアノが有益な化学物質を高濃度に含むおかげで、〝ペルーの不毛な平原〟を肥沃な地に変えたことに、彼は注目した。当然ながらさらなる調査を実施し、一八一三年には、著書『農芸化学の基本』(*Elements of Agricultural Chemistry*)において、神は

「人間の力がおよぶ範囲内で……土壌の改良と堆肥の利用」をしたのだと主張するまでになっていた。[21]

ところが、グアノを南アメリカからヨーロッパへ輸送するには莫大な費用がかかり、すぐに手に入る代替品の〝下肥《しもごえ》〟――便所から集めた人間の排泄物――があったせいで、この段階では輸入に経済的な実現性はなかった。もうひとつの大きな障壁は、グアノを船で持ちかえる時間の長さ――三カ月から八カ月――だった。

一八二〇年代、スペインによる征服から三世紀近くのちに、一連の激しい戦争を経て、ペルーはようやくスペインから事実上の独立をなし遂げた――ただし、半世紀以上、正式に認められなかったのだが。ペルーの新政府はじきに海鳥の糞の商品価値に気づき、ヨーロッパへ送る量を増やしはじめて、ヨーロッパのほうでは肥料としての効果を見極めるために試験が重ねられた。転換点は一八三八年、フランス系スペイン商人ふたりが、リヴァプール出身の商人にして船主のウィリアム・マイヤーズにペルーのグアノの見本を送ったときに訪れた。農場主でもあったマイヤーズはいたく感銘を受け、思いきってはるかに大量にこの商品を買いつけた。[22]

一八三九年七月二三日、マイヤーズのグアノ三〇袋をチリのバルパライソから運ぶ長い船旅を終えて、ヒロイン号がようやくリヴァプールの埠頭《ふとう》に着いた。マイヤーズはその後まもなく、リマに本拠を置く実業家、ドン・フランシスコ・キロスと、イギリス市場向けのペルー産グアノの製造契約を結んだ。絶好のタイミングだった。産業革命による経済的、社会的変化で、イングランドおよびウェールズの人口が、一七五〇年の六一〇万人から一八五一年の一七九〇万人へと、わずか一世紀で三倍近くに増えているところだった。人々の多くはいまや都市部に住んで、全員が食料を必要とし、需要が

＊6　中央アメリカおよび南アメリカの一部で見つかるフンボルトサファイアハチドリ（*Hylocharis humboldtii*）、グアナイウと同じくペルーの海岸に沿って採餌《さいじ》するフンボルトペンギン（*Spheniscus humboldti*）。

急上昇したせいで農村部が疲弊しはじめていた。マルサスが予言した悲惨な飢えと飢饉が現実になるかに思えた。ほぼ同じころ、科学者たちは作物の収穫高を増やすと環境に負荷がかかること、結果として土壌から必須栄養素が失われることにいっそう懸念を示すようになった。ドイツの科学者、ユストゥス・フォン・リービッヒ――〝農芸化学の父〟と呼ばれている人物――は、土地の乱開発に警告を発し、健康な植物の生長における窒素の重要性を力説していた[23]。

グアノは完璧な解決策を提供した。植物の生長に必要な栄養素すべてを含み、既存のどんな肥料よりもめざましい効果をあげた。ひとたびこれを使った農家は、二度と以前の農法に戻りたがらなかった。ある同時代の出版物は、早くも世界規模での効力を称揚している。「日照の短い大英帝国の土地、イタリアの稲田、ドイツのブドウ農園、ブラジルの疲弊したコーヒープランテーション、ペルーの乾燥した平原、これらすべてで肥料としての力が実証された[24]」

グアノをイギリスへ輸入する権利を手にした実業家たちは、絶好の機会に恵まれ、結果的に成功した。下肥、馬糞など既存の代替品よりグアノのほうが大幅にすぐれていることが判明し、作物の収穫高は急増した。収益も同じだ。最初の大量出荷分は、およそ一〇万ポンド（今日の価値にして約六一〇万ポンド）の富をもたらした。

その後ほどなく、もうひとりのイギリス人実業家――ウィリアム・ギブズ――がグアノ貿易に乗り出した。皮肉にも、ウィリアムは当初、のちに想像を絶する富豪にしてくれる契約をかたくなに結びたがらず、これを〝狂気の沙汰〟と呼んだ。だが、慎重な性分の彼も、最終的には説得されて着手した。

## グアノ景気の終わり

ウィリアム・ギブズが生まれたのは、いまより二世紀以上前の一七九〇年だが、人生も業績も現代のウィリアム、つまりビル・ゲイツのものと似ている。このマイクロソフトの共同創業者と同じく、ギブズは事業で莫大な財産をなし、気前のよい慈善家になったが、ただし宗教に特化して、教会の修復と建設に力を注いだ。[*7]

やはりゲイツと同じく、ウィリアム・ギブズも自分の力で立身出世した。家柄はそれなりによかったが、羊毛の輸出業者だった父親がいっとき深刻な負債を抱えて、息子の実業界での将来をまだ始ってもいないうちから脅かした。金銭的な不安から、若きウィリアムは学業を早くに辞めざるをえなくなり、彼もその兄も大学に進学しなかった。代わりに、彼は一六歳でブリストルの伯父の会社に事務員として雇われた。そして二年後の一八〇八年に、ロンドンの新しい貿易会社で父や兄と一緒に働くこととなった。

一八一三年、ウィリアムは〈アントニー・ギブズ&サンズ〉の共同経営者となり、スペイン南部の都市カディスに移った。その後一〇年あまり懸命に働いてあらたな顧客を獲得し、一八二〇年代はじめには、ペルーを含む南アメリカまで事業を広げていた。事業が大成功を収め、ウィリアムの人生は一八三九年八月にべつの明るい転機を迎えて、四九歳というやや高齢ながら二一歳のマティルダ・ブランチ・クロウリー゠ブーヴィ、通称ブランチと結婚した。彼女は夫と同じく、熱心なイギリス国教会の高教会派だった。ふたりは七人の子ども――息子四人、娘三人――をもうけたが、残念ながら四人が二〇代で亡くなった。うち三人は、ヴィクトリア朝時代の家庭にとって恐ろしい病、肺結核によ

＊7　『英国人名事典』のウィリアム・ギブズの項目は、彼の人生と業績への賛辞で結ばれ、グアノ貿易がもたらした金銭的見返りが「彼に模範的なクリスチャン紳士《ジエントルマン》と家長の人生をまっとうさせた。内向きの敬虔な人生ではなく、キリスト教国イギリスの再生に貢献する現実的な試みだった」とある。彼の富の源泉がもたらした労働者らの痛みと苦難については、ひとことも言及がない。

るものだった。

ブランチと結婚した三年後の一八四二年、兄のジョージ・ヘンリーが予期せぬ死を迎え、ウィリアムは〈アントニー・ギブズ&サンズ〉のひとりきりの経営者となった。同じ年に、彼の財務状況を大きく好転させるできごとがあった。リマの代理店が、グアノをイギリスへ独占輸入する契約を結んだのだ。ペルー政府への資金提供の見返りとして、この共同事業は肥料の販売利益を手にする権利を得た。最初の年は、グアノの輸入量はわずか一八二トンだった。それが一八五六年に二一万一〇〇〇トンにまで増え、ピークの一八六二年には四三万五〇〇〇トンに達した。

グアノ景気は最盛期だった。貴族地主のダービー伯爵は三度にわたってイギリスの首相を務めた人物だが、この新しい肥料をいたく気に入り、船一隻分をまるごと買って、広大なランカシャーの地所に施した――耕地向きの作物だけでなく、果樹や灌木にも栄養を与えるために。べつの農場主はこの貴重な物質を手に入れたいあまりに盗みを試みた。不運にも、口にくわえた袋のなかにすくい入れたせいで、誤って少しのみこんでしまい、翌日、苦しみ悶《もだ》えて死んだ。

一八四〇年から七九年までの四〇年たらずのあいだに、推定一二七〇万トン、総額一億から一億五〇〇〇万ポンド（今日の価値にしておよそ六一億ポンドから九一億ポンド）のグアノがペルーからヨーロッパおよび北アメリカへ運ばれた。ペルー政府は切望していた棚ぼた利益を得られ、一八四七年には、グアノはこの国でいちばん価値のある輸出品となっていた[25]。

そのころにはもう、〝グアノ〟はごくありふれたことばと化し、同じ一八四七年に、未来のイギリス首相のベンジャミン・ディズレーリが、小説『タンクレッド』で知的な自己修養を示すしゃれた比喩としてこれを用いている。「コンスタンス嬢は……フランス小説を読んで脳に肥やし《グアノ》を施し、あらゆる社会問題にさまざまな見解を抱いていた[26]」

当初はこの貿易を嫌悪していたことを考えると、ウィリアム・ギブズがグアノ好景気からだれよりも利益を得たのは皮肉なことだ。最初の共同事業者と仲たがいした一八四七年から、ギブズはこの貿易とその莫大な収益を独り占めし、一八六〇年代はじめに会社がようやくこの商品とのかかわりをうち切るまで、独占状態が続いた。

その後のできごとに照らせば、ギブズが手を引いたタイミングは絶妙だった。一八五〇年代の終わりから六〇年代はじめにかけて、あらたな肥料が市場に参入し、その多くが特定の土壌型や作物を対象とするものだった。これらの製品は過リン酸肥料と呼ばれ、輸入品のグアノにくらべて入手しやすく、またはるかに安かった。よく食べられていたカブへの効果も抜群だった。賽《さい》は投げられた。以降、グアノのおかげではじめて可能になった集約農業を遂行するために、より効果の高い肥料が次々に開発された。

ペルーでは、さらにふたつの問題がグアノ貿易の衰退を加速させた。ひとつは所有権をめぐる争いで、スペインと、ペルー、チリの二国が対峙する第一次グアノ戦争に発展した。この争いは、一八六四年四月、儲かるこの世界貿易の分け前を手に入れようとスペイン軍がチンチャ諸島を占領し、かつての植民地への主権を再主張したことで始まった。占領は二年間続き、その間に輸出量が急落して、国の歳入をグアノの売上に大きく依存していたペルーの経済が深刻な景気後退に見舞われた。

それまでに、ふたつめの――はるかに深刻な――問題が持ちあがっていた。理論的には再生可能だが現実にはかぎりがあるこの資源は、大幅に過剰採掘されていた。一八七〇年代には、チンチャ諸島の堆積量――ヨーロッパに輸出されるグアノの主要源――は事実上枯渇した。鳥たちはどうやっても、これほど急速に採掘された分を補充できるほど糞を出せなかったのだ。ガチョウは（この場合はウだが）もう金の卵を産めない。イギリス人鉱山技師のアレクサンダー・ダッフィールドは、グアノの大量採掘の前後にこの諸島を訪れているが、採掘前は「茶色い禿《は》げ頭が生き物のように海から高くそびえ立ち、天空の光を照り返していた……いまや、この同じ島々は頭を切り落とされた生き物のよう……なんであれ死と墓を思い起こさせるもののようだ」と述べている。[27]

ペルーの短いグアノ好景気――カリフォルニア・ゴールドラッシュの南アメリカ版――は終わりを告げた。ところが、それがもたらしたふたつのものは終わっていない。グアノがきっかけでがらりと変わった北アメリカおよびヨーロッパの農法と、人間の苦しみという恥ずべき遺産だ。

## 中国人労働者の悲惨な境遇

グアノを採掘した中国人労働者は奴隷だったとよく言われるし、事実上、まさにそうだった。ある同時代の人物が述べたように、彼らは「いかなる権利も持たず……過重労働を強いられるただの荷役動物」だった。[28] だが契約上は、彼らはじつは奴隷ではなく年季契約労働者であり、ゆえに辺獄《リンボ》に囚《とら》われていた。旅費とわずかな配給食の費用を返済できるほど稼げることはけっしてなく、そのせいで自由を得る現実的な見こみはなかった。なかには、自発的な署名もしておらず、強制徴募され――意思に反して集められ――て、待機していた船に無理やり乗せられた労働者もいた。

アレクサンダー・ダッフィールドは中国人労働者に対するひどい扱いを目の当たりにした。「猛烈な暑さ、臭いの強烈さ、そこで働かざるをえない人々の悲惨さにおいて、ペルー産グアノの堆積物をシャベルで船に積みこむ作業に匹敵する……地獄はとうてい想像できない」[29]。べつのイギリス人技師、ジョージ・フィッツロイ＝コールは、「この荒涼たる場所での彼らの運命は、このうえなく悲惨だ」と述べている。一八七〇年には、アメリカ合衆国領事のD・J・ウィリアムソンが、大勢の労働者が死をありがたい解放とみなすような、ひどい生活を描写している。彼らが「いっときの自暴自棄」で海に身投げするのを防ぐために、各島を取り囲む崖に見張りが置かれていた、と。こうした悲惨な人生をアメリカの歴史学者ワット・ステュアートが概括しており、彼の一九五一年の著作『ペルーにおける中国人奴隷の境遇』（*Chinese Bondage in Peru*）に、次のような痛ましい記述がある。[30]

ペルーの中国人労働者《クーリー》の実状は嘆かわしい。ペルーに連れてこられて生活が改善した事例はひとつもない。ペルー人の主《あるじ》に仕えるためにそこにいる……人間扱いされることはめったにない――それどころか、富を製造する機械なのだ。その身体的、社会的、精神的な病には、まことにぞっとさせられる。

これら労働者の生存確率を示す統計データを見ると、身の毛がよだつ。この産業が始まって一五年のあいだ、年間の死亡率は三五~四〇パーセントだった。労働契約が名目上終わる五年間ですら、生き延びられる者はわずかだった。

一八五四年に、ペルー政府は奴隷制を廃止したが、グアノ産業の中国人労働者にとっては事実上なんの変化もなかった。彼らはやはり典型的な〝キャッチ＝22〟の状況〔訳注：どうしようもない八方ふさがりの状態。同名の小説より〕に陥ったままだった。アフリカから奴隷としてペルーに連れてこられた人々とちがい、年季契約労働者という位置づけだったせいで、自由を得る資格がなかった。なにしろ、法的に奴隷と定義されたことは一度もないのだから。奴隷制の廃止で、事態はいっそう悪化したとも言える。アフリカ人奴隷がもはや手に入らないので、中国人労働者の需要がいっそう高まったのだ。(31)しかも、二〇〇九年にペルー政府が移民を酷使した過去をようやく謝罪したとき、それはペルーにいるアフリカ人奴隷の子孫だけに向けられていた。中国人グアノ労働者には、いっさい言及がなかった。

## 海鳥が直面する脅威

生きた野生の鳥がこの物語の中心にいることは、ともすれば忘れられがちだ。グアノ貿易は、当のグアナイウの生活の質、個体数、長期的な境遇にいかに影響をおよぼしたのだろう。

労働者によって日常的に生活を乱されるせいで、グアナイウの繁殖環境の長期的悪化に拍車がかかり、食用として卵や鳥が獲られていくつかのコロニーが完全に破壊され、そうでないコロニーも大幅に縮小したことが、判明している。ゆえに、グアノ産業はこの海鳥にとって悪だったと考えるべきだろう。ある推計では、一九世紀末の推定五三〇〇万羽から、二〇一一年のわずか四二〇万羽へと、個体数がゆうに九〇パーセント以上激減している。

もし、ペルー当局がこの鳥を守るための措置を講じていなかったら、状況はいっそう悪かっただろう。グアノ貿易の全盛期が過ぎてかなり経った二〇世紀はじめから、当局はこの諸島を世界で最初の自然保護区に指定し、その後はグアナイウを家畜さながらに管理した。[*8] 措置の例を挙げると、毎年この鳥が営巣を終えるのを待って採掘を始める、見張りを置いて侵入者がこの鳥を殺したり卵を獲ったりするのを防ぐ、グアノの堆積量が回復するよう採掘を中断する、といったものだ。[32] 現在、バードライフ・インターナショナルはグアナイウを〝準絶滅危惧〟に位置づけている。「過去三世代（三三年間）にやや急速な減少をみせている」からだ。[33]

南アメリカの太平洋岸沿いに生息する海鳥すべてが直面する脅威のうちとくに大きいのは、魚――なかでも、グアナイウの餌となるカタクチイワシ――を捕まえる網に誤ってかかることだ。また、ペルー北部では、年間二万羽ものグアナイウが人間の食用として罠にかかるか撃ち殺されるかしている。[34][35] 長期的には、気候非常事態が、グアナイウほか多くの太平洋の海鳥にとって大きな問題となっている。〝エルニーニョ〟現象が最近よく生じる要因はほぼまちがいなく地球の温暖化であり、太平洋東部の海水温が通常よりもはるかに高くなって、海鳥の餌の供給を大幅に乱している。一九八二年から八三年にかけてのエルニーニョは繁殖に破滅的影響をもたらし、一七〇〇万羽ものグアナイウの死を招いた――世界の全個体数の半数近くだ。とはいえ、その後、個体数は一部回復している。[36]

いっぽう、グアノはまだ採掘、輸出されているが、現在の年間生産量の数万トンは、毎年五〇万トン近く生産されていた一九世紀なかばの最盛期にくらべてはるかに少ない[37]。にもかかわらず、世界的には、グアノの経済的価値はまだ年間一〇億ドルもある[38]。

## 農業の劇的な変化

グアノ産業は歴史上のちょっと奇妙なできごとであり、現代世界にはほとんど、あるいはまるきり関係ないものと思われるかもしれない。だが、ティンツフィールドの地所（および、周辺の持続的に耕されている農地）と、ほかのイングランド低地の田園地帯を比較するだけで、グアノによる集約農業の第一次ブームの遺産がわかる。ティンツフィールドおよびその周辺の畑は（持続可能な形でナショナル・トラストが管理しているおかげで）豊かで変化に富み、虫の声や鳥のさえずりが響きわたっているのに対し、ほかの地域の畑はおもに、生長の速いライグラスが植えられている。それらは牧羊や牧牛にそのまま食べさせるか、刈ってサイロに貯蔵し、乳や肉のために集約飼育している家畜に食べさせるものだ。

農業にはいまなお家族経営的なイメージがあり、業界も〝田園地帯の管理人〟たる農場主を熱心に宣伝しているが、現実は大きくちがう。イギリス低地地方や北アメリカ、あるいは先進国のほかのどこであっても、農業は純然たるひとつの産業だ。支配的なモデルは〝高投入《ハイインプット》・高生産《ハイアウトプット》〟型で、大量の化学肥料、除草剤、殺虫剤を用い、小売商や消費者のために可能なかぎり多くの食べ物を可能な

＊8　これはグアナイウの個体数の落ちこみを反転させたが、図らずも、ほかの海鳥数種の減少を招くこととなった。そのなかには、いまや〝危急種〟とされ、野生での残存個体数が二万四〇〇〇羽を切ったフンボルトペンギンも含まれる。グアナイウ最大の捕食者、コンドルも、この海鳥を守る人々によって容赦なく撃ち殺された。コンドルも、現在は残存個体数わずか六七〇〇羽で〝危急種〟とされている。

かぎり低コストで生産する。二〇世紀にリン酸塩ベース、窒素ベースの肥料の生産が急増したことも、その表れだ。前者は四〇倍あまり、後者は二五〇倍超に増えている[39]。

化学物質に依存した工業的農法が生物多様性にいかに悲惨な影響をおよぼすか、いまや火を見るより明らかだ。かつて田園地帯で繁栄していた野生生物が辺境へ追いやられ、鳥、哺乳動物、昆虫、野草の多くの種が〝有害生物〟として駆除されるか、かつてそこに生息していた数のほんの数分の一にまで減った。これはおもに、農業の考えかたや手法ががらりと変化したことが原因で、変化の根源は一世紀以上前にグアノを肥料として使ったことにある。

ふり返ってみれば、グアノ産業のほぼ創生期から、衰退の種はすでに蒔《ま》かれていた。この製品は高価で、輸送がむずかしく、期日までに届くかどうか不確かだった。また、結局はかぎりがあるので供給量が減りはじめたうえに、あらたな供給地で採れたグアノは効果が低く商品にならないことが判明した。だが、グアノブームはわずか三〇年あまりと人間の一世代よりも短かったにもかかわらず、当時〝ハイ・ファーミング〟と呼ばれていたもの――現代世界を大きく損なってきた、いまや支配的な工業型農業の先駆け――の将来性を農家に認識させて、彼らの仕事のやりかたを永遠に変えてしまった[40]。

グアノ産業がもたらした大きな影響は、皮肉にも、それ自身の終焉を早めたことにある――代替になるもの、もっと清潔でもっと便利な物質の探求をうながしたことだ。地球の反対側の不快で信頼性に乏しい製品に北半球の農家が依存する割合を減らし、安くて供給が一定で製造が簡単なもの、つまり合成肥料に置き換える。グレゴリー・クッシュマンが指摘するように、この探求のきっかけとなったのは、一九世紀の後半から二〇世紀初頭にかけて天然肥料が――グアノという形で――大量に発見されたことだ[41]。

科学者たちは何十年ものあいだ、窒素を工業規模で固定してアンモニアを生成する方法を見つけよ

う と奮闘し、いくつかの過程が開発されたが、費用がかかりすぎるし生成量も少ないせいで断念されていた。ところが二〇世紀初頭に、ふたりのドイツ人化学者、フリッツ・ハーバーとカール・ボッシュが決定的な打開策を見出した——今日なお、アンモニア生成のおもな手法となっている、ハーバー・ボッシュ法だ。(42)

ハーバーとボッシュは、それぞれ一九一八年と一九三一年に、その偉業が称えられてノーベル化学賞を受賞した。*9 ふたりの画期的発見は、合成肥料の大量生産の堰《せき》を切った。(43) 北半球の地域の多くで農業手法と田園風景をともに変容させ、予期せぬ結果として、野生生物を辺境へ追いやった。この変化は一九〇〇年代初頭に始まったが、二〇世紀最大の争いである第二次世界大戦中に、食料を増やす必要に迫られて劇的に加速した。

## ほんとうの遺産

イギリスは手遅れになるまで第二次世界大戦の始まりを予見していなかったと言うと、さすがに言いすぎになるだろう。しかし、受けいれがたい事実ではあるが、独りよがりと地政学への時代遅れの信頼が相まって、開戦前にアドルフ・ヒトラーとナチスドイツの脅威をおそろしく過小評価していた。結果として、この国は宣戦布告がもたらす状況に嘆かわしいほど準備ができていなかった。軍備面だけでなく、はるかに基本的な要素、すなわち食料面においてもそうだ。要するに、四一〇〇万のイギ

*9　ハーバーの受賞は大きな議論を呼んだ。彼が開発した過程は、委員会のことばを借りるなら「人類に最大の恩恵」を与えたかもしれないが、同時に、第一次世界大戦中にドイツ軍が使用して甚大な被害をもたらした化学兵器の製造にも使われた。授賞式で、著名な物理学者であるアーネスト・ラザフォード（彼自身もその一〇年前にノーベル化学賞を受賞している）はハーバーと握手するのを拒んだ。

リス人老若男女が深刻な飢餓の脅威にさらされた。

一九三九年九月の戦争勃発後、政府は戦争農業実行委員会（もともとは第一次世界大戦中に設立されたが、その後、廃止されていた）をイングランドとウェールズの各州に復活させた。危急の任務は、食料生産を増大させること。当時の委員会の報告書からうかがえるとおり、彼らはそれを実行するために幅広い権限を付与されていた。[44] さしあたっての目標は、翌年の収穫期までに耕作中の畑地を少なくとも六〇万ヘクタール増やすことで、途方もなくむずかしい課題だった。すでに過労気味だった農家は、事実上、協力するほか選択肢がなかった。拒んだら土地が徴発されてしまうのだ。

農家の愛国心への訴えと罰則の脅しが、うまくいった。一九四〇年の春、こうした対策が導入されて一年たらずのちに、生産力のある土地の総面積がなんと七〇万ヘクタール近く増えた――リンカンシャーまたはデヴォンとほぼ同じくらいの広さだ。パテ・ニュース社の『荒れ地からの食料』（*Food from Waste Land*）と題された当時のニュース映画は、この政策のまぎれもない成功を記録に収め、勝利を表明した。「ほんの少し前、ここはノーフォーク南西部フェルトウェル・フェンの六〇〇〇エーカー（約二四三〇ヘクタール）の荒れ地で、アシと雑草のほかは何も育たなかった……ところが、まさにこの荒れ地を農業版の金鉱に変える戦いが行なわれた。農務省が大勢の男たちをこの遊休地の開墾作業に就かせたのだ[45]」

今日の目で見れば、これは典型的な――そして、意図せぬ滑稽さのある――戦時プロパガンダだ。とはいえ、ドイツの海上封鎖に直面してなんとしても食料生産を増やさねばならず、明らかに必要なことだった。不運にも、自然ライターのマーク・コッカーが指摘するとおり、耕して消滅させたいわゆる〝荒れ地〟[46]には、原生森林、雑木林、ヒースの荒野、牧草地など、自然豊かな動物の生息地が多く含まれていた。これだけなら破滅的な結果にならなかっただろうが、戦争が終結し、結果として一九五〇年代はじめに食料配給が中止されたあとも、戦時中に食料生産を大幅に増やした思考様式が戦後のイギリスに残りつづけた。さらに、政府の（のちに欧州連合の）補助金が導入されたこともあり、農業に必要な化学物質を製造する企業の勢力と影響力が高まった。[47]

ノッティンガム大学のロブ・ランバート博士が説明するとおり、当時、この手法は田園地帯にとってもイギリス全体にとっても、輝かしきあらたな未来への入り口だとみなされた。一九五〇年代後半から六〇年代にかけて、時代遅れで非効率的に思える戦前の農業手法を一掃し、最先端の新手法に置き換えることが目標とされた。[48] そうした手法のひとつが、殺虫剤の広範な利用と、今日〝化学農法〟と呼ばれているものの誕生だ。

だが、化学物質への完全な依存がもたらす結果は、だれも予測していなかった。雑草、昆虫、その他〝有害なもの〟を駆除することで、イギリスの田園地帯のさほど有害ではない植物相や動物相の減少がいっそう早まった。ヒバリやヨーロッパヤマウズラ、カブトムシやチョウ、ヤグルマギクやキバナノクリンザクラ、ほか多くのかつてはありふれた種が、急速に数を減らした。

同じことが先進国各地で起こった。化学農法がさらに熱心に取り入れられ、DDT（ジクロロジフェニルトリクロロエタン）が奇跡の殺虫剤として歓迎されていた北アメリカでは、とくにそうだ。結果、コメクイドリなどの一般的な鳴禽や、ハヤブサなど食物連鎖の上層にいる猛禽が個体数を激減させた。ほかならぬアメリカ合衆国の国鳥とみなされているハクトウワシも、もう少しで種の世界的な絶滅にいたるところだった（第8章参照）。

一九六二年、アメリカの環境保護論者のレイチェル・カーソンが『沈黙の春』を出版した。[49] 農業における化学革命が環境にどんな影響をもたらしたかを暴露する最初の本だ。それでも、農地の鳥を破滅的に減少させた数多くの化学物質の代表格、DDTの使用は、アメリカでは一〇年のちの一九七二年まで禁止されず、[50] イギリスでは一九八〇年代なかばにようやく中止された。[51] ラテンアメリカではいまなお、かの地で越冬したのちアメリカやカナダへ北上して繁殖する鳴禽一五〇種あまり、総数にして数千万羽が、有毒な殺虫剤の広範な使用によって殺されている。皮肉にも、これらの殺虫剤はおもに、儲かる北米市場の消費者向けに、季節はずれの果実や野菜を栽培する目的で使われている。(52)

だが、最大の警告は、太平洋両岸で昆虫の数が激減したことで、サセックス大学のデイヴ・グールソン教授はいみじくもこれを〝生態系のハルマゲドン〟と表現している。(53)昆虫の減少は、新しいタイプの殺虫剤、ネオニコチノイドの開発と広範な使用によるところが大きい。この殺虫剤には、望ましくない〝害虫〟を殺すだけでなく、もっと好ましい――そして有益な――虫や鳥にも致死性があるようなのだ。第二の〝沈黙の春〟がすでに始まっていると言えるし、事実、そう主張されている。(54)

これが裏づけられたのは、二〇一九年、ふたりの生態学者、フランシスコ・サンチェス＝バーヨとクリス・A・G・ウィクホイスが、ヨーロッパ、北アメリカ、その他地域の昆虫の減少に関する七〇超の論文を精査したメタスタディを出版したときだ。(55)ふたりの結論は動かしがたい。昆虫が、哺乳動物や鳥など脊椎動物の種の八倍の速さで減っており、全種の四〇パーセント超が絶滅の危機にさらされている。「われわれは、ペルム紀［二億五〇〇〇万年前の地質時代］末期以降の地球史上最大の絶滅を目撃している」と、著者らは結んでいる。(56)

虫たちは世界経済の成功――とくに、皮肉にも農業の成功――にとって不可欠だという証拠が、どんどん積みあがっている。二〇〇六年に、ふたりの昆虫学者、コーネル大学のジョン・ロージーとザーシーズ無脊椎動物保護協会のメイス・ヴォーンが、受粉媒介昆虫と捕食昆虫のアメリカ経済にもたらす価値を算出した。なんと、年間五七〇億ドル――アメリカの全農場の年間経済貢献の半分近い額だ。(57)

このように現状を変えようとする動きが増えているにもかかわらず、先進世界全域（と発展途上世界の多く）はいまなお、ハイインプット・ハイアウトプット農法にもっぱら頼っている。これは、一九世紀なかば、グアノが肥料として最初に広範に用いられたときに始まった農法だ。ユストゥス・フォン・リービッヒが早くも一八五九年に予見したとおり、あまりにも多くの人々がいまも、土壌は無限かつ無尽蔵の資源だと思いこみ、肥料が急場しのぎの〝絆創膏《ばんそうこう》〟であって長期的な土壌劣化には対処できないことに気づかずにいる(58)。

究極の皮肉は、肥料としての効果が絶大だったせいで、工業的な農業手法全般の本質的な問題をグアノが覆い隠してしまったことだ。土壌の寿命を人為的に引き延ばした結果、農家は持続可能で野生生物にやさしい長期的な食料生産の手法を生み出せずにいる。そして、大半の人間はその重要性に気づかずにいるが、グアノは世界を変えてしまった。グレゴリー・T・クッシュマンが次のように苦々しく指摘している。「黒死病《ペスト》、アフリカの奴隷貿易、第二次世界大戦が人類の発展の方向性を根本から変えたことは、力説されずともだれでもわかる。しかし、グアノが同等の重要な意味を持つことをわからせるのは、容易ではない(59)」

だが、たしかにグアノは重要な意味を持つ。そして、これこそが――ティンツフィールドの壮大な建物や地所ではなく――ウィリアム・ギブズのほんとうの遺産なのだ。

# 第7章 ユキコサギ

*Egretta thula*

茂みのなかの鳥一羽は、手のなかの鳥二羽の価値がある。
——全米オーデュボン協会の機関誌『バードロア』のスローガン、一八九九年

一九〇五年七月八日、アメリカ合衆国本土最南端であるフロリダのエヴァグレイズは、いつもと同じ蒸し暑い夏の日だった。けれども、本人はそうと知らなかったが、ガイ・ブラッドレイにとって地上で最後の日となった。

友人たちはブラッドレイを評して「愛想がよく、物静かで、公平で、碧眼《へきがん》……きちんとした身だしなみで、信頼できて、勇気があり、エネルギッシュで、実直」と述べている。(1)とはいえ、彼は以前からずっと鳥の味方だったわけではない。若いころは、悪名高きフランス人羽毛ハンターのジャン・シュヴァリエとともにフロリダ南部じゅうを狩りの旅で回り、一行はその間に三六種一四〇〇羽を撃ち殺した。

だが二〇世紀に入るころに、ブラッドレイは心を入れ替えて、鳥を殺すよりも保護することにした。典型的な〝密猟者転じて猟場管理人〟の彼は、やがてアメリカ最初の公式な野生生物の守り人《ウォーデン》となった。(2)

その朝、水辺の自宅近くで銃声を耳にすると、彼はただちに調査に向かい、じきに三人の男と遭遇した。南北戦争の退役軍人であるウォルター・スミスと、その成人した息子ふたりだ。ブラッドレイが予期したとおり、まさに現行犯で、三人は戦利品をボートに積んでいるところだった。身の毛のよだつ積み荷は、何十羽もの水鳥の死体。その羽根がファッション業界へ送られて大金を生み出すのだ。

目撃者がいないせいで、次に何が起きたのか正確なことはわからない。おそらくブラッドレイは三人に対峙し、違法行為で逮捕すると告げたはずだ。そして足を前に踏み出したそのとき、ウォルター・スミスが猟銃を構えて至近距離からブラッドレイの胸を撃った。

その日、ブラッドレイは帰宅せず、妻が当局に通報して捜索団が派遣された。翌日、彼の兄のルイスが遺体を発見した。小川に落ちたか投げこまれたかして、射殺現場からけっこう流されていた。ガイ・モレル・ブラッドレイ――野生動物のウォーデンにして、夫であり愛情深い父親でもある――は銃創からの出血多量で死亡した。わずか三五歳だった[3]。

多くの〝現実の犯罪〟はそうだが、その日ほんとうに何が起きたのか解明するのは複雑で厄介な問題だ。だが、ひとつだけ、わかっていることがある。ガイ・ブラッドレイとウォルター・スミスは長らく敵対関係にあった。ブラッドレイは以前スミスとその長男を数回逮捕しており[4]、その後スミスは、身の毛がよだつ――結果的に予言めいた――脅しのことばを発していた。「もし、またうちの息子を逮捕しやがったら、お前を殺してやる」と[5]。

いま逃亡したら、この怒りまかせのことばが自分に不利に働くと気がついて、ウォルター・スミスはキーウエストまで船を出して自首した。ところが、これは最初にそう思われたような、自責の念からの行為ではなかった。裁判でスミスは正当防衛を主張し、ブラッドレイが最初に発砲した、だがその弾は逸《そ》れた、と陪審に語った。唯一の目撃者は当のスミスの息子たちだったせいで、検察側はこの明らかな偽証に反証できなかった。スミスは殺人の罪で起訴されていたが無罪となり、自由の身で法廷を立ち去った。

とはいえ、この勝利には多大なる犠牲を払うこととなった。スミスの家は報復としてブラッドレイの義理のきょうだいたちに燃やされ、かたやブラッドレイと死別したフロニーとふたりの幼子は、数年前に設立されていた自然保護団体のフロリダ・オーデュボン協会が集めた義捐金《ぎえんきん》のおかげでキーウエストに新しい家を与えられた[6]。ブラッドレイの殺害ははるかに広範な大衆の抗議に火をつけ、地元のフロリダ州のみならず全米の新聞にこの犯罪への怒りを表明する見出しが躍った[7]。

殺害から一カ月後、オーデュボン協会の機関誌『バードロア』一九〇五年八月号に掲載されたガイ・ブラッドレイの死亡記事は、次のように述べている。

忠実でひたむきなひとりのウォーデンが……一瞬で絶命させられた。なぜ？　心ない女性たちの帽子を羽根で飾るために、鳥をもう数羽手に入れたいからだ。これまでは、鳥の命がその対価だったが、いまや人間の血も加わった。偉大なる運動には殉職者がつきものであり、ガイ・ブラッドレイは鳥類保護における最初の殉職者なのだ。(8)

今日なお続いている世界の鳥類を守るための長期にわたる血なまぐさい戦いにおいて、ガイ・ブラッドレイは最初の殉職者かもしれないが、当然ながら最後ではない。一九〇八年一一月、ブラッドレイの殺害からわずか三年後に、フォート・マイヤーズの北にあるデソト郡の猟区管理人で保安官代理のコロンブス・G・マクラウドが行方不明になったと報告された。一カ月後、彼の舟と遺体が見つかった。頭部に斧《おの》の一撃を食らって非業の死を遂げていたのだ。同じ年に、サウスカロライナ・オーデュボン協会で働くプレスリー・リーヴスが、ブラッドレイと同じく撃ち殺された。これら殺害の犯人たちはついぞ法の裁きを受けていない。(9)

だが、恐ろしい犯罪への報いがなかったにもかかわらず――いや、なかったからこそ――やがて世間の風向きが羽毛ハンターには不利に、保護論者には有利に変わった。鳥を殺すことに背を向け、保護するほうへ向かったのだ。その後の二〇年間に、冷酷で破壊的な産業、最盛期には数千万ドル規模だった産業が、無分別な残酷行為の犠牲となった人間および鳥類と同じく、尊厳なき死をようやく遂げることとなる。

これら冷酷な殺人と、それをきっかけにオーデュボン協会など野生生物の保護組織が台頭した背景を理解するには、ほっそりした優美なサギの物語を語らなくてはならない。そのサギは、二〇世紀の変わり目に、残酷で破壊的だがじつに収益性の高い産業――羽根飾り《プルーム》貿易――の中心に据えられた。

## プルーム狩り

ユキコサギ――旧世界のコサギの新世界版――は、サギ科の小さな種で、北はノバスコシアから南はパタゴニアまで南北アメリカの広範な地域に生息する。[10] その名前が示すように、まばゆいほど白い羽と、驚くほど優美で上品な外観を持つ。

この美しい生き物は当然ながら、一九世紀の鳥類画家の第一人者、ジョン・ジェームズ・オーデュボンの目を引き、一八二七年から三八年にかけて発表された大作『アメリカの鳥類』にもユキコサギが描かれている。[11] 同時代の画家はみんなそうだが、双眼鏡などの視覚補助具がないので、オーデュボンはユキコサギの剥製標本をモデルにした。

当時、芸術や科学のために鳥を殺しても、倫理的矛盾や保全上の懸念はまったく生じないとされていた。なにしろ、ユキコサギなどの種は個体数が多すぎて、絶滅の危機にさらされることは、およそ想像できなかったのだ。ほかならぬオーデュボンも、ユキコサギの数千のつがいが営巣するコロニーを訪れて、彼らはじつに数が多く、飛びたった群れが一瞬太陽の光を遮るほどだ、と書いている。

オーデュボンの絵には、生殖羽《せいしょくう》が生えそろったほぼ等身大の美しい生き物が描かれている。雪のように白い体、黒くて鋭いくちばし、両眼のあいだの黄色いパッチ。水生植物に囲まれて立ち、魚かカエルにまさに飛びかかろうとしている。[12] だが、この実物そっくりな肖像の最も目を引く特徴は、頭頂、胸部、翼から伸びている軽やかな長い羽毛で、これらは雄と雌双方のユキコサギが求愛のディスプレイ中に性的なアピールをするために用いるものだ。オーデュボンは明らかにこれに魅了されたらしい。「彼らはときおりガラガラしたしわがれ声のため息をつき、美しい鳥冠とゆるやかに反りかえった羽

を同時に持ちあげ、首を曲げて、気取って歩き出そうとするかのように、両脚をぴんと伸ばして立つ」と彼は書いている。(13)

皮肉にも、ユキコサギにとってこの羽は繁殖の成功に必要不可欠だが、もう少しで彼らの破滅を招くところだった。この独特な羽――〝エグレット〟と呼ばれる――は、大西洋両岸のファッション業界でたいそう需要が大きく、裕福で美しい上流階級の女性の帽子を飾るために婦人用帽子店が利用していた。

これら女性の虚栄心が、金持ちの商人に巨万の富をもたらした。彼らはウォルター・スミスのような貧しい男たちにわずかな金で羽根を集めさせ、暴利をのせて業界に売った。プルーム貿易の最盛期だった一九〇〇年代はじめには、ユキコサギの羽根は一オンス(約二八グラム)三二ドルの高値で売れた。今日の価値にしておよそ八六〇ドル(14)、当時は純金よりも高かった。(15)見たところ飽くなきプルームへの渇望が、ユキコサギを絶滅寸前に追いこむこととなった。

騒々しくて目立ちやすい大コロニーで繁殖する習性も、ユキコサギに災いした。〝ルッカリー〟と呼ばれるこのコロニーのせいで、たやすく大量に殺されて収集されたのだ。密猟者が用いる手法は単純だが効果的だった。船でルッカリーに近づき、ひとたび繁殖地のなかに入ると、目についたユキコサギの成鳥を片端から撃つだけだ。それらを船に持ちかえって、まだ温かい死体から皮を剝ぐか羽根を引き抜き、残骸を船外へ放り投げて水中で腐るがままにする。巣に残された卵はヒメコンドルやカラスなどの捕食者にたちまち獲られ、巣立つ前の雛は餓死するか、焼けつくような夏の日差しを浴びて命を落とす。

プルーム狩り後のコロニーを訪れた環境保全家のギルバート・ピアソンは、目にした光景に慄然とし、「プルームのついた皮を背中から剝ぎ取られた」ユキコサギの成鳥の死体や、「孤児となった幼鳥が……死んだ親がけっして持ちかえることのない餌を求めて哀れな鳴き声をあげる」痛ましい姿を目にした恐怖を綴った[16]。密猟者ですら、自分たちの行為がもたらした結果に平然としていられなかった。おれは鳥ひとりが次のように認めている。「幼鳥の何百もの頭や首が巣の外へだらんと垂れていた。おれは鳥狩りとは永遠に手を切ったよ！」[17]

野生生物のウォーデンに志願した一九〇二年、ガイ・ブラッドレイはフロリダ・オーデュボン協会会長のウィリアム・ダッチャーに手紙を書き、過去の過ちを告白して、ハンター時代を悔い改めた。「わたしは以前、〝プルームの鳥〟を殺していましたが、狩猟法が成立してからは一羽も殺していません。不法行為をやめないのは残酷でひどいことだからです。わたしは名誉をかけてこの陳述をいたします[18]」

かつてのハンターのうち何人かは、ブラッドレイのように自分の過ちを認めたが、鳥を狩りつづけることを選んだ者たちにとって、その報酬は抗いがたいものだった。一八九六年、ハンターの第一人者であるデイヴィッド・〝エグレット〟（サギ）・ベネットは『ニューヨーク・サン』紙の生々しいインタビューで持論をぶちまけ、北アメリカのユキコサギを絶滅寸前にまで追いやったこと、かたや自分はひと財産手に入れたことをあけすけに認めた[19]。

いっぽうで、狩りをやめさせたいと願う人々の訴えは、一部の鳥類学者や蒐集家たちの非協力的な態度に阻まれた。鳥を殺すのはべつに悪いことではないと彼らは主張したが、おそらく秘めた動機もあったはずだ。なにしろ、プルームの取引が禁止されたら、標本を博物館の収蔵品に加えるために鳥を撃ち落とすことができなくなるのだから。チャールズ・コーリーがアメリカ鳥学会の次期会長として鳥類保護法の必要性を問われたとき、「鳥は保護しない。殺すのだ」と答えたのは有名な話だ[20]。

それよりもかなり前、一八八〇年代なかばのアメリカ鳥学会の推定によれば、毎年五〇〇万羽の水鳥が殺されていた。このペースで殺されたら、ユキコサギのような数の多い種でも、数十年で絶滅してしまう。すでに、フロリダ最大級の都市タンパとマイアミいずれの近郊でもコロニーが消滅し、エヴァグレイズの人里離れた場所ですら、深刻な消滅の危機に陥っていた。一九〇〇年代初頭には、フロリダのユキコサギのコロニーはほぼ消えて、代わりに南アメリカと中央アメリカからプルームを輸入せざるをえない状況だった。

ユキコサギとその近縁種が最終的には絶滅の淵から救われた経緯を語る前に、なぜ、そもそも羽根がこれほど需要の多い貴重な資源となったのかを探究しよう。話は、プルーム貿易の最盛期より一世紀前、ヨーロッパ史上とくに悪名高い人物にまでさかのぼる。マリー・アントワネットだ。

## マリー・アントワネットとダチョウの羽根

一七九三年一〇月一六日、夜明けのかなり前から、王妃の処刑を見ようと大衆がパリの革命広場に集まりはじめていた。その王妃とは、マリア・アントーニア・ヨーゼファ・ヨハンナ、通称マリー・アントワネット、フランス最後の国王ルイ一六世の妻。ルイ一六世は九カ月前にギロチンで処刑されていて、いま、冷え冷えとしたこの秋の朝に、彼女の番が来たのだ。

マリー・アントワネットは、当時もいまも、派手な消費と無駄な散財の代名詞になっている。フランスの民が貧しすぎてパンも買えないと聞かされて「だったら、ケーキを食べればいいじゃない」と答えたという話は、おそらく作り話で、敵対する革命家たちが彼女の名誉を傷つけるために広めたものだろう。(21) とはいえ、ひとつだけ、たしかな事実がある。目をみはるほど贅沢《ぜいたく》な装いをしていたことだ。

宮廷画家のエリザベート゠ルイーズ・ヴィジェ゠ルブランが描いた三〇枚超の肖像画の一枚で、マリー・アントワネットは髪の毛を頭上高く巻き、ダチョウの羽根で飾られた帽子をかぶっている。(22) 数年後にルブランが描いた自画像も、やはりすばらしい羽根を誇らしげに帽子につけていた。(23) 断頭台へ送られたとき、マリー・アントワネットの髪は無残に切られ、簡素な縁なし帽で頭部が覆われていた

――優雅な暮らしからの劇的な転落を視覚的に象徴する光景だ。

一七八九年の革命前、帽子に羽根を飾る王妃の嗜好《しこう》が、フランスや周辺国の上流階級でご婦人たちの人気の装いとなった。羽根そのものは、サギではなくダチョウ、クジャク、キジ、コウノトリといった大型で見栄えのする鳥のものが主流だったが、これがきっかけで羽根が世界的に取引されるようになった。

ファッションの世界ではよくあることだが、金持ちの気まぐれとして始まったものがしだいに中流階級――北アメリカやヨーロッパのブルジョア――に広がって、ロンドン、パリ、ニューヨークの百貨店で最新のデザインが飛ぶように売れていた。羽根をあしらった新作の需要が最高潮に達するころには、パリだけで四二五ものプリュマシエ（羽根細工商）がいて、大西洋対岸のニューヨークでは、八万三〇〇〇人が婦人帽子産業で働いていたが、その大半は搾取工場で低賃金の長時間労働を強いられていた。[24]

需要と生み出される利益が増大した結果、皮や羽根に求められる品質が大幅にあがった。一八八五年の最初の三カ月間に、ロンドン市内の各競売場だけでユキコサギとコサギの皮七五万枚が売られた。二〇世紀はじめの一〇年間では、重さ一四〇〇万ポンド超（六〇〇万キロ以上）、金額にして二〇〇〇万ポンド（今日の価値で二〇億ポンドをゆうに超す）の羽根がイギリスに持ちこまれた。[25]

色彩豊かで異国情緒のある外国の種だけが、標的にされたわけではない。需要が増えたせいで必然的に、在来の鳥が大規模に罠で捕らえられて殺されだした。プルーム貿易に関するある論文には、鳥を殺すさまざまな手法が列挙されている。いわく「婦人帽子店に材料を提供する不完全就業の貧農数千人によって、罠にかけられ……鳥もちで捕らえられ、撃ち殺され、棍棒《こんぼう》で殴られ、毒殺され」ていた。[26]

大勢の「ビールをがぶ飲みするプルーム・ハンターたち」を乗せた特別列車が、ロンドンからヨークシャー沿岸やワイト島の海鳥コロニーへと向かった。彼らはヨークシャーの崖で数千羽のミツユビカモメを撃ったり罠にかけたりした。ちょっと愛嬌のある優美なカモメで、先端が黒いその鳩羽《はとば》色《いろ》の翼は需要が高かった。〝残酷〟という概念は、ハンターたちの頭をよぎりさえしなかった。ぞっとしつつ目撃したある人物によると、鳥たちはハンターに「翼を切り落とされて海へ放り投げられ、脚と頭をばたつかせていたが、やがて訪れた死に苦痛を取りのぞかれた」[27]。

業界に容赦なく標的にされたもう一種の鳥は、カンムリカイツブリだ。この気品にあふれる水鳥は、今日、イギリス低地地方の川、湖、砂利採取場でよく見かける。同じ科のほかの鳥もそうだが、ほぼ完全な水上生活を送って、泳ぎ、潜り、水に浮く巣を作りさえする。

カンムリカイツブリは水の世界に適応し、体温を保つために胸部と腹部に羽をいちじるしく密集させるよう進化した。だが、ユキコサギの美しいプルームと同じく、この適応があわやカンムリカイツブリの滅亡を招くところだった。密集した羽は動物の毛皮のように柔らかく、ハンドマフの材料にされた。また、目を引く黒と栗色《くりいろ》の冠羽《かんう》は、ファッション業界に〝ティペット〟と呼ばれ、女性の帽子飾りとして需要が高かった。

結果として、一八六〇年には、イギリスのカンムリカイツブリの繁殖個体が三二ないし七二対にまで激減して、イギリスで繁殖する絶滅間近の鳥と化した[28]。最終的には、ぎりぎりのタイミングであらたな鳥類保護法が施行され、この種は救われることとなった。

ロンドンが中心地だったが、プルーム貿易はまさに世界的な産業だった。アメリカの動物学者にして元剝製師のウィリアム・T・ホーナデイは、一九一三年の著書『消えゆく野生生物』（*Our Vanishing Wild Life*）で、ファッション産業における飽くなき羽根の需要がもたらした世界的な影響について、赤裸々に概説している。

ニューギニアの人跡未踏のジャングルから地球を両方向へぐるりと回って、冠雪したアンデスの頂にいたるまで、保護下にない鳥はどれも安全ではない。ブラジルのハチドリ、世界各地のサギ、稀少なフウチョウ、オオハシ、ワシ、コンドル、エミュー、すべてが婦人用帽子業界の利益を増大させるために根絶やしにされかかっている(29)。

博物学者のマルコム・スミスは、プルームの需要が中東固有のダチョウの種を絶滅させたと述べている。

マリー・アントワネットの凋落《ちょうらく》と処刑ののちも殺戮《さつりく》は続けられ、一八〇七年の一年間だけで五〇〇キロ以上のダチョウの羽根がフランスへ輸入された。ファッション業界がダチョウの羽根をひっきりなしに求めたせいで、もし、一八六〇年代から南アフリカにダチョウ農場が次々に作られなかったら、世界最大のこの鳥種は絶滅していただろう、とスミスは主張している(30)。彼はまた、一八七〇年から一九二〇年までの半世紀に、一万八〇〇〇トン以上の鳥の皮や羽根がイギリスに輸入されたと試算している――じつに一〇〇億羽分に相当する量だ(31)。大局的に見ると、地球上の鳥の数は現在およそ五〇〇億羽と推定されるので、プルーム貿易は明らかに世界の総個体数をいちじるしく――そして、一部の種にとっては持続できないほど――減らしていたわけだ(32)。

しかも、標的になったのは、異国情緒のある大柄の鳥だけではなかった。

## あるハンターの改心

今日、フランク・チャップマンは北アメリカの鳥類観察史上きっての著名な人物だ。『バードロア』(現在の『オーデュボン』)誌の創刊者であり、また、毎年恒例のクリスマス・バード・カウント(CBC)――世界一長く続いている市民科学サーベイ――でよく知られている。今日、このクリスマス・バード・カウントはアメリカ全土のイベントとなり、数万人のボランティア野鳥観察者が、アメリカの五〇州すべてと、中央および南アメリカの一部で、目にするすべての種をただ数えるだけでなく、各種ごとの個体数も記録している。だが、始まった当初ははるかに規模が小さかった。

一九〇〇年のクリスマスの日、フランク・チャップマンと二六人の観察者仲間が、アメリカ合衆国とカナダの二五の地点で、まさに第一回のクリスマス・バード・カウントに参加した。結果が照合され、最終的に九〇の異なる種、総数一万八五〇〇羽が計測された。以降、総計も範囲も増えていき、二〇一八年——第一一九回——には、記録的な七万九四二五人の参加者が、二六〇〇あまりの種の、四九〇〇万羽近い鳥を数えた(33)。

クリスマス・バード・カウントがこれほど大きくなったのを知ったら、フランク・チャップマンは仰天しただろう——そして、まちがいなく大喜びしたはずだ。だが、たぶん、もたらされる科学データよりも重要なのは、このイベントが、鳥類の保全活動が二〇世紀初頭からたどってきた道筋を象徴してもいることだ。なにしろ、彼がこのイベントの着想を得たのは、鳥を数えるのではなく撃ち殺す祝祭シーズンの伝統行事〝サイド・ハント〟からだし、彼本人も——ガイ・ブラッドレイと同じく——改心したハンターで、過ちに気づく前に、北アメリカ唯一のオウムの固有種、カロライナインコを一五羽も撃ち殺していたという。このインコは、わずか数十年後に全世界で絶滅した(34)。ともあれ、まだ鳥を撃ち殺して集めていたころから、チャップマンはしだいにプルーム貿易が鳥の個体数におよぼす危険を認識しはじめた。

一八八六年のある夏の日、チャップマンはマンハッタンの〝レディース・マイル〟と呼ばれる地区をぶらついていた——ニューヨーク一、いや、おそらく世界一ファッショナブルなショッピング街だ。すれちがう女性の多くが、鳥の皮や羽根で飾りたてた帽子をかぶっていることに気づいて、彼は目にする鳥種すべてを数えようと心に決めた。このときとその後の散歩で見かけた七〇〇個の帽子のうち、およそ四分の三が羽根をつけていた――鳥種は、確認できただけで四〇以上だった。[35] 歴史学者のダグラス・ブリンクリーによると、鳥関連の飾りがついた帽子の需要は年々増えつづけ、それに応えるために毎年数百万羽が殺されて、帽子はどんどん異様になった。「なかには、ボンネットに剝製のフクロウを載せたり、ハチドリを丸ごと植物で宝飾品風に包んでブローチにしたりする女性もいた」[36]

チャップマンがいっそう衝撃を受けたのは、使われる鳥の多種多様さだ。予想していた水鳥や猟鳥だけでなく、フクロウやキツツキ、ムクドリモドキやタイランチョウ、アオカケスやルリツグミ、ツバメやスズメ、フウキンチョウやアジサシ、レンジャクやムシクイも見かけた――いずれも、着用者の虚栄心を満たす装飾になるべく撃ち殺され、羽根をむしられ、剝製にされていた。「身につけた羽根が庭や果樹園や森の鳥のものだと認識していた女性は、たとえいるとしても、ごく少数だっただろう」と、彼はのちに述べている。[37]

激しい怒りが、フランク・チャップマンを密猟者から猟場管理人に変え、アメリカの鳥類保護運動を促進させて、その運動が最終的にプルーム貿易を終わらせた。だが、いっそう予想外の展開だったのは、この産業の終焉の地固めをしたのが、男性ではなく女性だったことだ。鳥の無意味な絶滅に抗う組織ふたつを女性が設立し、それらの組織は今日の世界的な鳥類保護・保全運動の中心でありつづけている――アメリカ合衆国のオーデュボン協会と、イギリスの王立鳥類保護協会だ。

## 女性グループによる戦い

イギリスでは、鳥類の保護は早くもプルーム貿易の草創期、一八六九年の海鳥保護法の成立によって始まっていた。イギリスだけでなく世界で最も早く成立した鳥の保護法だ。

この法律が生まれたのは、ヨークシャーのイーストライディングに住む農家や漁師の抗議からで、彼らは近くのフランバラ岬やベンプトン・クリフスで海鳥が急速に減っていることに気づいていた。

『マンチェスター・ガーディアン』紙の当時の記事を見ると、わずか四カ月で一〇万羽以上の海鳥が殺されたことがわかる――巣で育雛中に成鳥が撃たれ、そのあと雛が餓死していた。鳥を救いたいという漁師の動機は必ずしも利他的ではなかった。地元選出の下院議員、クリストファー・サイクスによれば、海鳥は魚群の上に集まって漁師にその場所を教えてくれるばかりか、崖から絶えず騒々しい鳴き声をたてて、霧深い日に漁船を岸まで安全に導いてくれるのだという(38)。

一八六九年の先駆的な法律が制定されてから数十年のあいだに、ほかの重要な法律がいくつか成立した(39)。だが、これらの法律はたしかにイギリスの鳥の殺害を減らしたが、海外から皮や羽根が輸入しつづけられるのを阻むことはできなかった。輸入を止めるには、さらなる措置が必要だった。そこで、“ナッジ理論”の先駆けとも言うべき手法が採られ、最新ファッションを誇示したいがゆえに鳥の世界的な大量殺戮を引き起こしている女性たちに、社会的圧力が加えられた。

この活動は、ヴィクトリア朝時代の上流階級にふさわしく、イギリスの三大伝統すなわち、お茶を飲むこと、教会へ行くこと、手紙を書くことから始まった。一八八九年に、女性グループふたつがそれぞれサリーとマンチェスターの上流階級の邸《やしき》の客間に集まって、プルーム貿易の問題をいかに解決するべきか話しあうようになった。サリー州クロイドンの活動は、〈ファー・フィン・アンド・フェザー・フォーク〉と呼ばれ、マンチェスター郊外のディズベリーのものは、職人組織のような名称がつけられた。鳥類保護協会（Society for the Protection of Birds）、略称ＳＰＢだ。

〈ファー・フィン・アンド・フェザー・フォーク〉設立者のひとりは、マーガレッタ・ルイーザ・スミス。三年後にフランク・レモンと結婚して、風変わりだがすばらしい別称エタ・レモンで呼ばれるようになった(40)。エタは一八六〇年に元陸軍大尉にして福音伝道者の娘として生まれ、幼いころから動物に対するあらゆる虐待を嫌悪していた。一八八〇年代後半に、年上の経験豊かな動物愛護運動家で、すでに動物虐待防止協会（のちの英国動物虐待防止協会）で意欲的に活動していたエリザ・フィリップスと手を組んだ。〈ファー・フィン・アンド・フェザー・フォーク〉の初期の会合は、フィリップスの自宅で開催された。

二〇〇マイル（約三二〇キロ）北西のマンチェスターでは、並はずれたもうひとりの女性、エミリー・ウィリアムソンが、やはり積極的な反プルーム貿易運動を計画し、とくにカンムリカイツブリの差し迫った危機に注力していた。ウィリアムソンはみずからの哲学を要約して、「女性は自分で何かを始めることにたいてい尻込みするが、道を示されれば進んで手を貸す」と述べている。エタ・レモンの妥協を許さない姿勢とは対照的だ。「女性の解放運動はいまだ、〝ファッション〟なるものの奴隷から女性を解放していない」と、レモンは攻撃的に述べている。「高等教育もやはり、この単純な道徳と美意識の問題を女性に理解させられずにいる」[41]

これらふたつのグループは同様の戦略を用いた。日曜日に地元の教会の礼拝に出席して、友人、知人のうちだれが帽子に羽根をつけているか観察したのち、礼儀正しいが決然たる手紙をしたためて、なぜそれが残酷であるか、これら女性たちの虚栄心を満たすために鳥がいかに苦しんで死んでいるかを説明するのだ。

着用者にいやな思いをさせたからか、あるいは意図せぬ残酷な行為を自覚させたからか、いやその両方かもしれないが、このメッセージはじきに効果を発揮しはじめた。大義へと宗旨替えした女性たちは、プルーム貿易と戦って最終的にはそれを終わらせるべく、彼女たちの輪に加わるよう説き伏せられた。

その後、一八九一年に、ふたつのグループはひとつの旗のもとで戦うほうが得策だと考えた――鳥類保護協会だ。エミリー・ウィリアムソンが副協会長になり、エタ・レモンが名誉幹事の座に就いた。この協会の会長は、彼女たちと同じくらい偉大な――社会的な影響力はいっそう大きい――女性、ポートランド公爵夫人ウィニフレッドだった。一九五四年に亡くなるまで、彼女は六〇年以上この地位にあった。

設立後一五年経った一九〇四年、この協会はエドワード七世――母ヴィクトリア女王と妻のアレクサンドラ妃が早くからこの運動を支援していた――に公認され、王立鳥類保護協会となって、現在はRSPBの略称で広く知られている。

## 流行の変化

大西洋の対岸では、もうひとつの断固たる女性グループが、やはりプルーム貿易の蛮行と戦う運動を繰り広げていた。イギリスの場合と同じく、この運動も上流家庭の客間を中心に展開され、やはり午後のお茶会が聖戦遂行の媒体となっていた。

一八九六年はじめ、ボストン市（一世紀以上前、べつの悪名高きお茶がらみの抗議活動があった土地）で、ふたりの上流階級の女性、ハリエット・ローレンス・ヘメンウェイといとこのミンナ・B・ホールが社交的な催しを開いていた。内輪の夕べの会《ソワレ》で、お茶をすすってサンドイッチやケーキをつまみながら、悲惨にもファッション業界のために鳥が大量虐殺されていることを友人、知人に伝えたのだ。ふたりの運動は大成功を収めた。九〇〇人以上の女性がこの大義に加わって、帽子に羽根をつけるのを拒否し、自分の友人、知人を説得することを承知した[42]。

ヘメンウェイとホールは支援の高まりに勇気づけられ、同じく一八九六年に、マサチューセッツ・オーデュボン協会を設立した[43]。ふたりの確固たる姿勢のおかげで、世論が廃止論に好意的に変わりはじめ、彼女たちの運動は大衆紙に取りあげられだした。一八九七年一〇月には、『シカゴ・デイリー・トリビューン』紙が「ダチョウの羽根以外は、いかなる鳥も、その羽根も身につけない」ことを誓って鳥を救おう、と女性たちに呼びかけた[44]。

だが、国内外で鳥を大量に殺すことを防ぐ連邦法が成立するまでは、残酷だが大金を稼げるこの貿易は終わりそうになかった。次の大きな一歩が実現したのは一九〇〇年で、レイシー法が制定され、州境を越えて鳥の皮や羽根を輸送することが禁じられた。ハンターたちはそれまで、各州の鳥類保護法の目をかいくぐるために、不法に得た獲物を単純に川境の外へ持ち出して販売していたが、この法律によって抜け道がふさがれた[45]。

その後二〇年間に、さらに重要なふたつの法律が可決した。ひとつは一九一三年のウィークス＝マクリーン法で、渡り鳥の銃殺を禁じるものだった。自動車製造の草分け的存在、ヘンリー・フォードがその制定を支援し、のちに「一度だけフォード社の力を使って立法行為に影響をおよぼしたが、それは鳥のためであり、この目的のためなら許されることだとわたしは思う」と書いている[46]。ウィークス＝マクリーン法に続いて、五年後の一九一八年に、渡り鳥保護条約法が成立した。これは北アメリカに生息する渡り鳥すべてを保護するもので、ドナルド・J・トランプ前大統領が法の穴を作ろうと何度か試みたが、いまなお有効だ[47]。この最終的かつ包括的な法規は「いかなる渡り鳥の追跡、狩猟、奪取、捕獲、殺害、所有、販売、購入、交易、輸入、輸出、輸送も違法」にして、抜け道の大半をふさいでいる[48]。

イギリスでも、反対運動と法規制がしだいに結果を出しつつあったが、ときおり後退も見られた。一九二〇年七月、羽根の輸入を禁止する法律が下院に提出されたが、作家のトーマス・ハーディ、H・G・ウェルズら影響力の大きい著名人の署名があったにもかかわらず、可決されなかった[49]。翌年になんとか法令集に加わることとなったものの、そのころには、羽根飾りのついた帽子の需要はすでに減りつつあった――じつに愉快な皮肉だが、流行の変化が原因だ。

一九一五年、アメリカ人社交ダンサーのアイリーン・キャッスルは、夫ヴァーノンとともにモダンダンスの創作分野で絶大な影響力を誇っていたが、盲腸の手術のために入院するはめになった。手術前に、回復中の洗髪が楽にできるようにと、ロングヘアーを短く切った。手術後、ターバンを巻いて社交の場にふたたび現れたとき、キャッスルは請われてそれをはずし、新しい髪型を披露した。熱狂的なファンが歓喜し、かくして〝ボブ〟スタイルが誕生した[50]。

一九二〇年代はじめには、流行を生み出す女優やダンサー——当時の〝ソーシャル・インフルエンサー〟——のほぼ全員がボブにしていたが、どう見ても羽根飾りのついた大きな帽子はこのスタイルに似合わなかった。おかげでようやく、野鳥の羽根で女性の帽子類を飾って莫大な利益を手にし、〝絶滅の時代[51]〟と呼ばれる状況を作りだしたプルーム貿易が過去のものとなった[52]。

## 婦人参政権運動とプルーム貿易反対運動

この物語でとくにすばらしいのは、大西洋の両岸で女性が大きな役割を果たしたことだ。とはいえ、ときおり描かれるような、強い逆風にめげず勝利を手にした女性という単純な物語ではない。女性はこの貿易に抗議する組織を設立しただけでなく、活動の実務の大部分を担ってもいた。ところが、彼女たちが仲間に加えた著名な男性、たとえばアメリカのウィリアム・ブリュースターやイギリスのアルフレッド・ニュートン、W・H・ハドソンらがたいていは活動の対外的な顔となり、成功を称えられることが多かった。また、活動家やジャーナリストの怒りと批判の多くは、実際に鳥を殺した男たちや、このおぞましい貿易から利益を得ていた男たちではなく、完成した商品をあえて身につけた女性たちだけに向けられた[53]。一八九三年に発行された鳥類保護協会の「羽根飾りをつけた女性たち」(Feathered Women)というパンフレットでは、ハドソンみずから、羽根をまとった女性を〝鳥の敵〟と糾弾し、彼女たちは夫を手に入れられないだろうとほのめかしさえした[54]。

同様に、『ニューヨーク・タイムズ』紙の一八九八年七月の記事「凶悪な婦人帽製造業」(Murderous Millinery)は、「何百万羽もの鳥が虐殺された」責めを「心やさしい女性たち」にまっ向から負わせ、「頭に羽根をつけた女性」を批難して、「殺害された罪なきものの遺物を見せびらかしてみずから公に恥をさらした」と述べた[55]。この女性嫌悪の空気のなかで、プルーム・ハンター――全員が男性である――は、どうやらおおむね批判を逃れていたようだ。

一九二〇年の法案が否決されたのを受けて、作家でフェミニストのヴァージニア・ウルフはエッセイの冒頭で鳥の羽根をいまなお身につけている女性たちを批判し[56]、ウィンドウショッピング中に「お茶の時間にじれている食い意地の張ったパグ犬のような……間抜けな顔」を見せる女性を猛然と攻撃した。「サギのプルームが中央に芸術的にあしらわれたディスプレイの前に来ると、彼女は足を止める……なにしろ、これほど軽やかですばらしく美しいものがほかにあるだろうか。高慢で見た目にこだわる人にとって、プルームは天然の装飾であり、まさに誇りと高貴さの象徴なのだから」と、正義感から生じた皮肉を込めて書いている。

とはいえ、最終的には、ウルフはこの商いを営む男性たち――プルーム・ハンターや貿易商――と、当初は法律を否決していた――男性だけの――議会へ怒りを向けて、社会の二重基準《ダブルスタンダード》、つまり、ファッションで心を満たす女性を批難しながら、狩って殺して利益を得たがる男性を称える――少なくとも、許容する――現状を槍玉《やりだま》にあげた[57]。

いっぽう、裕福な同性の気まぐれや欲望のせいでひどくつらい思いをしている集団もいた。貧しくて教養のない労働者階級で、婦人帽製造業で使えるようにと、皮から羽根を引き抜く準備作業を仕事にしていた女性たちだ。テッサ・ボウズ*1が二〇一八年の著書『パンクハースト夫人の紫色の羽根』(*Mrs Pankhurst's Purple Feather*)で深く掘りさげるまで、これら不幸な女性たちは、しかるべき目を向けられずにいた。

＊1　あらたに『エタ・レモン――鳥を救った女性』(*Etta Lemon: The Woman Who Saved the Birds*, Aurum Press, 2021)としてペーパーバックで再版された。

ボウズは、シティ・オブ・ロンドンの〝羽根工場〟で働く二三歳のアリス・バッターシャルの悲しい話を紹介している。一八八五年九月、アリスはダチョウの羽根二本を盗んだ罪に問われ、六週間の重労働刑を言い渡された。この悲劇は、ロンドン屈指の収益性を誇る産業のためにばかばかしいほど低賃金で長時間労働をする数千人の若い女性の絶望を象徴している。彼女が盗んだ羽根は、その母親が一本わずか一シリングで売ったが、婦人用帽子に飾られると価格が五ポンド（今日の価値にして七〇〇ポンド近く）に跳ねあがった[58]。

だが、反プルーム運動の物語のおそらく最も意外な展開は、男性の政治的、経済的既得権益を打破するために力を合わせてしかるべき女性グループ——プルーム貿易に反対する運動家と、婦人参政権を求める女性運動家——が激しく対立したことだ。

前述のボウズの著書のタイトルは、参政権を求める女たちは〝本物の女性〟ではないという、よくある言いがかりに対抗するために、初期の女性運動家たちが最も女らしい最新流行のファッションを——当然ながら、野鳥の羽根も——身につける傾向があったことを示唆している。そうした傾向のせいで、ふたつの運動家グループのあいだに政治的、社会的な溝が生じてしまった。一方には、エメリン・パンクハーストら、女性が投票権を得られるように戦う人々がいて、もう一方には、エタ・レモンら、女性のファッションに羽根を使うことを終わらせるために戦う人々がいた。しかも、この対立に輿を添えることに、エタ・レモンは〝反婦人参政権論者〟で、女性に投票権を与えるという考えそのものに断固反対していた[59]。

明らかな相違点があったにもかかわらず、いずれのグループも最終的に目的を達した——〝抗議、パンフレット、説得〟に集約される、きわめてよく似た戦法を用いて。実のところ、環境史学者のロブ・ランバート博士は、反プルーム貿易運動家の印象的な描写において、このふたつの運動をひとまとめにして〝鳥類学版の婦人参政権論者〟と表現している[60]。

婦人参政権運動が政治の世界を永久に変えたように、プルーム貿易の反対運動家たちはきわめて重大かつ永続的な影響をもたらした。彼女たちの勝利は、地球史上とくに意義深い運動が起こる先触れとなった。野生生物と、彼らが生息する特定の場所を保護する運動だ。全米オーデュボン協会副会長のブリジット・マコーマックが述べたように、大衆が力を合わせて鳥と自然環境を守ろうとした最初の運動だが、これは今日では当たり前のものとみなされている。[61]

## 保護運動の世紀

二〇世紀最初の数十年に、当の鳥だけでなく、鳥の保護運動も勢力を増した。一九〇五年、州や地域のさまざまなオーデュボン協会が、全米オーデュボン協会のもとでひとつにまとまった。今日、単に〝オーデュボン〟と呼ばれるこの協会は、五〇〇近い独立した地方支部と、六〇万人を超す協会員で構成される。かたやイギリスでは、王立鳥類保護協会が勢力を拡大して世界最大級の環境保全組織となり、一一〇万人超の協会員数を誇る。[62] その活動領域も、当初はプルーム貿易の脅威にさらされる鳥の福祉を懸念するものだったのが、はるかに大きい世界規模の問題へと広がって、たとえばイギリス内外の生息地の保全、エネルギーの利用や輸送手段、生物多様性の喪失、そしてもちろん気候危機も包含している。[63] エタ・レモン——一九五三年に亡くなるまで半世紀以上にわたって王立鳥類保護協会に奉仕し、支援しつづけた女性——と、この物語では忘れられたヒロインのエミリー・ウィリアムソンは、自分たちが設立に貢献した組織のいまある姿にさぞかし驚き、また誇りを抱くことだろう。

## 殉死のあとで

鳥類の保護は、一九〇五年七月にユキコサギの繁殖コロニーを守ろうとした勇敢な男性が冷酷に殺されたあの日から、長い道のりをたどってきた。

ガイ・ブラッドレイはしかし、忘れられてはいない。一九三〇年、作家にして環境保全主義者のマージョリー・ストーンマン・ダグラスが彼をテーマにした短編を発表し[64]、バール・アイヴスとクリストファー・プラマーが出演した一九五八年の映画『エヴァグレイズを渡る風』は、部分的にブラッドレイの人生と死を下敷きにしている[65]。また、彼にちなんだ賞もたくさんある[66]。二〇一三年のドキュメンタリー映画『ガイ・ブラッドレイ――アメリカ最初の環境殉教者』では、プレゼンターのスチュアート・マカイヴァーが、ブラッドレイの殉死はプルーム・ハンターとの戦いの転換点だったという見解を示した。「こんなことを言うのはおかしいかもしれないが、［ブラッドレイは］たぶん自分の人生を犠牲にしたことにより、生きつづけてもう一五年か二〇年ウォーデンでありつづけた場合よりも、大義に貢献した」と彼は述べている。それは事実かもしれないが、嘆き悲しむブラッドレイ夫人と子どもたちには空虚な慰めでしかない。また、この発言からは、自然界とその減少しつつある資源を守る環境活動家の殺害が終わったかのような印象を受ける。悲しいことに、それは真実にほど遠い。

二〇二一年九月、BBCのニュースが、二〇二〇年の一年間に世界じゅうで二二七名（過去最多）の環境活動家が明確に標的にされて殺されたことを明らかにした[67]。犠牲者のひとり、南アフリカの六五歳のフィキレ・ンチャンガセは、露天掘炭鉱の拡張に反対したせいで氏名不詳の殺人者たちに自宅で射殺された。やはり殺害されたオスカル・エラウド・アダムズは、先住民の水利権を守る運動を推進していたが、その年の九月にメキシコのバハ・カリフォルニア州にある自宅の外で撃たれた。

コロンビアは、地球上のどの国よりも多くの鳥種を擁するいっぽうで、うらやむに値しない記録も持っている。世界じゅうのどの場所よりもたくさんの環境保全家や環境保護運動家が殺されているのだ。二〇二〇年の一年間に六五名――世界の総犠牲者数の四分の一以上だ[68]。ある若きコロンビア人、フランシスコ・ベラは、絶滅の危機にある固有の野生生物を守ろうとして多数の殺害脅迫を受けている。恐怖におののく母親のアナ・マリア・マンサナレスは「そのせいで、息子は傷ついている。以前

の平穏な生活は戻ってこない」と言う。フランシスコはまだ、ほんの一二歳だ。(69)

## 環境保全の成功物語

そして、世界的な鳥類保護と環境保全のこの物語の中心には、あのまばゆいほど白い水鳥がいる――プルーム貿易がようやく終焉を迎えてから一世紀のあいだ、ユキコサギはどんな状況にあったのか。

早くも一九二〇年代には、大量殺戮で壊滅状態に陥っていたサギほかの水鳥の繁殖コロニーが回復しはじめていた。アメリカの冒険作家、ゼイン・グレイは一九二四年の著書『南の川の物語』（*Tales of Southern Rivers*）で、エヴァグレイズ西端のセーブル岬近くのコロニーを訪ねた話を熱く語っている。

わたしたちは空中にも木々のあいだにも、いたるところに鳥を見かけていたが、小さな川の湾曲部が見せてくれたものには、心の準備がまったくできていなかった。大雪をかぶったかのようにまっ白なダイシャクシギ［原文ママ］が群れる岸だ！　おびただしい羽ばたき音がとけあって響き渡り、何千羽ものダイシャクシギが水面を飛びたっていく……このうえなくすばらしい体験だった。*2 (70)

今日、ユキコサギはアメリカ合衆国南部および中部の幅広い湿地帯の生息環境で見かけられる。個体数は、プルーム貿易の終焉後一九三〇年から五〇年にかけて頂点に達したが、近年では減ってきて

*2　グレイは博物学者というよりも小説家であり、彼が目にした白い鳥はダイシャクシギではなくユキコサギだったと思われる。

いる。生息地の喪失、水質汚染、干ばつ、人為的干渉、餌の減少が要因だ。だが個体数が減ってはいても、やはりこれは環境保全の成功の物語と言える。かつては北アメリカにたくさんいたリョコウバト、カロライナインコなどの鳥を思えばとくにそうで、これらの種はどれも無残に狩られて完全に絶滅した。彼らと同じ運命をかろうじて逃れ、世界各地の環境保全運動をうながしたユキコサギは、本書に登場するべつの鳥、ドードーとは対極的な存在となった。南北アメリカの湿地にユキコサギが存在しつづけることは、強い意志と努力をもってすれば、わたしたちは大自然に味方して人間の貪欲さに勝利できるかもしれないという証になる。

# 第8章 ハクトウワシ

*Haliaeetus leucocephalus*

とにかく世も末だ、鷲でさえ敢えて羽を休めようとしない高みでミソサザイが餌を漁っている。

——ウィリアム・シェイクスピア『リチャード三世』第一幕第三場（松岡和子訳）

腕を大きく広げ、憎しみと怒りで顔をゆがめたこの男は、真剣そのものだった。男の前に立って、ワシントンDCのアメリカ合衆国議会議事堂への入口通路をふさいでいるのはひとりの警官で、少数の仲間とともに、怒号する群集を押しもどそうとむなしい努力をしている。抗議者のほぼ全員が、大義の象徴を手に持つか身につけるかしていた。たとえば極右のプラウド・ボーイズ運動を表すオレンジ色のニット帽、いくつかのナチスの鉤十字、そして、冬の寒風にそよぐ、いまや権威が失墜した南部連合の赤、白、青の旗。(1)

だが、並んだありとあらゆる象徴のなかでもとくに興味深いものが、この怒れる抗議者のTシャツに麗々しく描かれていた。胸の、大きなQの文字（突飛な〝Qアノン陰謀論〟の象徴）が、デザイン中央の絵をぐるりと取り囲んでいる。刺すような黄色い目でカメラを見つめかえすその絵は、アメリカ合衆国の非公式の国鳥、ハクトウワシだ。*1

二〇二一年一月のこの前例なき国会議事堂襲撃は、激動の時代に極右勢力がハクトウワシを国家主権の象徴として用いた唯一の事例ではない。激戦だった二〇二〇年のアメリカ合衆国大統領選挙戦の最高潮で、ドナルド・トランプ大統領の再選を狙う陣営が公式に発表したTシャツには、円形の星条旗の上に翼を広げたワシが描かれ、最上部に、表面的には異議を唱える余地がないフレーズが記されていた。〝アメリカ・ファースト〟と。だが、ワシとこのスローガンの組合せは、このうえなくシニカルな犬笛だった。

このTシャツのデザインはたちまち、べつの強大な右翼政治集団が用いる象徴表現に酷似していると批難された。革新的ユダヤ運動のツイッター（現X《エックス》）アカウント、ベンド・ジ・アークが指摘したとおり、「トランプとペンスは公式の選挙運動ウェブサイトに、ナチスに触発されたシャツを堂々と掲載している。彼らはまたしても大量虐殺の象徴表現を広めているのだ――トランプ大統領が〝ホワイト・パワー〟を唱える支援者の動画をリツイートしたわずか数日後に」(2)。このアカウントは続けて、Tシャツに記されたスローガンの不名誉な歴史を説明した。およそ八〇年前の一九四〇年に、アメリカ合衆国の第二次世界大戦参戦に反対する――最終的にはこれを阻止する――ため、アメリカ第一《ファースト》主義委員会の名で掲げられて有名になったスローガンだ、と。この運動は、押しも押されもせぬアメリカの英雄、チャールズ・リンドバーグに支持され、八〇万人を超す有料会員を集めて、いっときアメリカ合衆国の参戦阻止に成功したかに見えた。ところが、一九四一年一二月七日（現地時間）、日本軍が真珠湾を爆撃して、アメリカ・ファースト運動は突然の終焉を迎えた(3)。

元祖アメリカ・ファースト運動が反ユダヤ主義とファシズムに焚きつけられていたことに疑いはない。ゆえに、おおかたの見解では、二〇一七年一月にアメリカ合衆国大統領の就任演説でこのスローガンを復活させたとき、ドナルド・トランプは自分が何をやっているのかはっきりと認識していた。すなわち、みずからの政治哲学を、過去の孤立主義の〝忌まわしき遺産〟と表現されてきたものに結

＊1　ピューリッツァー賞を受賞したジャック・E・デイヴィスが指摘するように、ハクトウワシがアメリカ合衆国の国鳥として正式に採用されたことは一度もない。とはいえ、あらゆる証拠から、アメリカ人、それどころか世界じゅうの大多数の人が、これをアメリカの国鳥と考えていることが示唆される。*The Bald Eagle: The Improbable Journey of America's Bird* (New York: Liveright Publishing/W. W. Norton, 2022) を参照。

びつけたのだ、と。(4)

当然ながら、トランプの選挙運動のスポークスマンはアメリカ・ファーストのＴシャツの絵とナチスの象徴とのいかなる類似性もすみやかに否定したが、同時に対抗馬をあざ笑い、時代遅れのアメリカの愛国心にこれみよがしに訴えかけた。「ばかばかしい。民主党のアメリカでは、ラシュモア山〔訳注：歴史に名を残す四人のアメリカ大統領の巨大な像が彫られている〕が白人至上主義を賛美し、星条旗とともに描かれたハクトウワシがナチスの象徴とされる。連中は頭がどうかしている」(5)

こうした熱のこもった否定も、信頼性がすっかり失われるだろう――悪名高きＴシャツのワシの絵をよく見たなら。もっと具体的に言えば、そのワシの向きを見たなら。アメリカ合衆国の国章には（正面から見て）左向きのワシが描かれているし、ドイツの現在の国章を含め、過去および現代のワシの図像の大多数はやはりそうなっている。ところが、トランプの選挙運動はわざわざ右向きのワシを選んでいた――悪名高きナチスの象徴、今日もさまざまなネオナチ集団が用いている絵と同じ方向だ。(6)

では、Ｔシャツのワシの描かれかた――左ではなく右向きであること――はまったくの偶然なのか、それとももっと邪悪な意図をほのめかしているのか。右翼の図像と象徴表現の解読を専門とするアメリカ人歴史学者のスティーヴン・ヘラー(7)は、表面的には無邪気な愛国心への訴えに巧妙に隠されているが、このワシは威嚇的な意図を表すものであると確信している。

（ハリー・トルーマンに指定された）ワシの頭の向きを、トランプのデザイナーがその象徴する意味を知らずに一蹴《いっしゅう》したとはとうてい信じがたい。彼の暴徒たちは自分が何をやっているのかわかっていた。彼らは演出された騒ぎや小道具の力をよく理解している。したがって、このワシはたしかに、トランプと人種主義者《レイシスト》のアメリカが交わす会釈（いわば、秘密の握手）だとわたしは考える。[8]

ナチスにならってワシを運動の象徴に据えた強国または政権の指導者は、ドナルド・トランプだけではない。スペインで激しい内戦ののちに実権を握ったとき、フランコ将軍はいにしえの聖ヨハネのワシの紋章[9]——一五世紀の〝カトリック両王〟、フェルナンドとイサベルに結びつけられていたもの——を国旗に据えたし、もうひとりの独裁者、サダム・フセインは、アラブ民族主義の象徴として広く使われていたサラディンのワシを選んだ。そして一九九三年、ソビエト連邦の突然かつ急速な崩壊ののち、ロシア連邦は一六世紀後半のワシの象徴を復活させた。赤い背景に金色の双頭のワシが描かれた紋章だ。[10]

ワシは、ほかのどんな鳥よりも、多くの国や国民国家に国鳥とされている。たとえばアルバニア、インドネシア、カザフスタン、メキシコ、ジンバブエ、そして公式ではないにせよ事実上はアメリカ合衆国の国鳥だ。[11] また、アルバニア、アメリカ領サモア、エジプト、カザフスタン、メキシコ、モンテネグロ、モルドヴァ、セルビア、アメリカ領ヴァージン諸島、そしてアメリカ合衆国の多くの州の旗に描かれてもいる。[12]

カナダのマウント・アリソン大学教授のジャニーン・ロジャースが指摘するとおり、これらの象徴を生んだ文化にしろ、たとえば旗に描くといった現代におけるこの鳥の利用にしろ、おおむね全体主義体制とは結びつかない。ただし、ワシには「本来、圧政と迫害にいともたやすくなじみそうな脅迫的な雰囲気が備わっている」と、彼女は警告する。[13] なるほど、象徴としても現実の生きた鳥としても波瀾《はらん》万丈の長い歴史が示すように、ワシの使用はつねに問題をはらんできた。

## 北アメリカ最大の猛禽

実のところ、ワシなるものは存在しないとも言える。[*2]〝ワシ〟という名称は、チュウヒワシ、ワシノスリ、カンムリワシ、ウミワシ（ハクトウワシを含む）の仲間、そして〝本物の〟ワシことイヌワシ属（*Aquila*）など、規則性なく大型の猛禽のいくつかの属につけられている。したがって、〝ワシ〟は生物学的な事実というより、便宜的な呼称という要素が大きい。

これらの鳥が共通に持つ特徴は、おおむね体が大きくて目立ちやすく、食物連鎖の頂点またはその付近に位置することだ。人が住む六大陸すべてで見かけられ、生息地は北極圏から、温帯、熱帯を抜けて赤道、さらにはその先にまでおよぶ。また、高山から沿岸湿地、淡水湿地、森林、草原、灼熱の砂漠まで、きわめて広範な生息環境に適応している。

ハクトウワシも、やはり生息環境を選《よ》り好みしない。北はアラスカやカナダの川沿いの森林から、南方の四八州すべて、そしてメキシコ北部まで、ほぼ北アメリカ全土で見かけられる。アリゾナには、灼熱の乾燥した砂漠に営巣する個体群さえいる。ハクトウワシの生息密度が最も高いのはアラスカの荒野だが、わたしはフロリダのフォート・マイヤーズ郊外の住宅団地で――巨大な巣にいる――ひと組のつがいを目にしたことがある。なかなかシュールな光景だが、彼らは地元住民の往来を気にも留めず日々の生活を送り、住民のほうもたいていは彼らを見て見ぬふりしていた。

ハクトウワシに関してまず留意したいのは、頭に羽がないハゲワシやコンドルとちがって、実際には禿げていないことだ。成鳥の頭部のまっ白な色が、遠くからは羽がないように見えるせいで、英語では禿げたワシ（bald eagle）と呼ばれるが、この特徴――および鮮やかな黄色いくちばしと脚――のおかげで、北アメリカで目にする唯一の同じ科の鳥、イヌワシとたやすく見分けがつく。

ハクトウワシは、稀少なカリフォルニアコンドルをべつにすれば北アメリカ最大の猛禽[*3]であり、〝海のワシ〟を意味するギリシャ語が由来の、*Haliaeetus*（ウミワシ）属の種のひとつだ。姉妹種はヨーロッパとアジア北部のオジロワシで、べつの近縁種は、やはり頭部がまっ白なサンショクウミワシ。この属のほかの仲間と同じく、主食は魚で、急降下して鋭い鉤爪で水面からさっと獲物をつかんだり、ミサゴやハヤブサといったほかの鳥から盗んだり（労働寄生と呼ばれる行動）、海から産卵場所への旅で疲弊して川岸に打ちあげられたサケの屍肉《しにく》をあさったりする。[*4] 多くの猛禽と同じく、日和見ハンターでもある。機会があれば、幅広い哺乳動物や爬虫類のほか、カイツブリ、オオバン、カモメ、アビなどの鳥も捕まえる。また、座礁クジラを含む、じつに四〇〇超の種を食べることで知られ、アメリカの猛禽類ではアカオノスリに次いで二番めに多様性がある。[14]

ハクトウワシが同等のどんな種にもまさるのは、巣の大きさだ。この巨大な構造物は世界じゅうの鳥の樹上巣のうち最大で、これより大きい巣は、地上に営巣するオーストラリアのクサムラツカツクリが作る巨大な塚だけだ。[*5] フロリダのセント・ピーターズバーグ近郊のある巣は、幅二・九メートル、深さ六メートルで、少なくとも二トンの重さがあると考えられ、しかるべくギネス世界記録に認定さ

＊2　名称にワシがついているさまざまな種は、すべて同じ科（タカ科 *Accipitridae*。ノスリやタカ、チュウヒ、トビ、ハゲワシもこれに属する）の鳥だが、その点をのぞけば、互いにさほど近縁ではない。

＊3　大半の猛禽と同じく、雌は雄よりも顕著に体が大きい。全長七〇～一〇二センチ、翼幅は一・八～二・三メートルで、成鳥の重さは三～六・三キロ。J. Ferguson-Lees and D. Christie, *Raptors of the World* (London: Christopher Helm, 2001) を参照。

＊4　ワシはまた、ハイイログマ、オオカミ、キツネが殺したサケなどの魚の残骸を食べることが多く、ときには、食べ物を楽に手に入れるために、これら捕食者のあとをつけることもある。R. Armstrong, 'The Importance of Fish to Bald Eagles in Southeast Alaska: A Review' (U.S. Forest Service).

＊5　クサムラツカツクリの巣は、高さ四・六メートル、直径一〇・六メートルになることもあり、巣材は最大三〇〇トンにも達する。

れた[15]。このように、同じ科のほかの種と同じく、ハクトウワシがたいそう威厳のある鳥なのはまちがいない。たしかに、その習性――とりわけ、労働寄生と屍肉あさり――にやや疑問は残るが、こうした習性は、アメリカ合衆国建国の父たちがハクトウワシを事実上の国鳥に選ぶ妨げにはならなかった。

## アメリカの象徴

一七八二年六月二〇日、イギリスからの独立が宣言されて約六年後、アイルランド生まれの大陸会議書記、チャールズ・トムソンが国璽《こくじ》の最終図案を提示した。結果的に、これがアメリカ合衆国の国章となり、以降、ピューリッツァー賞受賞作家ジャック・E・デイヴィスが述べたとおり、「アメリカ史上……これほど強烈に崇拝と批難を同時に浴びた動物はいない」[16]。翼を広げた獰猛な顔つきのハクトウワシが、一三個の星（独立をかけて戦った当初の一三州の植民地を表す）の下で、エ・プルリブス・ウヌム（〝多数からひとつへ〟を意味するラテン語）のスローガンが書かれたリボン状の装飾をくちばしで掲げている。その鉤爪に握られているのは、オリーブの枝と矢の束――平和と戦争という両義的な組合せだ。トムソンと共同で最終図案をデザインしたウィリアム・バートンのことばどおり、「描かれたこのワシは最高権力と権威の象徴である」[17]。最終図案はその日のうちに議会で可決されたが、それまでに建国の父たちの白熱した議論を長々と経て、独立した三つの委員会による複雑な選定過程のなかでさまざまな象徴が退けられたのちに浮上したものだ。退けられた象徴には、三角形、ピラミッド、そしてローマ数字の１７７６と組みあわせたプロビデンスの目もあった。

信じがたいことに、まさに大詰めの段階、最後にして三つめの委員会で提案されるまで、ワシはこのデザインに登場していなかった。ようやく登場した時点でも、頭が雪のように白いこのハクトウワシがとくに示されたわけではない。トムソンの話しぶりに説得力があったこと、ワシは長く使われてきた象徴表現であり、力や勇気といった資質を表しているとの仔細な説明、ハクトウワシがヨーロッパの鳥ではなく正真正銘アメリカの鳥であるという事実、これら三つが相まって、ようやく議会の承認が得られた。延々と実りなき議論をしたあとだけに、ほぼどんなデザインでも受けいれられたのではないか、という気さえする[18]。

だが全員が納得したわけではない。有名な話だが、主たる反対の声をあげたのは、アメリカ政界の重鎮、ベンジャミン・フランクリンだった。七六歳という高齢に達していたフランクリンは、この新しい象徴をやすやすと認める気はなかった。一七八四年一月、娘のセアラに宛てて「個人的には、ハクトウワシがわが国の代表として選ばれなかったらよかったと思う。この鳥は道徳的な手本として好ましくない。生きる糧を誠実に得ていない」と書いている[19]。彼にとっては、このワシが屍肉をあさったり盗みを働いたりすることがまさに問題だった――木の上で〝フィッシュホーク［ミサゴ］〟を監視し、そのフィッシュホークが魚を捕まえたら急降下して盗むことが。フランクリンはまた、ハクトウワシが「ひどい腰抜けで、スズメと大きさの変わらない小さなタイランチョウの果敢な攻撃で縄張りから追い出される」ことも批難した[20]。ハクトウワシの名誉への最後の一撃として、彼はほかの種、すなわち野生のシチメンチョウ（第3章参照）のほうがまだましな選択肢だとほのめかした。「なにしろ、実のところ、シチメンチョウはこれにくらべたらはるかに尊敬に値する鳥だ……勇敢な鳥で、農場に侵入しようとする赤い上衣をまとったイギリス近衛《このえ》歩兵連隊の一団をためらいもなく攻撃する[21]」

のちの有識者たちは、これは度が過ぎた攻撃であり、ハクトウワシがデザインに認められた当時、フランクリンはこの鳥にそこまで反対していなかった、と主張している[22]。また、彼が茶化して手紙を書いた可能性もおおいにある[23]。いずれにせよ、この鳥への不信の種は蒔かれた。半世紀のちに、著名な鳥類画家にして冒険家のジョン・ジェームズ・オーデュボンがフランクリンへの明白な同意を表明して、不信が増した。「やさしい読者諸君、あれ［ハクトウワシ］がわが国の国章に選ばれたことを

いかに嘆いているか、わたしが語ることをご寛恕《かんじょ》いただきたい」と彼は書いている。(24)

広く流布されたある作り話では、そもそもこのワシが選ばれた理由は、独立戦争勃発当初のある戦いにおいて、ワシの群れが兵士たちの頭上を旋回し、甲高い耳障りな鳴き声をあげて、〝自由への叫び〟と解釈される行為を示したからだ、とされている。二〇世紀はじめの児童作家、モード・グラントが結論づけたとおり、「こうして、このワシは、かぎりなき自由の精神をみなぎらせて……言論、思想、機会の自由をかぎりなき未来へ思うがままに広げる国の国章になりました」。

自由に空を舞う力強いワシの象徴表現によって、アメリカが世界随一の自由と民主主義の砦であるという考えを正当化するのは、これが最初ではなかったし、おそらく最後でもないだろう。だが現実世界はもっと複雑であり、アメリカの影響下でひどく苦しむ世界じゅうの大勢の人々が、それを証明してくれるはずだ。

今日のアメリカでは、ハクトウワシの象徴がそれこそいたる場所にごく当たり前にあり、多くの場面で使い古されてきたせいで、その存在はたやすく見過ごされがちだ。たとえば(連邦政府の公式書類を認証するために用いる)合衆国大統領章や、一ドル札——ほぼ一二〇億枚がつねに流通している——の裏面に、これが登場する。ほかにも、旗、軍服、公共のモニュメントや建物、パスポートほか連邦政府が発行する公式書類に描かれ、また、世界各地のアメリカ大使館および領事館の門や扉に麗々しく据えられている。さほど高尚ではない形では、『スーパーマン』や『キャプテン・アメリカ』などマーベル・コミックの本の表紙に登場し、「ボンネットの飾り、ドアノッカー、紙幣ばさみ、チエストタトゥー——安っぽい装飾——」としても用いられている。(25)

おそらく最も有名なのは、一九六九年七月にアポロ一一号の宇宙飛行士三名が歴史的な月着陸の旅で着用していた宇宙服の〝ミッション徽章《パッチ》〟にハクトウワシが描かれていたことだ。この図像は、奇《く》しくもハトを思わせるような(第2章参照)オリーブの枝を運ぶ鳥が描かれて、月面に据えられた銘板のことば――われら全人類の平和のために来たれり――が反映されている。(26) また、アポロ一一号月着陸船はいみじくもイーグル（ワシ）と名づけられ、当時もいまもよく知られているせりふ、〝ワシは舞いおりた〟のもととなった。*6

## 古代帝国の象徴

自分たちの権力と権威を正当化し、増大させるためにワシの象徴を用いた政治集団は、アメリカ合衆国建国の父だけではない。それどころか、いっときでもこの目的でワシを使ったことがない主要な歴史上の帝国や文明を見つけるほうがきわめてむずかしい。たとえば北アメリカの先住民の多くが、ハクトウワシを聖なる鳥とみなしていた――神と人間の橋渡しをする霊的なメッセンジャー〝天国の鳥〟や、名前が示すように雷と稲妻と生命のもとたる雨をもたらす超自然的存在〝サンダーバード〟（雷神鳥）などだ。(27)

南北アメリカ大陸ではほかにも、（最終的には絶滅した）二大文明――アステカとマヤ――が、ワシを彼らの神話体系の中心に据えていた。アステカ人にとって、ワシは戦士であると同時に太陽の誕生の象徴でもあり、ゆえにこの鳥の黒い翼端は太陽の熱に焦がされた結果だとされていた。(28) マヤの人々はもっと両義的、二面的な解釈を選び、神と悪との永遠の戦いを表すものだとした。そして、ワシの三つの種が誕生したオーストラリアでは、最大のオナガイヌワシが先住民文化の中心とされ、敵対するカラスとしばしば対にされていた。(29)

*6　このせりふはその後、ジャック・ヒギンズが借用し、ナチスによる架空のウィンストン・チャーチル誘拐計画を描いた一九七五年のスリラーのタイトルに使ったことで、いっそう有名になった――たぶん、これもまた、邪悪な右向きのワシへの承認だろう。

予想されるとおり、聖書にはワシへの言及がたくさんある。旧約聖書のサウルとヨナタンは「鷲よりも速」いと称賛され[30]、新約聖書の最後の書、「ヨハネの黙示録」では「第四の生き物は空を飛ぶ鷲のよう」だった[31]（いずれも聖書協会共同訳）。ワシはまた、世界屈指の影響力を誇る三つの古代文明の中心にいる。その三つとはギリシャ、ペルシャ、ローマで、紀元前八世紀からキリスト生誕後数世紀までの期間におよぶ。これら古代社会のすべてにおいて、ワシは力と長寿と自由という明確な資質のおかげで、最高権力と権威の象徴とみなされていた。捕食者の頂点としての地位と、大空高く飛翔する習性（上昇気流を用いて高く昇り、そのおかげでほかの鳥よりも楽に飛べるように見える）によって、神との揺るぎなき関係がもたらされ、のちに、これら神の力を持っていることを示したい人間の王や皇帝に関連づけられることとなった。*7 古代ギリシャでは、それどころか、〝神と人間の父〟――この多神教の社会では、全能の神とほぼ同義――であるゼウスの象徴として、ワシがはっきりと選ばれていた[32]。一羽のワシが、洞窟にいる赤ん坊のゼウスに花蜜を運んできたとされ、のちに、ゼウスはこのワシとともに戦い、ときには戦いのさなかにワシの姿になったと言われる[33]。

最初のペルシャ帝国（アケメネス朝）は、ギリシャ文明よりも遅く始まり、存続期間がはるかに短かった。紀元前およそ五五〇年から三三〇年と、わずか二世紀あまりだ。版図は五五〇万平方キロ――現在のアルゼンチンのおよそ二倍――で、当時は史上最大の帝国だった[34]。この帝国を建国した諸王の王、キュロス二世は、〝シャバズ〟が描かれた旗を掲げていた。これは神話の鳥で、おそらくイヌワシかカタシロワシを表し、アメリカ合衆国国章のハクトウワシと同じく、つねに翼を広げた姿で描かれていた。

キュロス二世本人は、理想の支配者とみなされた。当然ながら勇敢で力強いうえに、我慢強く有能で、自分より弱い者たちに寛大だった。ゼウスと同じく、強大な力と慈悲深い資質のバランスが取れ、支配下の民のあいだだけでなく、はるかに遠いギリシャでもたいそう崇拝されていた[35]。この時点までは、ワシの象徴表現は慎重にバランスを保たれていたようで、片方には権力、強さ、権威が、もう片方にはもっと繊細な知恵や思いやりといった資質が据えられていた。

これがいつ、どんなふうに、そしてとくになぜ、もっとやっかいな存在——慈悲深い権力ではなく専制的な権力の象徴としてのワシ——に変わったのか、正確に突きとめるのはむずかしい。わたしの見解では、完全に明示されるまでに何世紀もかかったものの、こうした象徴表現の変質は二〇〇〇年あまり前、ローマ帝国の最盛期に始まった。

## 神聖ローマ帝国の象徴

一九七九年の映画『ライフ・オブ・ブライアン』で、架空の団体〈ユダヤ人民戦線〉のリーダー、（ジョン・クリーズ演じる）レッジが、「ローマ人はぼくたちのために何をしたというのだ？」という有名な問いを発した。[36] だが、たぶん、もっと的を射た問いは「ローマ人は自分たち自身のために何をしたというのだ？」だろう。それ以前も以降も、彼らほど容赦ない帝国はほとんどない。まず征服し、その後は、手に入れた土地や人々を社会的、経済的に搾取する。しかも、征服下にある民の福祉には、ろくに、あるいはいささかも留意しなかった。だから、古代ローマ人がおもに軍事力と巨大さを示すためにワシの象徴を用いたときに、それ以前の文明よりも暗く邪悪な意味あいが加わったのではないだろうか。

それ以前の文明でも、ワシは標章に用いられ、さまざまな強大勢力が戦場へ携行する旗や軍旗に示していたが、古代ローマ人は一枚上だった。敵の心に不安と恐怖を植えつけて自軍を鼓舞するようデ

＊7 皮肉ではあるが、〝鳥の王〟たるワシの地位は、地味で小さなミソサザイによって覆された。北半球の多くの文化で語られている話だ。Stephen Moss, *The Wren: A Biography* (London: Square Peg, 2018) 参照。

ザインされたモチーフを作ったのだ。これは、将軍にして政治家でもあるガイウス・マリウスの頭脳の産物だった。

鍵となる変化は、紀元前一〇五年一〇月六日、現在のフランス南東部のアラウシオの戦いで軍事的大敗を喫したあとに訪れた。ローマ帝国のふたつの軍勢は、はるかに弱い敵にたやすく勝利するものと思われていた。敵はドイツ北方の二部族で、帝国軍のようなきびしい軍規と豊かな物的資源がないとされていたのだ。だが、ローマの司令官どうしの長期にわたる対立関係が、破滅を招くこととなった。結果として、およそ八万名の兵士と、おそらくはその半数の行政官と非戦闘従軍者が殺された。

この衝撃的な敗北が、ガイウス・マリウスにローマの救世主となる機会をもたらした。彼はまず、動物をもとにした軍の紋章五つのうち四つ――雄ウシ、オオカミ、ウマ、イノシシ――を捨てて、五番めの紋章のみ維持した。〈アクィラ〉、すなわちワシだ。これは銀または銅で作られ、遠くの士官や兵士たちからも見えるよう長い棒の先端に据えられて、各軍団ごとにひとりの〈アクィリフェル〉、すなわち旗持ちが戦場へ運んだ。旗持ちの唯一の任務は、必要ならば命を賭して、この貴重な象徴を守ることだ。

ガイウス・マリウスが主導して五つの紋章からひとつだけに変えたことは、比較的小さな転換に思えるだろうが、意見の相違や対立を抑えるのに役立ち、全ローマ軍をひとつにまとめた。彼らがこのただひとつの全能のシンボルに忠誠を示したからだ[37]。ローマ軍にとってこれがいかに大切だったか、どんなに強調してもしすぎることはない。兵士ひとりひとりがアクィラを聖なるシンボルとみなし、いかなる犠牲を払ってでも守るべき対象と考えた。もしこれが敵の手に落ちたら、戦いの勝利ばかりかその軍団の名誉も失ってしまうのだ。

アクィラの重要性を最もよく示す事例は、紀元前五五年、ユリウス・カエサル率いるローマ軍がブリテン島侵攻を企てたときのものだろう。この話は次のように展開する。ブリトン軍が海辺の丘に集結したのを見て、ローマ軍は当然ながら、重い鎧《よろい》をつけたまま下船して岸まで浅瀬を歩くのをしぶった。のちの説明によれば、そこでこの軍団の旗持ちが主導権を握り、「兵士らよ、鷲旗を敵に渡したくなければ飛び降りろ。少なくともこの身は国家と将軍のために果たすべき務めをまっとうしてみせるぞ」（高橋宏幸訳）と叫んだ。[38] そして海へ飛びこんで岸へ向かいはじめ、一瞬のためらいののちに残りの軍勢があとを追った。＊8 こうした逸話のおかげで、横を向いて翼を広げたワシが、ローマ帝国のほぼいたるところに存在することとなった——ただのシンボルではなく、帝国の最高権力のシンボルとして。

九世紀ほどのちの西暦八〇〇年に神聖ローマ帝国が誕生したとき、初代皇帝のシャルルマーニュ（カール大帝）は、ローマ教皇レオ三世に帝冠を授けられた。脆弱な権力基盤を固めるために、シャルルマーニュがまずやったのは、最初のローマ帝国のワシを復活させることだった。そのデザインはおなじみの、翼を広げて横を向いたワシだった。一三世紀なかば、帝国が衰退しはじめるころからは、たびたび双頭のワシとして描かれ、いっそういかがわしい雰囲気をまとうようになった。[39]

フリードリヒ一世（赤髭《あかひげ》を意味する〝バルバロッサ〟の愛称で呼ばれた）をはじめ、代々の神聖ローマ皇帝はこのワシの象徴を使いつづけたが、これは〝ブランディング〟の初期の形態と言えるかもしれない。そして、効果があった。いつしか帝国はかつての支配領土の大半を失ったが、ついに崩壊したのは一八〇六年、最後の皇帝フランツ二世がアウステルリッツの戦いで惨敗したのちのことだった。歴史学者のトム・ホランドは、ナポレオンもローマ帝国の象徴を雛型にしたワシの象徴を用いていたと指摘する。[40]

＊8　皮肉にも、この侵攻の企ては失敗した。征服が成功したのは一世紀近くのちの西暦四三年、皇帝クラウディウスの治世だ。

神聖ローマ帝国そのもの——古いジョークのとおり、けっして神聖でも、ローマ人のものでも、ひとつの帝国でもない——は浮き沈みしたが、帝国の中心たるワシという象徴の地位は揺るぎなかった。一世紀ほどして、これが予期せぬ邪悪な結果を生んだ。

## 第三帝国の象徴

ときおり、政治的に不安定な変化の時期にはとくに、ワシは論争に巻きこまれた。そうした議論のひとつが始まったのは、一九一九年一一月一一日、ドイツの敗北——とその後の屈辱——によって第一次世界大戦が終結した一年後のことだ。あらたに共和国となったドイツの初代大統領、フリードリヒ・エーベルトは、帝国のワシが今後はこの国の公式な紋章であると宣言した。

批判を招いたのは、ほかならぬこの鳥を選んだことではなく、そのデザインだった。くちばしと舌と脚が真っ赤で体の黒い鳥がいかめしく骨張って描かれており、表現がモダンすぎて保守的な政治家の賛同を得られなかった。右派の出版物では広く嘲笑され、ひとりのほぼ無名の若き政治家からは〝ユダヤの破産したハゲタカ〟と批難された。その政治家の名は、アドルフ・ヒトラー。[41]

四年後の一九二三年、文化史家のアルトゥール・メラー・ファン・デン・ブルックは、著書のなかでドイツ国家の歴史を三つに区分して、それぞれ〝ライヒ〟(帝国)と呼んだ。第一の帝国は、紀元八〇〇年から一八〇六年までの神聖ローマ帝国。第二に相当するドイツ帝国ははるかに短い一八七一年から一九一八年までで、第一次世界大戦のドイツの不名誉な敗北で終わった。[42]だが、これらふたつよりも有名になった——というより、悪名を馳せた——のは次の帝国で、その名称はメラー・ファン・デン・ブルックの著書のタイトルにもなっている。『第三のライヒ』(*Das Dritte Reich*)、今日では「第三帝国」としてよく知られるものだ。[43]

著書が出版された二年後、メラー・ファン・デン・ブルックはベルリンでみずから命を絶った。たぶん幸運と言えるだろう、彼は自分の危うい概念がもたらした結果をその目で見ずにすんだ。続く一〇年のあいだに、芸術家にして労働者、兵士、政治家のアドルフ・ヒトラーがこれに感化され、第三のドイツ帝国の概念をあらたに〝千年帝国〟として実現させようとしたのだ。

第三帝国はその大望に遠くおよばなかった——一九三三年から四五年までのわずか一二年しか続かなかった——かもしれないが、おそらく歴史上ほかのどんな政治運動よりも膨大な世界的影響をおよぼした。威嚇的で悪意あるその標章は、ナチス支配の恐怖を特徴づけることとなる、古代ドイツの象徴ふたつが一体化されていた。鉤十字を取り巻く花冠と、それをつかむワシだ。(44)

## 右向きのワシ

盗癖のあるカササギと同じく、ヒトラーは歴史をあさって、ドイツ民族主義の高揚に使えそうな、かつてのドイツ国家の偉大さを示唆する隠喩を探した。だから、ワシを象徴に選んだとき、彼とナチス当局は自分たちが何をしているのか明確に認識していた。エーベルト大統領のワシとの決定的なちがいは、ナチスのワシが向かって左ではなく——ドナルド・トランプの鳥のように——右を見ていることだ。どうやら、この鳥は東を、つまり、ヒトラーの当時の軍事標的であるロシアのほうを向いているらしい。

ほどなく、この右向きのワシ——現在は〈パルタイアドラー〉、すなわち〝党のワシ〟と呼ばれている——が、いたるところに存在するようになった。ローマ人の場合と同じく、ナチス運動とその信奉者に、このワシが共通の目的——ほぼ霊的な高次の使命——を与えた。歴史学者のジャスティン・ヘイズは、これを「シンボルを類感呪術として用いる古来の手法」と表現し、このワシを掲げる者に大きな成功と勝利をもたらすものだと述べている。「たぶん、身につける者を〝ワシを担いし者〟の地位に引きあげるのだろう……軍団の兵士一勇敢で高潔と言われる男に(45)」

ローマ帝国の象徴表現を模倣したのは、どう考えても意図的だった。一八七八年、ナチスがあっという間に政権を取る半世紀前、作曲家でドイツ国粋主義者のリヒャルト・ワーグナーが『ドイツ人とはなんぞや？』（*Was ist Deutsch?*）と題したエッセイを書き、そのなかで自国のセルフイメージをローマ帝国のものとあからさまに結びつけた。「〝ドイツの偉大さ〟を切望するにあたって、ドイツ人は……ローマ帝国の復興に近いもののほかはいまだ夢想することができない。この点において、最も温厚なドイツ人ですら［引用者による強調］、他民族へのまごうかたなき支配欲と最高権力への渇望に取り憑《つ》かれている[46]」

ドイツ人のなんたるかに関する自分のゆがんだ見解の中心に、ヒトラーがワーグナーの思想を据えたのは偶然ではないし、予想されたとおり、これは悲惨な結果を生んだ。ヒトラーもやはりローマ帝国の権力に固執して、ローマを「最高の教師」であり、「隣接するすべての地域の人間の完璧な支配に成功した」ことから「何よりも……偉大な……政治的創造」だと述べた。さらに、ローマ軍の厳格な規律を称賛し、帝国の敬礼を借用して腕を掲げる悪名高きナチス式敬礼をこしらえ、芸術や建築において帝国の影響をうながした。なかでも重要なのは、ナチスの象徴の中心にワシを据えたことだ[47]。

今日なお、わたしたちはワシが正の象徴なのか、負の象徴なのかという、やっかいな問題に向きあっている。ワシは多くの古代文化が賢く用いたように権力のさまざまな美徳を表すのか、それとも、ナチスドイツやファシズムと根深く結びついたせいで、必然的にヘイズの言う「全体主義国家の権力と冷酷な自民族中心主義」の象徴になったのか[48]。

べつの角度から考えると、ワシの象徴は鳥そのものとの結びつきを失って久しく、強さと力を表す簡便な象徴表現として、深い考えなしにブランドデザイナーに採用されるようになったと言える。とはいえ、いまもワシは人を震撼《しんかん》させる力を持ち、問題の多い過去を考慮せずに選んだら逆効果になりうる。

二〇〇七年にイギリスのバークレイズ銀行がオランダのＡＢＮアムロ銀行の買収を企てたとき、ドーセット支店の屋根から巨大な金属製のワシを撤去したことが広く報じられた。どうやら、オランダの人々がナチスのワシの象徴に似ているとして懸念を示したことに対応したらしい(49)。もし買収が成功したら、ワシがこの銀行のロゴからなくなるものと思われた(50)。結局、買収は成立せず、バークレイズのワシは残った。

いっぽう、スティーヴン・ヘラーによると、「史上最も効果的なアイデンティティー・システム(51)」と彼が言うナチスの図像は、大衆文化、とくにデザイナーやロックバンドや企業ロゴに借用されつづけている。たとえば、ヘラーが「歴史の健忘」とワシの象徴の「言語道断な濫用《らんよう》」と呼ぶものを、イギリスのファッションブランド〈ボーイロンドン〉がしでかして、そのヘリテージコレクションで右向きのワシの絵をでかでかと帽子、ジャケット、パーカーの前面や背面に描いた(52)。二〇一四年に、このロゴは明らかにナチスドイツと視覚的に結びつくとして、ひとりの顧客が当該ブランドをボイコットしたというニュースを『デイリー・メール』紙が載せたが、それを歯牙にもかけない行為だ(53)。ヘラーが指摘するとおり、この会社は「国の力はその若さにある」——ヒトラー青少年団《ユーゲント》運動の言い回しを不気味なほど連想させることば——をスローガンに用いている(54)。

ワシはまた、皮肉なことに、もっと若い市場に訴える目的で使われてもいる。アメリカでは、全米ライフル協会（ＮＲＡ）が、愛らしいアニメのキャラクター、エディ・イーグルを使って、未就学児童に銃器の安全な取り扱いを教育している。なんとも称賛に値することだが、実のところ、アメリカでは二〇二〇年に四三〇〇人以上の児童やティーンエイジャーが銃殺され、これがこの国の若者の大きな死因となっている(55)。ＮＲＡはエディが子どもへの銃暴力を減らすことに貢献したと主張しているものの、有意な影響はまったくなかったことが複数の調査で判明している(56)。また、広く指摘されているとおり、エディは、アメリカの銃暴力の蔓延を終わらせる責務をおとなである加害者ではなく子どもである被害者に押しつけるものだ(57)。

図像やマーケティングや政治活動でワシが用いられた最近の事例は、意図的な挑発行為ではなく、基本的には過失でうっかり軽率にナチス・ブランドを持ち出したと思いたくなるのが人情だ。そしてもちろん、責任を持って用いられる知恵や権力の象徴として、もっと慈悲深い役割をワシが果たした事例は、昔からたくさんある。とはいえ、こうした事例だけに目を向けると、ワシが不穏な形で利用されてきた――いまも利用されつづけている――事実が覆い隠されてしまう。合衆国議会議事堂を襲撃した極右の白人至上主義者たちがあれほど誇らしげにワシを提示し、ヒトラーが始めた任務を完遂せんがために「第四帝国」を求めるさまを見れば、わたしたちもきっと、よく考えようという気になるはずだ(58)。

## ワシとドナルド・トランプ

ところで、アメリカの人々、そして州や連邦の政府は、巣立ったばかりのアメリカ合衆国の象徴として選んだときから、ハクトウワシをどのように守ってきたのだろう。端的に答えるなら、「ちっとも、うまくやれていない」だ。

ほかの多くの猛禽と同じく、ハクトウワシとその近くで暮らす人間との関係は、長年、たくさんの問題をはらんできた。ワタリガラス(第1章参照)のように、ワシも、本質的に自然の恵みを人間と奪いあう。ハクトウワシの場合は、魚だ。その結果、ヨーロッパ人が北アメリカに入植して二世紀あまりのあいだ、この鳥は容赦なく迫害された。

ハクトウワシはまた、迫害者たる人間に警告を発した最初の野生の鳥でもある。早くも一九世紀のはじめに、オーデュボンはハクトウワシが深刻に減少した未来について書き、自然界のほかの生き物も同様になると暗に匂わせた。「一世紀後には、彼らはいまのような状態でここにいないだろう、大自然はすばらしい魅力の多くを奪われることになる」[59]

当時、北アメリカには推定三〇万ないし五〇万羽のハクトウワシがいた。だが、一九一七年から五三年までの四〇年たらずのあいだに、アラスカ州だけで一〇万羽以上のワシが撃ち殺された。これ以外にもワシが命を落とす要因として、銃殺されたほかの動物の死骸を食べて鉛中毒になる、毛皮用のビーバーやマスクラットを捕まえるため、あるいはオオカミやコヨーテなどの捕食者を駆除するために仕掛けられた罠にかかる、といったことがあった。一九三〇年には、環境保全家たちが、ハクトウワシはまぎれもなく絶滅の危機に瀕していると警告していた。ある雑誌記事が、現実の鳥と象徴の鳥をリンクさせる形で、著名な鳥類学者の「絶滅から救うために思いきった措置をとらないかぎり、アメリカのハクトウワシは数年以内に、硬貨やアメリカの紋章でしか目にすることができなくなるだろう」との見解を掲載した。[60]

状況はさらに悪化した。一九世紀に発明されていたＤＤＴが、一九三九年に殺虫剤としての効力が判明したのち、害虫を駆除して作物の収穫量を増やせる〝奇跡の農薬〟として、たちまち熱烈に歓迎された。だが、一九四〇年代なかばから広範かつ無批判に使用された結果何が起こるのか、考えた者はひとりもいなかった。

ＤＤＴはよく効いた。じつに効果的に害虫を殺した。だが、同時に食物連鎖内に残りつづけて、上へ行くほど濃縮された。連鎖の頂点にいる猛禽類――ハクトウワシも含まれる――にたどり着くころには、ＤＤＴは大きな悪影響をもたらし、雛が孵《かえ》らないほど卵の殻を薄くさせた。

ハクトウワシの個体数は――ハヤブサなど、ほかの猛禽類の場合も――急速かつ未曾有の減少を見せた。アメリカの農家が一般的にＤＤＴを使用しはじめてわずか一〇年のちの一九六〇年代はじめには、（アラスカ、ハワイをのぞく）四八州に残存するハクトウワシのつがいは四一一対だけになった。いっそう悪いことに、そのほぼ全羽が成鳥で、典型的な白い頭を誇示しており、雛は生き残っていないことが示唆された。ワシは最長二〇年生きられるが、皮肉なことに、長寿であるがゆえに繁殖の成功例がほぼないことが一時的に覆い隠されていたのだ。

ハクトウワシはすでに、一九一八年の渡り鳥保護条約法と、一九四〇年に成立したハクトウワシ・イヌワシ保護法によって——少なくとも理論上は——保護されていた。だが現実には、迫害と毒殺の状況にほとんど変化がなく、同じペースで続けられた。レイチェル・カーソンの一九六二年の著書『沈黙の春』をきっかけに環境運動が盛りあがって激しい抗議活動が行なわれた結果、ようやく潮目が変わりはじめた。ジャック・E・デイヴィスが述べたように「アメリカ合衆国は一度ならず二度も、代表たる鳥を野生環境から失いかけ、人間が二度もその復活に手を貸した」。

絶滅の淵に立ったにもかかわらず、ハクトウワシはみるみる個体数を回復させた。一九八〇年代はじめ、DDTがアメリカで禁止されてちょうど一〇年後に、推定一〇万羽に達した。その一〇年後には、およそ一一万五〇〇〇羽になったが、大多数はアラスカとカナダのブリティッシュコロンビア州のものだった。一九九五年、ハクトウワシは連邦政府の“Endangered”リスト〔訳注：分布域のすべて、または重要な一部で絶滅の危機にある種〕から“Threatened”リスト〔訳注：分布域のすべて、または重要な一部で近い将来にEndangeredになりそうな種〕へ移され、一二年後の二〇〇七年七月には、絶滅の恐れのある種のリストから完全にはずされた。

ハクトウワシが絶滅の淵からめざましく回復したのを記念して、毎年六月二〇日（ハクトウワシをアメリカ合衆国の象徴として採用した記念日）に、全米ワシ財団が〝アメリカのワシの日〟を祝っている。この財団の設立者にして理事長のアル・シンシアは、「わたしたちはかつて、ほかならぬ自分たちの過ちと怠慢によって、この貴重な国宝を失うところでした……けれども、わたしたち国民が一丸となってこの難局に対処し、アメリカの大地、水辺、天空に慎重に連れもどしました」と述べた。ジャック・E・デイヴィスも賛同し、ハクトウワシがたどった道のりをみごとに説明した文章の結びとして、次のように記した。

二一世紀に、*Haliaeetus leucocephalus*（ハクトウワシ）は、輪が閉じた。アメリカの鳥となる前にすでに存在していたこの大陸じゅうにおびただしく広がって、その間の数世紀に危機が勃発して、ワシの領土が征服され、人間たちが彼らを凶悪犯の猛禽と批難して捕食者さながらにふるまうさまを、この種は目にしてきた。ところが、唯一にして真の捕食者の立ち会いのもと、このアメリカの鳥は救済の手を差し伸べられ、主権を回復し、自由を取りもどした。[68]

だが、彼は早計に失したかもしれない。二〇一六年一二月、合衆国魚類野生生物局は、今後三〇年のあいだ、年間四〇〇〇羽のワシの事故死（タービンに衝突したことによる）について風力発電会社が起訴を免れられるようにする許可の交付を提案した。[69] 二〇一九年一二月、ドナルド・トランプが、混乱続きの大統領職の大詰めに〝絶滅の危機に瀕する種の保存に関する法律〟――かつてハクトウワシを絶滅の淵から連れもどすのにひと役買った――に大きな変更を加えた。この法律の効力を深刻に弱める変更で、野生生物およびその生息環境を損なう恐れがある開発を許可するかどうか決定するさいに、経済的要因を考慮することを認めている。[70] また、アメリカ南東部の各州で数百羽のハクトウワシが一九九〇年代なかばから謎の死を遂げていたが、ごく最近の二〇二一年三月に、それが臭化物中毒によって引き起こされていること、その発生源はまだ明らかになっていないことが報告された。[71]

じつに幅広い人々や文明によってワシが力の象徴に選ばれた理由は、その野生の資質、あくまで人間にへつらわない性質であることを、わたしたちは知っている。したがって、二〇一五年に、当時は民間人だったドナルド・トランプ氏が『タイム』誌のカバーストーリーでハクトウワシと一緒に写真に収まろうと決めたとき、計画どおりに進まなかったのは当然と言えるだろう。最初のうち、このワシ（しかるべく〝アンクル・サム〟と名づけられた）は協力していた。だが撮影が進むにつれて苛立ちを募らせ、翼をばたつかせて、ついにトランプを攻撃した。これぞ勧善懲悪、なのかもしれない[72]。脅威にさらされると、大自然は必ずや反撃に出る――ワシとドナルド・トランプの事例のように、文字どおりにも、比喩的にも。そして人間の行為者が絶大な権力を有すれば有するほど、野生生物がもたらす報復は大きくなる。次章の物語のとおり。

# 第9章
# スズメ

*Passer montanus*

雀一羽落ちるのも神の摂理。
――ウィリアム・シェイクスピア『ハムレット』第五幕第二場（小田島雄志訳）

【一九五八年一二月一三日土曜日、中国の上海】

あらたな一日が始まって、群集が通りに集まりだした。彼らは街じゅうにあふれ、何千本もの赤い旗――中国共産革命の象徴――が振られ、血も凍るような鬨《とき》の声が大気を満たす。学童、学生、農民、工場労働者、中国人民解放軍の兵士たちが共通の敵を相手に集結し、喧噪《けんそう》はどんどん高まって耳をつんざくまでになった。

太陽が昇ってほどなく、大虐殺が始まった。最年長と最年少が見守るなか、ほかの者たちはお祭り騒ぎの大量殺戮に乗り出し、ある新聞はこれを〝総力戦〟と称した。

この寄せ集めの軍勢は、竿《さお》、網、罠、銃を手に標的を容赦なくひたむきに追った。鍋や釜をがむしゃらに打ち鳴らして攻撃相手を攪乱《かくらん》しようとする者もいた。彼らはしじゅう勝利と歓喜に沸き、叫び、歓声をあげていた。

当初、敵はひとかたまりになって、数の力で安全を確保しようとした。だが隠れる場所はどこにもない。やがて順々に地に落ち、射殺されるか、絞め殺されるか、単に疲労困憊《こんぱい》して死んだ。中国全土で、これら無抵抗の犠牲者たちが、街の通りや田舎の野で、公園や個人宅の庭で、屋根の上や溝のなかで命を落とした。なかには、空からまっすぐ落ちてきて、すみやかに殺された例もあった。日暮れまでに、上海だけで二〇万近くが死んだ(1)。

こうした暴力的かつ凄惨な大量殺戮の描写にはなじみがある。だが、この事例の場合、虐殺の犠牲者は人間ではなく、スズメだった*1。もしくは、全権を有する党主席、毛沢東に率いられた中華人民共和国の指導部のいう〝四害〟のひとつだ。

この運動は、一九五八年一月に発表された広範な政治的、社会的改革〝大躍進政策〟の一環であり、〝害〟と糾弾された四つの生物を根絶する試みだった。たとえば標的の〝四つ組〟をナイフで串刺しにするさまなど、じつにおぞましい絵が描かれた色鮮やかなポスター群が、忠実な中国人民に「四害を撲滅せよ！」と熱心に説いた。四害とは、腺ペストを媒介するネズミ、マラリアなどさまざまな病気を広める力、どこにでもいて腹立たしいハエ、そして最後にして最重要なのが、大切な種子や穀物を食べて年間の収穫高を脅かすスズメだ。

四つ組のうちスズメがとくに標的にされ、中国の支配者がつねにスローガンを好むせいもあって、ほどなくスズメ撲滅運動なるものが展開された。政府の科学者たちは、スズメは一羽で年に四・五キロの穀物を消費する、したがって一〇〇万羽殺すごとに六万人分の穀物がまかなえると推計した。この計算は理論的には正しかったが、結果は願望の正反対だった。

毛沢東が一九四九年に政権を握ってからの一〇年間、中国の人民はひどい窮乏状態にあり、なんであれ食べ物を必要としていた。この運動は、都市部でも田園地帯でも受けがよいのは確実で、最高指導者のもとで国を統一するのにひと役買うことが期待された。そして、何億羽ものスズメ——および、膨大な数の三害すなわち力、ハエ、ネズミ——を狩って殺すことに成功した。[*2] 巣が破壊され、卵や雛

＊1　明確に言うと、スズメ科のスズメだが、北アメリカの読者は混乱するかもしれない。これはユーラシア大陸のスズメ（Eurasian tree sparrow）、学名 *Passer montanus* で、アメリカのスズメとされるムナフヒメドリ（American tree sparrow）、学名 *Spizelloides arborea* とはちがう種だ。後者はスズメ科ではなく、ゴマフスズメ科（*Passerellidae*）に属する。ヨーロッパでは、スズメはもっぱら田園地帯の鳥で、近縁種のイエスズメ、学名 *Passer domesticus* が都市部にいる。だが、中国ではイエスズメの数がはるかに少なく、スズメは都市部と田園地帯いずれの生息環境にも適応している。

はその下の地面に叩きつけられた。ある目撃証言では、こう綴られている。

最初の駆除をなんとか生き延びた鳥も、そのあと村や町の住民に追いかけられ、朝から晩まで鍋や釜を打ち鳴らされて繁殖と眠りを妨げられ、しまいには疲労困憊して死んだ。スズメを殺す方法は何種類もあり、死に追いやるこの戦いではすべてを用いることとされた。[2]

老いも若きも、全員が役割を果たすよう求められ、カラーポスターには、無防備なこの鳥をパチンコで狙う笑顔の子どもたちが描かれた。毛沢東みずから「五歳の子どもも含め、全人民が四害の駆除に動員されるべし」と宣言した。[3] 殺戮は中国都市部にかぎられなかった。田園地帯でも、スズメが毒殺され、罠にかけられ、木の枝に塗られた粘着性の物質で捕らえられた。[4]

この大量殺戮を奨励する目的で競技会が開かれて、最も多くの死骸を提出した者には報酬と称賛が惜しみなく与えられた。中国南西部の雲南省出身のある若者は、ひとりで二万羽のスズメを殺したことが判明して国民的英雄になった。彼の手法は、スズメが営巣する木を日中に突きとめておき、日が暮れてからその木によじ登って、素手でこの鳥を絞め殺す、というものだった。

## スズメ撲滅運動の証人

ロンドン北部マズウェルヒルのにぎやかな主要道路の裏にひっそりと建つこぢんまりしたコテージは、このスズメ撲滅運動の数少ない生き証人に会える場所とはおよそ思えない。だが、考えてみれば、エスター・チェオ・インはこれまでずっと型破りの人生を歩んできた。

小柄な身だしなみのよい女性で、いまや九〇歳近いエスターは、驚くほど率直かつ読みごたえのある回想録、『赤い中国の黒い田舎娘』（*Black Country Girl in Red China*）で、その半生を語っている。[5] 一九三二年に中国人の父親とイギリス人の母親のもとに生まれ、人生最初の六年間を上海で過ごした。一九三八年、両親の結婚生活が破綻したのを機に、母親ときょうだいふたりとともにイギリスへ渡った。だが、これで激動の子ども時代が終わったわけではない。コーヒーを飲みながら彼女が淡々と語った話によれば、「母は子どもたちを愛していましたが、世話することができませんでした」[6]。彼女ときょうだいは、ミッドランズのスタッフォードシャーで、里親――最愛の〝おばさん、おじさん〟――に育てられた。

一九四九年、一七歳でエスターは中国に戻って紅軍に加わった。ちょうど毛沢東の人民共和国が政治的権力を掌握したときだった。いま考えると若気のいたりと呼べる行動だが（なにしろ、彼女が当時知っていた中国語は、自分の名前に入っている単語ふたつだけだった）、よりよい世界を築きたいという燃えるような思いがあった。中国の共産主義体制はそのための機会を提供してくれる気がした。「第二次世界大戦後、若い世代はものごとをちがう目で見はじめていました。そして、さまざまな疑問を抱きだしました。そのころまでに、わたしは社会は公平ではないと気づいていました……」と、彼女はわたしに語った。エスターの一九八七年版メモワールの序文にジル・トゥウィーディが書いたように、これは、自分がほんとうは何者であるのかを見つける旅でもあった。「熱意あふれるチェオ・インは、中国人としてのアイデンティティーを取りもどしたい一心で、イギリス人〝エスター〟の側面をとにかく忘れようとした」[7]

一〇年のあいだ、彼女はこれをやりとおしたが、ときにはイギリス人の側面が、たいていは毛沢東の硬直した専制主義体制への反抗心という形で顔をのぞかせた。だが、それでも、狂犬病の蔓延を防

＊2　確証はないが広く引用されている報告によれば、最終的な数は、一〇億羽のスズメ、一五億匹のネズミ、重さ一億キロ相当のハエ、一一〇〇万キロ相当のカだった。

ぐために全市を挙げて駆除が実施され、彼女も愛犬を射殺するよう強いられたとき、胸が張り裂けそうになりながらも泣く泣く従った。

とはいえ、受けいれがたい行動を強制されることがしだいに増え、もはや黙ってはいられなくなった。「わたしはいつだって反抗者なのです。最初のうちは、みんなと同じように狂信的でした。けれども、疑問に思ってはならないことがらを疑問に思いはじめました」。彼女の反抗心が頂点に達したのは、スズメを殺せという命令がくだされたときだ。北京の英語ラジオ局で働いていると、「すべての活動が突然止まりました」とエスターはふり返る。翌日の夜明けに、数百万の人々が通りに群れをなして、殺しが始まった。

そのラジオ局に勤務していた人のうち、参加しなかったのは彼女ただひとりだった。親しい友人にして同僚のウェイ・リンも、聡明で教養のある女性だが、加わった。「彼女は野蛮人みたいにあちこち駆けまわりながら、うつろな目でシンバルを叩いていました」と、エスターは回顧する。

わたしは不快感を覚えながら、窓辺に座って同僚たちを眺めていましたが、何人かは興奮のあまり口に泡を吹いていて、疲れきった鳥がやがて一羽、また一羽と地面に落ち、興奮状態で叫ぶ群衆に踏みつけられ、潰されて死んでいきました。ウェイ・リンは押しつぶされた一羽を意気揚々と拾いあげ、笑いながらわたしに投げつけました。

エスターは褪せた白黒写真を見せてくれた。翼の折れたツバメの雛を彼女が抱いている――この虐殺のとばっちりを受けた数百万羽のうちの一羽だ。「哀れなこの小さな鳥を見つけたとき、本気でこの運動の妨害を始めました。『毛主席なんか、くそくらえ――仲間に加わるものか!』と言ったのです」

わたしは驚きを隠せなかった。驚いたのは、この恐るべき女性がそうした煽動《せんどう》的な考えを抱いたことにではなく、深刻な結果を招く恐れがありながら、その考えを実際に口に出したことだ。全能の天帝にこんな反抗的態度を示して、どうやって罰を免れたのか。

たぶん、かつて紅軍にいたおかげで、中流階級の同僚たちから一目置かれていたからだろう、と彼女は説明した。しかも、母親が結婚前に雑役婦をしていたことも、エスターの労働者階級としての資格を高めた。「それに、当時は中国語を流暢《りゅうちょう》に話したり書いたりできなかったから、無教養な農民と思われていたのでしょう！　だから、咎《とが》められずにすみました」

そのころには、エスターのイギリス人の側面が中国人の側面に完全な勝利を収めていたのは明らかだった。*3

## 北京のスズメ虐殺

四害駆除運動の詳しい描写は世界じゅうで波紋を呼び、『ニューヨーク・タイムズ』紙は――茶化すように――スズメを「羽の生えた〝反革命者〟、五カ年計画への脅威」と呼んだ。『タイム』誌はこの運動をもっと深刻にとらえ、敵が人間である戦争のプロパガンダと驚くほど論調が似通った『北京人民日報』の意気揚々たる記事を引用した。「この戦いに勝つまで、戦士たちの退却は許されない。全員が猛烈かつ勇敢に戦うべし。われわれは革命の不屈の精神をもってやり抜くのだ(8)」。『タイム』によると、中国の首都、北京（Beijing）*4では一日の駆除活動に三〇〇万の人民が参加したという。

*3　エスターは一九六〇年代はじめにようやく、ふたりの幼い息子を連れて（ベルリン経由で）イギリスに戻り、やがて最初の夫と別れ、かつてキンダートランスポートで救出されたユダヤ人のランス・サムソン（偶然にも、彼女と同じく一九三八年にイギリスにたどり着いていた）と結婚した。

「午前五時、らっぱが高らかに吹かれ、シンバルが打ち鳴らされ、口笛が響いた。集結した学生たちは調理用具を叩きながら前進し、北京広播電台〔訳注：日本語の呼称は、北京放送局〕が詳述したとおり、心を奮いたたせる革命賛歌を歌った。『立ちあがれ、立ちあがれ、心ひとつの数百万よ、敵の銃火に果敢に立ち向かい、前進せよ[9]』」

この大量虐殺の同時代の描写で最も真に迫るのは、この運動が開始されて一年もしない一九五九年一〇月に、中国生まれの医師にして作家のハン・スーイン（韓素音）が週刊誌『ニューヨーカー』に寄せたものだ。彼女は、いまは亡き父の老いた召使いで、スズメの殺害に断固反対していたシュエ・マーと議論中、家の外の拡声器が大音量で鳴って会話が中断されたときのことを回顧した。「われわれの科学者たちが、スズメは飛行を二時間続けると疲れて地面に落ち、おかげで簡単に捕まえられることを発見しました。大衆の敵とのこの崇高なる戦いでわれわれが用いる戦術は、相手が――屋根の上でも、壁の上でも、木の上でも――休めないようにすることです。スズメを飛びつづけさせましょう！」と、その声は鳴り響いた[10]。

駆除運動の目標をいかに達成するか、放送は抜かりなく詳細に指示を与えた。主婦たちはかかしに鈴をくくりつけ、木々のあいだや煙突の上など、戦略的に有利な地点にこれを据えるよう指示された。学生たちは、先端に細長い布をつけた竿で武装し、この鳥を追いかけまわすよう言われた。ほかの者たちは、徒党を組んで家庭用品を打ち鳴らし、声のかぎり叫んでスズメが片時も休めないようにするよう奨励された[11]。

翌朝の夜明け前、ハン・スーインは対スズメ戦争を目の当たりにした。若い男女の一団が外の通りに集まって、まさに戦いを始めるところだった。最初のうち、スズメたちは小さな群れを作って飛びまわっていたが、ほどなく分散しはじめ、木々のあいだや電線にとまった。だが、そのたびに長い竿で追い払われるか、絶え間ない音と叫び声に怯えて飛びたった。隠れる場所はどこにもなかった[12]。音に悩まされたのは、スズメだけではなかった。アマツバメ、カラス、カササギ――「ひどく取り乱し、ほとんど捨て鉢になった飛行中の鳥の群れ」――が、パニックに陥ってそこかしこを飛びまわるのをハン・スーインは目にした。

当然ながら、殺された小鳥はスズメだけではない。シェルドン・ロウ（のちにカリフォルニアで大学教授になったが、大虐殺当時は北京在住のティーンエイジャーだった）は、二〇〇五年のメモワール[13]で、懸念を友人ひとりに表明したと回顧している。「ほかの鳥は殺さずに、スズメだけを狙うなんて、どうすればできるんだろう」と。もちろん、できるはずがない。エスター・チェオ・インも、その後しばらくは北京でほぼ一羽も鳥を見かけなかった。「アマツバメは何年も戻ってこなかった。わたしはよく天安門や天壇を見あげて、このすばらしい青空から失われているのは何かと自問し、そして思い出した。アマツバメが失われているのだ、と[14]」

大虐殺を目撃したハン・スーインにとって、事態は思わぬ展開を見せた。父親の家に戻ると、街道委員会のウォン同志に出迎えられて、この運動はとてもうまくいっている、だが彼女の父親の召使いから妨害を受けた、スズメ殺戮隊が敷地に入るのを拒まれた、と告げられた。スズメとの戦いに協力すべきだと言われたシュエ・マーは、自分たちの上の世代はこの鳥にもっと寛容に接していたのを覚えていると反論した。「わたしの時代では、スズメとの戦いなんてものはありませんでした。わたしは田舎の女です、飢饉のときにだけ、食べるためにスズメを捕まえていました[15]」

ウォン同志の返答は簡潔で的を射ていた。「いまはもう、飢饉なんてものはない」。あとから考えると、このことばはなんとも皮肉な重みを持つこととなる。

＊4　英語ではかつて“Peking”と表記され、中国（中華民国）の首都が南京に移されていた一九二八年から四九年までは“Beiping”（北平）と改称されていた。“Peking”の表記は一九七九年まで国際的に使われていた。

スズメとの戦いは一日じゅう休みなく続いた。翌朝四時四五分に、「サイレンの大音声がまたもやわたしたちを戦いに駆りたてた」。絶え間ない攻撃に対して、生き残った鳥たちは悲壮感を増していたが、やがてハン・スーインはその反応がわずかに変化したことに気づいた。いまやスズメは数がはるかに減って、力尽きかけているせいか飛行がどんどん不安定になっていた。一羽が地面に落ちると、たちまち首に紐が巻かれ、窒息死させられて「紅領巾をつけたたくましい先鋒《せんぽう》隊の少年少女が持っている、絞め殺されたスズメの束に加わった[16]」。その夜、ハン・スーインは、何万羽ものスズメの死骸を積んだ小型トラックが街の通りを走り抜けていくのを目にした。その側面には、急場しのぎにペンキで書かれたスローガンがあった。「死ぬまでスズメと戦え！　果敢に前進せよ、有害なスズメを排除せよ！」。そして、まさにそのとおりのことが起きていた。北京だけで、わずか二日間に推定八〇万羽のスズメが殺された。

　もう少しで逃げおおせるところだった鳥たちもいた。ある群れはポーランド大使館の敷地に逃げこみ、なかへ入れろという中国人群衆の要望を職員がことごとく断ったおかげで、当初は安息を得られた。ところが、それは長続きしなかった。じきに大使館が地元住民に囲まれ、二日二晩ひっきりなしに太鼓が鳴らされた。後日、大使館の職員は敷地から数百羽の死んだスズメをシャベルで片づけるはめになった。

### 反対の声をあげた科学者たち

スズメ撲滅運動は、表面上は、文句のつけようがない成功を収めた。一〇億羽のスズメが殺されたという主張はおそらく誇張だろうが、まちがいなく数億羽が命を落としたはずだ。虐殺から間もなく、この種は中国で絶滅の危機に陥った。大きな誤算と言うべきか、数年ののち、壊滅的な中国の個体数を補うために、ソビエト連邦から二五万羽のスズメを輸入せざるをえなくなった[17]。

この大虐殺から一二カ月も経たずに、猛烈な余波が押し寄せた。一九五九年六月から七月の米の収穫量が惨憺《さんたん》たるありさまになった。収穫量の激減は、単純なひとつの要因からだった。スズメはたしかに秋から冬にかけて種子や穀物を食べるが、繁殖期には、腹ぺこの雛に無数の虫を与える。スズメがすべて消えたいま、これらの虫——害虫のなかでもしくに破壊的なイナゴの大群を含む——が、貴重な穀物を存分に食べつくして丸裸にした。[*5]

ところが、全国的な飢饉——最終的に数千万以上もの中国人民を死に追いやった——の兆しが強まりつつあったにもかかわらず、スズメ殺しは一九五九年のあいだじゅう促進、奨励された。その年の終わりにようやく、毛沢東が突然スズメ撲滅運動の終結を宣言し、対象がスズメからナンキンムシに変更された。政策の一大転換であり、国営メディアは一年あまり前にあれほど熱狂的に支持した虐殺をいまや糾弾する記事を載せていた。

エスター・チェオ・インは『人民日報』を友人のウェイ・リンに見せて、はじめからずっと自分が正しかったと指摘した。

「親愛なる主席について、あなたがなんと言ったか覚えてるわ」とウェイ・リンはそっけなく言い返した。「あなたは党の命令に従わなかった。これは許されないことよ」(18)

では、何がこの突然の政策転換をもたらしたのか。おもに、ふたりの科学者、シー・チューとチェン・ツォシンの洞察力と勇気だ。彼らは勇敢にも、スズメの虐殺に根拠を与えた科学的見解に疑問を呈した。

*5　アメリカの政治史学者、ジュディス・シャピロ博士が指摘するとおり、その後のできごとの原因は、スズメ撲滅運動だけではない。「結果としてもたらされた飢饉には、大製鉄・製鋼運動や、密植をはじめ思慮のない農業政策など、多くの要因があった」

チェン・ツォシン（鄭作新、一九〇六〜九八）は、少年時代に自然界に関心を抱いた。アメリカ合衆国で学んだのち、中国に戻って動物学者になり、とくに鳥を専門にした。毛沢東が中国共産革命を経て政権を握った一年後の一九五〇年、チェンは首都に移って、その一年後に北京自然博物館の前身を設立した。四害駆除運動が始まったとき、精緻にバランスがとれた生態系からスズメを排除すると悲惨な結果を招きかねないことに、チェンはすぐさま気がついた。だが、証拠が必要だった。翌年、一年間かけて、同僚のシー・チューとともに、スズメの消化器系を念入りに調べた。

ふたりの科学者は、まさに予想どおりの結果を発見した。繁殖期のあいだ、胃の内容物の四分の三は虫で、残る四分の一が種子や穀物だった。したがって、スズメはたしかに収獲物の一部を盗むが、害虫の増殖を抑える重要な役割を担い、その恩恵は損失を埋めあわせてあまりある。この発見の重要性に気づいて、チェンとシーはただちに中国科学院に連絡をとり、そこから党に知らされて、異例の政策転換に結びついた。

ふたりの科学者は英雄として称賛されたにちがいない。そう思うなら、中国共産党の確固たるイデオロギーへの認識が甘い。共産党はこの政策がかくも完全かつ破滅的にまちがっていたことをけっして認めようとしなかった。したがって、この運動の迅速な終了につながったにもかかわらず、ふたりは公式政策にあえて反対意見を唱えたせいでひどい苦しみを味わうこととなった。

チェン・ツォシンはすでに、アメリカで学んだこと、東ドイツおよびソビエト連邦の鳥類学者たちと長年にわたって共同研究を行なっていたことから、不信感を抱かれていた。全面的に正しかったにもかかわらず、スズメの虐殺に反対の声をあげたがゆえに、状況はいっそう悪化した。「知識を持てば持つほど反動主義者になる」という、当時よく唱えられた――まぎれもなくオーウェル的な――スローガンのもとに育まれた反知性主義の空気のなかで、チェンは科学研究の中止を強いられ、犯罪者と断じられた。鳥類学者としての資格を精査すると称した（急ごしらえの）試験に合格できず、罰として便所掃除をさせられた。一九六六年に、彼は牛舎の独房に監禁され、最も大切にしていたものを紅衛兵に徴発された。高価なタイプライターだ。これを用いて、彼は数多くの重要な科学論文を書いてきた。

一九七六年九月の毛沢東の死後、学者に対する敵意が和らぎはじめた。中国の鳥に関するチェンの大作がようやく出版された――ただし、腹立たしいことに、毛沢東による序文を載せるよう強いられた。(19) 許容される自由がしだいに広がって、チェンは最終的にイギリスに渡り、著名な環境保全主義者、ピーター・スコットと共同研究を行なった。

一九九八年六月に九一歳で亡くなったとき、チェン・ツォシンは中国の現代鳥類学の祖として広く称賛されていた。長い生涯において、一四〇本の科学論文、二六〇以上の記事やエッセイ、二〇のモノグラフ、三〇冊の本を出版した。*6

このようにあとから名誉を回復したとはいえ、チェン・ツォシンはスズメ撲滅運動による予期せぬ転落から完全に立ちなおることはなかった。だが、ほかの数千万人とはちがって、少なくとも生き残った。

## 史上最大の人災

人間の受難という観点から、スズメ撲滅運動は人が引き起こした災害としては掛け値なしに人類史上最大と言える。一九五九年から六一年までの三年たらずのあいだに、最大五五〇〇万人、少なくとも一五〇〇万人が、中華人民共和国大飢饉――これに先立つ運動の皮肉めいた響きがある名称――で

*6 そのほかに、チェン(Cheng)にちなんで名づけられた種がふたつある。齧歯類の一種、チェンスナネズミ(*Meriones chengi*)と、二〇一五年に発見されたシセンオオセッカ(*Locustella chengi*)だ。

命を落とした。[20] ちなみに、最大の推定数は、第一次世界大戦中に全世界で亡くなった四〇〇〇万人を上まわる。[21]

全員が飢えで死んだわけではない。アメリカの歴史家、ジョナサン・ミルスキーが述べたとおり、党の政治運動への参加を拒んだら、「拘束、拷問、死、さらには家族全体の受難がもたらされかねなかった」。[22] 人々は〝公開批判〟のあいだ怯えて口を閉ざしたが、あえて反抗する者にはしばしば暴力的な攻撃が加えられた。オランダ人歴史学者で『毛沢東の大飢饉――史上最も悲惨で破壊的な人災1958-1962』[23] の著者、フランク・ディケーターは、二五〇〇万人以上が殴打と拷問で死に、三〇〇万人が飢えによる緩慢な死をよしとせず自殺したと述べている。

飢饉が悪化し、不満が高まって公然と反抗が示されるようになると、政策を疑問視することへの処罰がいっそうきびしくなった。大勢が拷問され、四肢の一部を切断され、むりやり排泄物を食べさせられたり尿を飲まされたりした。あるいは、熱湯を浴びせられたり、村の池に沈められたり、生きたまま埋められたりして殺された。[24] 純然たる恐怖の光景が、目撃証人からもたらされている。たとえば、中国内陸部の河南省信陽市のとある中国共産党役人の秘書、ユ・ドゥーホンは次のように述べた。「ある村を訪れて一〇〇体の遺骸を目にし、べつの村でまた一〇〇体の遺骸を目にした。それらに目を留める者はだれもいなかった。犬が死骸を食べているんだ、と人々は言った。まさか、とわたしは答えた。犬はずいぶん前に人間に食べられていたのだ[25]」

二〇一二年の著書『墓碑』[26] で、中国人歴史家のヤン・ジシェン（楊継縄）は飢饉とその余波のぞっとする結果を示している。河南省の一都市だけで、八人にひとり――総数一〇〇万人以上――が死んだ。ある村では、住人四五名のうち四四名が命を落とした。唯一の生存者である年配の女性は正気を失った。ほかの場所では、孤児になった一〇代の女の子が四歳の弟を殺して食べた。

せっぱ詰まった人々は、家族のだれかが死んでもまだ生きているように見せかけて、なけなしの食料配給を受け取ろうとした。そのかたわらで、腐りかけた死体がネズミに食べられていた――皮肉にも、そのころには駆除されているはずの〝四害〟のひとつに。

こうした悲惨なできごとが起きたとき一〇代の後半だったヤンは、学校から帰宅して父親が死にかけているのを発見した。「父はお帰りの挨拶に手を差し出そうとしたが、うまく持ちあげられなかった……わたしは〝骨と皮〟という表現がかくもおそろしく残酷なことに気がついてショックを受けた[27]」

ところが、共産党への信頼が厚すぎて、ヤンは家族の死と国じゅうの何百万もの死とを結びつけられなかった。父の死は、より広範な政策の政治的、社会的帰結とは無縁であり、純粋に個人的な不幸だと信じていたのだ[28]。

## 傲慢さと無知がもたらした戦い

スズメ撲滅運動はいきなり出現したのではない。それ以前の一〇年間に、科学リテラシーの欠如と抑制なき権力という致死的な組合せに煽《あお》られて、政策とその実践にいくつもの過ちが積み重なった結果だ。責任は明らかに、ひとりの男、おそらくは世界史上最も権力を有する一個人にある。すなわち、毛沢東に。

毛沢東の妥協を許さぬ強硬路線の政治イデオロギー、いわゆる毛沢東主義は、「歴史上並はずれて野心的な人間操作の試み」と表現されてきた[29]。疑いの余地なく、六億五〇〇〇万の人民をひとつの国としてまとめる最も効果的な手法であり、すべての人民が毛沢東の神格化された命令に完全に従うことが求められた[*7]。だが、この容赦ない断固たる手法は、支配下の人民を抑圧するだけでなく、自然に対する継続的な戦いをともなっていた[30]。環境活動家のタイ・チン（戴晴）が指摘するとおり、毛沢東は最も危険な人間で、環境にも生態学にもリテラシーのない暴君だった。「毛沢東は動物に関して何ひとつ知らなかった。自分の計画について専門家に相談することも、意見を聞くこともよしとしなかった。〝四害〟は殺されるべきだとあっさり決定した」[31]

スズメ撲滅運動は深刻かつ致死的な事例の最たるものだろうが、人間の傲慢さと無知が鳥との全面戦争をもたらした唯一の事例とはおよそ言いがたい。鳥に戦いをしかけたら、人類は――知識、技術、資源でまさっているにもかかわらず――たいていは最終的に負け戦になる。一世紀近く前にオーストラリア西部の砂漠で勃発した風変わりな戦いほど、それが明白なものはない。

## オーストラリアの砂漠での戦い

一九三二年一一月の晴れた春の朝、夜が明けてほどなく、戦いが始まった。オーストラリア陸軍砲兵隊の兵士を乗せた車が、第一次世界大戦の退役軍人の住居として開発された西オーストラリア州のカンピオン地区に到着した。彼らはすばやく荷ほどきをして二挺《ちょう》のルイス軽機関銃と一万発分の弾薬を取り出した。数分後、敵の姿を目にした。身長二メートル近い総勢五〇の敵が、鉄分の多い深紅色の乾燥した大地に集まった。

第七砲兵隊の指揮官、G・P・W・メレディス少佐は敵を取り囲んで銃前に追いたてるよう部下たちに命じた。残念ながら、彼は敵を見くびっていた。相手は小集団に分かれ、兵士たちは一〇あまりの敵をなんとか撃ち殺したものの、残りは逃がした。

二日後、メレディスと部下たちは待ち伏せし、行く手に一〇〇〇もの敵の集団がいるのを目にした。今度こそ任務は成功するはずだ。だが、運は味方しなかった。わずか二、三発発砲したあとでルイス軽機関銃が弾詰まりを起こし、近づいてくる集団は安全な場所へ逃亡した。

その後数日間、メレディスと兵士たちは標的を追跡しつづけた。戦術を変更し、一台のトラックに機関銃を載せて追いかけたが、それでも敵は彼らより速く走り、トラックががたがた揺れるせいで発砲するのもままならない。ある兵士は意気消沈したようすで、日が経つにつれて敵はどんどん組織的になっていると述べた。「いまや、各群れにリーダーがいるように見える――身長一八〇センチをゆうに超すそいつが見張り、仲間が破壊戦を遂行してわれわれの接近を群れに警告するのだ[32]」

この作戦行動が始まって一週間近く経った一一月八日、砲兵隊は二五〇〇発の弾を撃っていながら、ごくわずかな成果しかあげていなかった。敵の強さをあなどっていたことがようやく認識され、撤退の命令がくだされた。哀れなメレディス少佐は、敵を伝説的な兵士集団になぞらえた。「やつらは戦車の堅固さで機関銃に立ち向かった。まるで、ダムダム弾ですら止められなかったズールー人のようだ[33]」。唯一の慰めは、この作戦行動の公式報告にしかるべく書かれているとおり、兵士にひとりの死傷者も出なかったことだ。だが驚くに当たらない。敵は人間ではなく、オーストラリア最大の鳥、エミューだったのだ。

## 〝エミュー大戦争〟の敗北

この作戦行動は、〝エミュー大戦争〟と呼ばれることになるものの幕開きだった。スズメの場合と同じく、ひとつの鳥種に対して〝民族浄化〟的なものを試みることの危険性を示す有益な物語だ。

この戦いは、当時はじつにまっとうだと思われていたことが要因で始まった。エミューはつねづね、食料や水を求めて、アウトバックと呼ばれる広大な不毛地域から西オーストラリア州のこの地域にさまよいこんでいた。だが、ここに集落が築かれ、土地が開墾されると、エミューは深刻な問題となった。重大な局面を迎えたのは、一九三二年一〇月、世界大恐慌のせいで小麦の価格がさがり、農家が

＊7　エスター・チェオ・インですら、国民の九〇パーセント以上が文字を読めない国では、おそらくこれが唯一の統治手法だっただろうと主張する。

深刻な財政難に陥ったときだ。よりによって、そこへ二万羽のエミューが登場した。

エミューは体高と体重が世界最大級の鳥で、*8 敵にすると手強い。農作物をただ食べるだけでなく踏み潰したし、フェンスにぶつかって穴をあけ、ほかの〝害獣〟であるウサギが畑に入って餌をあさりやすくしていた。

明らかに、なんらかの対策が必要だった。退役軍人の代表団が、国防大臣のジョージ・ピアースにロビー活動をして、機関銃でエミューを殺して群れを追い散らすことを提案した。大臣はすぐさま同意した。なにしろ、軍隊はおおいに必要としていた射撃練習ができるうえ、政治的な見返りもあり、オーストラリア西部の農村共同体による反乱を阻止して、国から州が独立するような事態を回避できるのだ。

軍隊が勝利するものと思いこんで、ピアースは〈フォックス・ムービートーン・ニュース〉のカメラマンを随行させ、ニュース映画向けにこの作戦行動を記録するよう手はずを整えていた。結果として、不都合な真実をプロパガンダの力でねじ伏せた典型例と言うべき短編映画ができあがった。(34)

この映画は、いかにも軽快な音楽と「西オーストラリア州がエミューとの戦いに挑む――カンピオンの農家が鳥の略奪集団を追い払うのを助けるために、軍隊の機関銃が召集された」というキャプションで始まる。そしてニュースキャスターが明快に背景を説明し、「前進する軍の偵察隊」「われらが男たち」「敵はこちらの作戦行動を展望鏡――エミューの長く伸ばされた首のこと――で見張っている」など、冗談めかした注釈を加える。そして最後に、次のような、楽観的な――のちに、完全な誤りであると判明する――説明がなされる。

「どうやら形勢が逆転して、鳥たちが農家を破滅させる恐れはなくなった。この地では長らく被害が生じることはないだろう」

一週間も経たずに、エミューが貴重な農作物をまた荒らしたので、二回めの虐殺の企てが実施された。今回も、仕留めた鳥の数は嘆かわしいのひとことに尽きた。一週間で一〇〇羽。このペースでは、実質的な効力が得られるまで何年もかかるだろう。しかも、どうやらメレディスは、体面を保つために仕留めたエミューの数を誇張していたらしい。

そのころにはもう手遅れで、この大失敗はすでに議会で槍玉にあがっていた。参加した兵士たちにメダルを授与すべきかと尋ねられて、ある国会議員は苦々しい顔で、もしメダルを授与するなら、それはエミューに対してだ、なにしろ彼らは「いまのところ全勝」しているのだからと答えた[35]。

今日にいたるまで、エミュー大戦争は正式な軍隊が鳥に敗北した史上唯一の事例となっている。エミューの一勝、人間の零勝、と言ってもいいだろう。

## 世界全体でスズメが減少している

中国では、スズメ撲滅運動の開始から六〇年以上経ったいま、ひとつの重要な問いが残されている。もし、おもな標的だった種にこの虐殺が長期的な影響をおよぼしたとすれば、それはなんなのか？[*9]

スズメをはじめとする鳴禽は、異常なできごとから——ハリケーンや厳冬など自然のものであれ、スズメ撲滅運動のような人為的なものであれ——急速に回復できるよう進化してきた。毎年、二ないし三孵りの雛を育て、一繁殖期に一〇〇羽あまりの子をもうけることができる。つまり、生息環境と食

＊8　エミュー（*Dromaius novaehollandiae*）の完全な成鳥は、体高一・九メートル、体重六〇キロにも達することがあり、短距離なら時速五〇キロ超で走る——人間の追跡者をやすやすと振りきれる速さだ。エミューより背が高いのはダチョウだけで、体重に関して勝てるのはダチョウとヒクイドリだけだ。

＊9　幸いにも、バードライフ・インターナショナルによると、スズメは現在のところ〝低危険種〟に分類されている。全世界の個体数は一億九〇〇〇万ないし二億一〇〇〇万羽と推定され、繁殖域はおよそ九九〇〇万平方キロメートルにおよぶ。バードライフ・インターナショナルのウェブサイト参照。

べ物の供給が不変であれば、個体数はきわめて迅速に正常復帰する。どうやら、中国ではそうなったようだ[36]。

とはいえ、世界全体で見ると、まだ懸念するほどではないが、スズメの個体数はゆるやかながら着実に減少している。当然のように、地域的な減少は地球規模の減少よりもはるかに深刻化しやすい。イギリスでは、スズメは最も減少が速い鳥のひとつで、もっぱら生息環境の消滅と適切な餌の不足が原因で、個体数が一九七〇年代から約九五パーセントも減少した。ただし、最近では数が安定してきたようだ[37]。ヨーロッパでも、スズメは着実に減っている。

とはいえ、いまもごく一般的な種であり、アジアの温帯全域に広く生息している。中国では、個体数のデータが手に入りにくいが、スズメについては都市部および田園地帯の多くで繁殖中の姿がよく見かけられる。ただし巨大都市では、意図して殺されるのではなく、土地の開発、生息地の断片化、人為的干渉のせいで、脅威にさらされているようだ。

二〇〇八年、三人の中国人研究者が、中国第二の大都市、北京で繁殖期と冬季にスズメを観察した事例研究を発表した[38]。北京はいまや人口二一〇〇万人あまりと、スズメの虐殺が起きた一九五八年の七倍以上の住民を擁する。なおも年間二パーセント以上のペースで人口が増えており、二〇三七年には二五〇〇万人を超すと予測されている。

北京のスズメにとっては、よくない報せだ。郊外、公園、街の中心地など、この都市の異なる八つの地域を調べた結果、都市化が進んで建物や道路が密集すればするほど、スズメの減少幅が大きくなることがわかった。逆に、木々が植えられ、公園など緑が多い空間が存在すれば、個体群は以前と同じ水準を保つことができる。この研究論文は、「スズメは一般的に適応能力がある種だが［引用者による強調］、急速な都市化には適応してこなかった」し、「都市計画には鳥を……考慮に入れるべきだ」と結論づけている。

いっぽう、一九九三年一二月、オランダの港湾都市ロッテルダムで二〇〇万羽の凍ったスズメの積み荷が発見された。中国からイタリアへの貨物で、おそらくは人間の食用だったようだ[39]。いまは亡き鳥類学者のデニス・サマーズ＝スミス――スズメに関する世界的権威――は「この取引にはなんら違法性はないが、このペースで狩られたらその個体群はまちがいなく持ちこたえられないだろう」と述べた[40]。

香港では、二〇一六年にはじめてスズメの個体数調査が実施された[41]。スズメは香港のせわしない中心部で繁栄している数少ない鳥のひとつで、このときの個体数調査によっておよそ三二万羽の存在が確認された。以降、毎年調査が実施され、二〇二〇年の結果はおよそ二六万羽――一平方キロメートルあたり二三五羽だった[42]。

世界を見渡すと、スズメの近縁種であるイエスズメが「ほぼ排他的に完全に人間に依存する」長年の生活習慣から恩恵を受けつづけている[43]。人間との親密な関係のおかげで、イエスズメはヨーロッパおよびアジアの原産地域から生息域を広げて、南北アメリカ、アフリカ、オーストラリアに定着し、いまでは世界でもとくに繁栄してよく見かける鳥になった。ところが、ここ二、三〇年間で、ヨーロッパのイエスズメは二億五〇〇〇万羽近く減り、いかに数が多く分布域が広い鳥であろうと、その存在が続くことを当然と考えることはできないし、考えてはならないことを示した[44]。

## 飢饉は自然災害ではない

一九五八年以降の一連のできごとから、もっと普遍性のある教訓は得られるだろうか。中国では、さほど望めないだろう。膨大な数の人間の犠牲者を出して六〇年以上経った今日でも、〝中華人民共和国大飢饉〟はタブーでありつづけている。たとえ飢饉に言及されることがあったとしても、たいてい〝三年困難時期〟〝三年自然災害〟と遠回しに表現され、歴史学者たちは洪水や干ばつといった異常気象のせいだったと主張している。フランク・ディケーターはこれに強く反論し、この飢饉は以前考えられていたよりも長く——丸四年——続いたばかりか、その原因はほぼ完全に政治的なものだったことを証明した。「飢饉という語は、食べ物がなくて人々がなんとなくゆるやかに餓死する状況を思い浮かべさせる。きわめて受動的なイメージだ……もっとぴったりの語は〝集団殺戮〟だろう」と彼は結んでいる。[45]

著名な中国系イギリス人作家のユン・チアン（張戎）と、その夫でアイルランド出身の歴史学者のジョン・ハリデイは、まちがいなくこの意見に同意するはずだ。二〇〇五年刊行の大部の共著、毛沢東の伝記で、ふたりは真実を明らかにした。大勢の人々の死が、大躍進で推し進められた数々の苛酷な政策の必然の結果であることを、毛沢東は認めるのにやぶさかではなかった、と。[46]「これは、われわれが払わなくてはならない代償である」と、中国の外交部長であるチェン・イー（陳毅）は、一九五八年一一月、死者数の増加が明らかになったさいに宣言した。「心配するようなことではない。これまで戦場や牢獄《ろうごく》でどれだけ多くの人が犠牲になってきたか、だれが知っている……？　いま、われわれには病と死が少しは存在するが、ゼロに等しい！」[47]

これは毛沢東と共通の——それどころか、彼が作った——見解であり、一年後、上海での秘密の会議で、彼は次のように言い放った。「食べ物がじゅうぶんないと、人は餓死する。半数を死なせて、残りの半数がたらふく食べるほうが得策だ」[48]

歴史学者のラナ・ミッターは、ヤン・ジシェンの著書『墓碑』の書評において、あらゆる飢饉は本質的に、自然災害ではなく政治的な決断の結果であると主張した。彼が指摘するように、まちがった政策の悲惨な結果が明らかになっても、中国の政治家たちは路線変更を拒んだ。

このとき、指導部は無責任な犯罪者と化した……ヤン・ジシェンの著書は、彼の父をはじめとする飢饉の犠牲者の墓碑であるばかりか、当時の共産党指導部への信望の墓碑でもある。彼らは行動すべきだったのに、そうしなかったのだ(49)。

わたしはエスター・チェオ・インに別れを告げる直前に、遠い昔のスズメ大虐殺のさなかに何が起きていたのか、事実をかつての同僚たちに突きつけたことはあるのかと尋ねた。ある、と彼女は言った。「あなたは正しかった」と、ひとりが答えたという。「だが、時期が悪かった」と。全体主義的な独裁政権の支配下では反抗しても無駄だという意見だが、これにうち勝つのはむずかしい。

## 自然を征服できるという毛沢東の妄想

スズメ撲滅運動と、それが一因となって引き起こされた未曾有の人災は、生態学の本質的な真実を見失った社会の怖さを示してくれる。イギリスの環境ライター、マイケル・マッカーシーは二〇一〇年にこう記している。

何世紀にもおよぶ独裁者たちのあらゆる愚行のなかでも、毛沢東がスズメにくだした死刑宣告は、その規模や無慈悲さという点でも異様だが、彼本人の目からは合理的で、科学的社会主義を追求した論理的帰結であるという点、また、完全に誤った政策でありながら、それを実施する手段――気まぐれな思いつきにことごとく従う六億人の人民――を彼が有していたという点で、ひときわ異様だ(50)。

マッカーシーに言わせると、毛沢東のスズメ撲滅運動は、自然界に対する中国指導部の危険かつ誤った考えの典型例であり、自然を征服できる――中国の人民と同じく、自分たちの願望や欲求に従わせることができる――という妄想にすぎない。「自然は敬意を払うべき存在ではなく、利用すべき単なる資源であり、山や川は支配するべきもの、人間の意思に屈服させるべきものだ」と。毛沢東のスローガン――彼の政治的、経済的哲学の中核にあるもの――は、「人は自然を征服すべし」だった(51)。
現在では、多くの中国人がこの哲学はおかしいと感じていることが、次の諷刺的な自問自答からわかる。劇作家のシャー・イェシン（沙叶新）が、一連のできごとを自分の目で見て四〇年近く経った一九九七年に提示した自問自答だ。

スズメには知識人たちと同じ欠点がある。旗竿に飛びのったとき、彼らは尊大に見える。また、捕らえられると、知識人たちが話したがるのと同じように、さえずりたがる……だが、結局のところ、スズメは有害な虫を捕まえて自分の役割を果たす。ちょうど、知識人たちが実直に働いて自分たちの務めを果たすのと同じように……彼らの貢献は欠点よりも大きい……ならば、なぜ、わたしたちは彼らを惨殺できたのか。なるほど、不品行な個体はいたかもしれないが、それはごく少数であり、人々を総動員して種をまるごと撲滅する理由にはなりえない(52)。

それとも、自然ライターのチャーリー・ギルモア（エスター・チェオ・インの孫息子でもある）が述べたように、毛沢東は〝ハエをのみこんだおばあさん〟〔訳注：アメリカの童謡。ハエをのみこんだおばあさんが、腹のなかのハエを捕まえてもらおうとクモをのみ、今度はそのクモを捕まえてもらおうと鳥をのみ……というふうに続く〕の全体主義者版だったのか(53)。

## 同じ悲劇がすでに起きている

だが、たぶん、四害駆除運動――そして、環境にこれほど大惨事をもたらす政策を政治家も人民も積極的に受けいれたようす――から学べる最大の教訓は、同じ悲劇がまた容易に起こりうる、ということだ。

いや、中国では、すでに起きた。一九九八年、最初の四害駆除運動が始まってから四〇年後に、南西部の都市、重慶で一時的にこの運動が復活した。〝四害を駆除しよう〟と人々に呼びかけるポスターが現れたのだ[54]。そして二〇〇四年一月、致死性の重症急性呼吸器症候群（ＳＡＲＳ）ウイルスの宿主とされるジャコウネコ、アナグマ、タヌキ、ゴキブリを標的に、中国政府が毛沢東式の〝愛国衛生運動〟を展開した[55]。ところが、世界保健機関（ＷＨＯ）がすぐさま指摘したとおり、この撲滅運動は逆効果であることが判明した。これらを殺して処分するさいに密な接触をすると、人々が危険な病気に罹患《りかん》し、意図せずに広げてしまう確率が高まるのだ。

中国は過去の過ちから学べないばかりか、どうやら繰り返すよう運命づけられているようだ。だが、全権を有する指導者が人間にも環境にも不可逆的な損害をもたらしかねない条件反射的、ポピュリズム的な政策を採用した事例は、これだけであるはずがない[*10]。アメリカのトランプ前大統領や、ブラジルのジャイール・ボルソナーロもその一例だ。おまけに、わたしたちの世代はいま、人類存亡の最大の危機に瀕している。かつてない気候非常事態だ。

最終章では、この脅威に付随する被害を何よりも体現している種に、焦点を当てる。

＊10　政策を採用しない事例もある。たとえば、生きた野生生物が食用販売されている〝生鮮市場《ウエット・マーケット》〟を経由して新型コロナウイルスが広がるのを、中国は防がなかった。

# 第10章 コウテイペンギン

*Aptenodytes forsteri*

神よ！　ここは恐ろしいところです……
――ロバート・ファルコン・スコット『探検日誌』、一九一二年一月一七日

その映画の撮影スタッフが南極大陸に長期滞在して目撃した数多くの劇的なできごとのなかでも、これは群を抜いて痛ましかった。五〇羽のコウテイペンギンの群れが、たいていは両脚の上に危なっかしげに雛を一羽のせて、どういうわけか峡谷の急斜面をおりてしまっていた。いまや彼らは、脱出できずにいるようだ。

制作チームは、難解な倫理的ジレンマを突きつけられた。もし彼らが何もしなければ、ペンギンはやがて餓死するだろう。だが、もし彼らが介入することに決め、安全な場所へペンギンがたどり着くのを助けたら、野生動物映画の制作行動規範に反することになる。規範の最も神聖な指針は、〝けっして介入するな〟なのだ。

残酷に聞こえるかもしれないが、この規範が設けられたのには理由がある。映画制作者が介入して自然の過程に影響をおよぼしたら――たとえば、無力な赤ちゃんレイヨウがライオンに殺されるところを救ったら――観察者と観察対象を分かつ見えない境界を侵して、自然に干渉することになるのだ。サー・デイヴィッド・アッテンボローが、早くも凍え死んだ雛一羽が映された場面で、朗々とした穏やかな声で説明するように、「撮影スタッフは、いかなる感情を抱こうとも、目前のできごとをそのまま記録しなくてはならない」。

このチームは、BBCの『ダイナスティーズ』シリーズ(1)のために南極大陸でコウテイペンギンのコロニーを撮影していたのだが、ペンギンになんの手助けもしてやれない。だからといって、当然ながら、これから目撃せざるをえない悲劇に深く心を痛めずにはいられなかった。カメラマンのリンジー・マックレイが涙をぬぐいながら言う。「自然とはこういうものだとわかっている……だけど、見

守るのはひどくつらい」

ところが、じきに、かすかな希望の光が訪れた。一羽の勇敢なペンギンが、両脚に雛をのせたまま、なんとか峡谷をよじ登って外に出たのだ。スタッフが見守るなか、短いが力強い翼と、最終的にはくちばしも使って、四苦八苦しながら安全な場所にたどり着いた。

二日後、天候が回復してその峡谷へ戻ることができたとき、スタッフは胸が張り裂けそうになった。事態はいっそう悪化していた。直接的な介入、たとえばペンギンを手で抱えて峡谷の外へ連れ出すことはできないが、そうであっても、べつの選択肢を作ってやろう、とスタッフは決意した。ひと続きの浅い足跡を氷につけて脱出路をこしらえ、ペンギンに抜け出す機会を与えた。ほっとしたことに、ペンギンたちは峡谷の外へ出る新しい経路を活用した。全羽がなんとか生き延びた。

『ダイナスティーズ』シリーズのペンギンをテーマにしたエピソードが放送されたとき、BBCはあえてこの救出を物語の中心に据えた。同時に、シリーズの宣伝活動のなかで、厳格な行動規範があるにもかかわらず、スタッフがなぜ介入に踏みきったのかを明確にした。彼らにとって喜ばしいことに──そして、おそらく驚きでもあっただろうが──従来のメディアもソーシャルメディアも、ともに圧倒的に好意的な反応を示した。スタッフの決断は正しかったことが認められたと言えるだろう。

放送からほどなく、ディレクターのウィル・ローソン──〝ペンギンを救った男〟と宣伝されていた──が、ITVの朝の番組『ロレイン』で司会者のロレイン・ケリーのインタビューを受けた。インタビュー中、ケリーは「デイヴィッド・アッテンボローも、助けたことに問題はないと言っていました」と述べ、図らずも、この敬愛される国の宝に、さらに高次の神のような役を割り当てた。

「ある意味、自然は捕食者に似ているのです」とウィル・ローソンはしみじみと述べた。

ローソンのことばは的を射ている。というのも、コウテイペンギンだけでなく世界じゅうの生き物がいま直面している最大の脅威は、自然環境の変化なのだから──もっと具体的に言うなら、気候危機だ。[*1]

コウテイペンギンは、ほかの生物ではできないことができるように進化した。無謀にも、ありえないほど酷寒の南極の冬まっただなかに、一羽の雛を産んで育てるのだ。

それを行なうために、この種は数千年かけて、世界の一万種あまりの鳥のなかでもとくに複雑で多難な繁殖周期を発達させた。しかも、この戦略はうまくいった。二〇〇九年に、四六ある既知のコウテイペンギンのコロニーを宇宙空間から調べたところ——この種の総個体数を測定するはじめての試みだった——成鳥の世界個体数はおよそ六〇万羽と推定され、事前の予測の二倍だった。[2]

この時点では、いや、じつは一〇年ほど前まで、世界的な環境保全組織、バードライフ・インターナショナルはこの種を〝低懸念種〟とみなしていた。[3]ところが、近年は減少しつつあったので、二〇一二年にさらに調査した結果、コウテイペンギンは〝準絶滅危惧種〟のカテゴリーに移された。[4]減少傾向にある鳥種の多くは、生息環境の喪失、迫害、汚染など、わりあい局地的な要因の組合せによって脅かされているが、コウテイペンギンの場合は、ただひとつの要因で消滅しかかっている。その要因とは、地球規模の気候危機だ。

世界の気候の急速な高温化を防ぐためにわたしたちが何もしなければ、コウテイペンギンは生き残りに苦労するだろう。それはこの種にかぎった話ではないが、地球の反対側のホッキョクグマと同じく、わたしたちがとくに注目し、とくに気にかけている種であり、差し迫った大異変のいわば〝広告塔の鳥〟なのだ。

多くの種よりも先に、コウテイペンギンは絶滅が不可避になる転換点に到達しそうだが、ほかの数千種もほどなくあとを追うだろう。現在、世界の鳥種の八分の一が危険にさらされている。[5]わたしたちは、種が絶滅して生物多様性が失われること、彼らの住みかが失われることを嘆く。だが、べつの種――ホモ・サピエンス――もまた生存の危機にさらされていることに気づくべきだ。わたしたちはおそらく地球史上最も成功した種だろうが、だからといって、気候の混乱による破滅的な結果を逃れることはできない。

皮肉にも、映画制作スタッフがペンギンを救出するユーチューブ動画は、大勢にシェアされ、しかるべき称賛を浴びたが、より大きな気候危機についての完璧な隠喩でもある。スタッフが――わたしたち視聴者が声援を送るなか――これら個々の鳥の差し迫った窮地に焦点を当てて、救出に最善を尽くしたいっぽうで、より広い視点では自分たちみんなが未曾有の脅威にさらされていることを、わたしたちは無視しつづけている。[*2] まるで、いま直面しているものの巨大さになすすべがなくあきらめているかのようだ。

前述のペンギンの群れは――ふわふわのかわいらしい雛とともに――人間の介入のおかげで緩慢な凍てつく死を免れ、生き延びてあらたな世代をもうけられる。だが、その子孫はしだいに数を減らし、ある日――たぶん、わたしたちの孫が生きているあいだに――この世界最大のペンギンの種は、ドードーと同じく絶滅するだろう。そのころには、人間もまた、生存と黙示録的な自滅とを分かつ境界を

＊1　科学者や一部のメディアが用いる語が最近変わったのを受けて、本書では〝地球温暖化（なんとなく穏和な響きがある）〟や〝気候変動（中立に聞こえる）〟ではなく、より切迫感のある〝気候危機〟と呼ぶ。

＊2　『ダイナスティーズ』の「コウテイペンギン」エピソードのプロデューサーであり、その死がたいそう惜しまれる同僚にして友人でもある、故マイルズ・バートンは、気候危機がペンギンにおよぼす破滅的な影響について、タイムリーな警告でこの番組を締めくくった。「彼らの氷の世界が年々消失していることは、彼らが不確実な未来に直面していることを意味する。海水温は前年にくらべて上昇するものと予測されている。コウテイペンギンが頼ってきた南極の海氷は、毎年その並はずれた生活環を完結させられるほど長くは凍った状態を保てないかもしれない」

越えてしまっているはずだ。

本書の最終章のテーマは、これだ。はたして、わたしたち――そして鳥たち――は生き残れるのか？[*3]

## 厳冬期の南極で子育てをする

世界の鳥はおおまかに、ふたつのカテゴリーに分けられる。広範な生息環境で繁栄して多くの異なるニッチを利用するゼネラリストと、きわめて特異なニッチに適応するよう進化したスペシャリストだ。

本書に登場する一〇の種または分類群のうち、四つ（ワタリガラス、ハト、ハクトウワシ、スズメ）はゼネラリストで、ふたつ（野生のシチメンチョウ、ユキコサギ）は両カテゴリーのあいだ、残る四つ（ドードー、ダーウィンフィンチ類、グアナイウ、コウテイペンギン）は純然たるスペシャリストになる。この四つのうち、コウテイペンギンは最も複雑で特殊な生活環を発達させた。わたしたちの目には一見、奇異に映るかもしれないが、当のこの種にとっては完璧に理にかなった生活環だ。ほかのどんな鳥種も――いや、ほかのどんな生き物も――南極の内陸でほぼ全生涯を過ごしはしないし、ましてそこで繁殖するなどありえない。だがコウテイペンギンは、たいていは氷点下四〇度よりも低い気温ときびしい風冷えに果敢に立ち向かい、一年の三分の一を暗闇のなかで暮らす。そう聞くといくつかの疑問が湧くが、とくにもっともな疑問は、ふたつだ。なぜ彼らはそうするのか。そして同じくらい重要な、いったいどうやって彼らは生き延びているのか。

〝なぜ〟のほうは、答えやすい。この地での暮らしに適応し、数千羽を擁する密な大コロニーで繁殖することで、捕食者からの脅威を減らせるからだ――とりわけ繁殖期前半の、卵や雛がとても脆弱なころに。とはいえ、コロニーが完璧に安全なわけではない。オオフルマカモメ――同じ科のなかでも最大で、小さめのアホウドリくらいの大きさ――は、死んだか死にかけた成鳥や雛の肉をあさり、幼鳥を積極的に捕食する。[6] また成鳥のペンギンは、餌を求めて海に戻ったときに、捕食者である海獣二種、シャチとヒョウアザラシの犠牲になる。[7] だが氷の上では、それなりに安全だ。

　大きさ――と重さ――は、コウテイペンギンの繁栄にとって重要な要素になる。その名前が示唆するとおり、この種は世界のペンギンのうち最大で、世界一重い海鳥でもある。それどころか、重さという観点からは、地球上の鳥のなかで六番めに重く、[*4] 二二キロから四五キロだ。雄も雌も見た目がそっくりで、立てばざっと一〇〇センチの高さになる。

　ほかの飛べない鳥と同じく、コウテイペンギンは飛ぶ能力をなくすことでその体長と体重を実現しており、もはや大きくて重いことによる数多くの利点よりも軽さを優先する必要がない。属の名称 *Aptenodytes*（オウサマペンギン属）は、ギリシャ語で〝翼のないダイバー〟を意味する。ペンギンはみんなそうだが、短いが分厚くて信じられないほど強力なフリッパー（翼から進化した）のおかげで、コウテイペンギンは途方もない深さまで猛スピードで潜って獲物を追うことができる。[*5]

＊3　本書では、現在の気候危機の具体的な要因については精査しないことにした。それら――とくに、人類がもたらした（〝人為的な〟）気候変動要因――は、いまや広く認められている。2006 Stern Review: 'The Economics of Climate Change' およびこれに続く多くの報告を参照。

＊4　上位五種は、すべて走鳥類《そうちょうるい》の飛べない鳥で、ダチョウとソマリダチョウ、オーストラリアヒクイドリとパプアヒクイドリ、エミュー。

＊5　ギネス世界記録によると、鳥類の立証された最深潜水はコウテイペンギンによるもので、追跡装置をつけられた一羽の個体が、南極東部で水深五六四メートルに達した。かたや飛ぶ鳥の最深潜水記録はわずか二一〇メートルで、ハシブトウミガラスによるものだ――コウテイペンギンが達成した深さの半分すらも大きく下まわる。

また、その大きさと重さのおかげで、南極大陸の厳冬を生きぬくこともできる。〝二乗三乗の法則〟が示すとおり、同じ形状でも大きさが増せば、体積に対する表面積の割合は減る。これを生物にあてはめた場合、体が大きくなればなるほど、同じ形をした小さめの生物にくらべて体熱を保ちやすくなる。だから、大きなペンギンは小さなペンギンよりも体熱を失う速さがゆるやかだ。

逆説的になるが、最も寒いこの環境においてすら、これはコウテイペンギンに問題をもたらしかねない。寒い時期――とくに風が強いとき――には、コウテイペンギンは〝ハドル〟を組む（集まって体を寄せあう）。その中心にいる個体は端の個体よりも暖かく過ごせ、ときに摂氏二〇度から三〇度という信じられない温度に達することもある。だが、ハドルをそれなりに長く眺めていると、ペンギンたちがつねに位置を変え、内側にいた個体が外側に、外側にいた個体が内側に移動することがわかる。多くの書籍や記事やテレビ番組で繰りかえされた従来の説明では、これは利他的な行動で、ペンギンたちは交替で中心にいられるようにしてコロニーを存続させている、と言われていた。一見、説得力のある説だが、実のところ、まちがいだ。コウテイペンギンはびっしり生えた羽毛の下に分厚い脂肪の層を蓄えているおかげで体温を保つ能力が高く、ハドルの中心に長くいすぎたら深刻な過熱状態に陥る危険性がある。だからこそ、彼らは移動するのだ[8]。

コウテイペンギンの複雑な繁殖周期は、一般向けの野生生物のドキュメンタリー番組で何度も取りあげられてきた[9]。大筋の流れはどれも同じで、繰り返し語られるうちに劇的な要素がやや失われてきた観がある。南極の厳冬のはじめ、つまり三月か四月に、雄、雌そろって周辺部の流氷から内陸部へ最長一二〇キロもの旅をする。飛べないせいで、長く困難なこの旅を徒歩で行なわなくてはならない。

繁殖コロニーの場所に着いたら、雄は雌に向かってディスプレイを始め、雌はその動きと音をそっくりまねて絆を強める。寿命は長い――コウテイペンギンは平均で二〇年生き、ときにはそれよりはるかに長いこともある――が、一生つがうわけではなく、その繁殖シーズンのあいだだけ相手に忠実でいる。

交尾後、雌は洋ナシ形で重さおよそ四六〇グラムの卵を一個だけ産み、[*6] それをただちにつがいの相手の脚の上に移す。もし、雌が卵を氷の上に落としたり、雄がうまく受けとれなかったりした場合、一、二分でぶじ雄の脚の上に戻せなかったら、卵のなかの雛は命を落とす。この短い受け渡しに失敗すると、繁殖期は始まって間もなく終了してしまうのだ。[(19)] だが卵をうまく移せたら、雌はただちに立ち去って海へ戻り、餌を食べて消耗した体を回復させる。つがいの相手に再会するのは数カ月後だ。

雄のペンギンはというと、長く孤独な不寝番が始まる。二カ月以上ものあいだ、唯一の任務は両脚の上の貴重な卵を抱くことだ。下腹部の抱卵嚢《ほうらんのう》――雄の体熱をなかの雛に伝える腹の皮――を使って、卵をぬくぬくと快適に保ち、発育をうながす。七月か八月――南極大陸の冬まっただなか――にようやく卵が孵化したとき、四カ月のあいだ何も食べていない雄は、体重が半分以上落ちて一八キロになっている。

孵ったあとも、雛はまだひどく脆弱で、保温も食べ物――〝ペンギンミルク〟と呼ばれるタンパク質と脂肪が豊富な物質――も雄に頼りきっている。数日後にはペンギンミルクが尽き、もしそれまでに雌が海から戻ってこなかったら、雛は飢え死にする。戻ってきたら、またもや危険をともなう繊細な操作で、雄が雛を雌の脚の上に移動させる。その後、雌はなかば消化した食べ物――おもに魚、オキアミ、イカ――を胃から吐き戻す。雄は雌に別れを告げ、海へ移動して採食し、減った体重をもとに戻す。

孵化後六週間から七週間で、雛は単独で過ごせるようになり、両親はそろって海へ出かけて食べ物

＊6　かなりの大きさ――ニワトリの卵の重さのおよそ七倍から八倍――だが、雌の体重のわずか二パーセントあまりで、成鳥との相対比では世界で最小級の卵になる。

を集める。この間、雛は自分たちだけの生育集団であるクレイシを形成して体温を保ち、オオフルマカモメやオオトウゾクカモメ（ステロイドで増強したカモメを想像してほしい）などの捕食者から比較的安全にいられる。その後ほどなく、換羽《かんう》して綿毛から成鳥の羽毛に変わる。夏が訪れる一二月から一月には、幼鳥も海までの長い旅を行ない、そこで自力で生きていくことになる。

## 気候変動による〝準絶滅〟

コウテイペンギンの繁殖環はきわめて複雑で危険なように見えるし、多くの点でそのとおりだ。だが、うまくいく――少なくとも、最近まではうまくいっていた。

ところが、南極圏の気候が急速に変動しているせいで、この鳥の生活環全体が崩壊の危機にある。彼らが頼ってきた海氷が急速かつ未曾有の変化を生じ、その変化が繁殖地の環境と食料供給に波紋をおよぼすからだ。

簡単に説明するなら、海氷の面積が減少するにつれて、その周縁のコロニーにいるコウテイペンギンは、春から夏に氷が解けはじめるまでに繁殖周期を完了させられず、そのせいで雛が溺れてしまう。こういった事態が、すでに起きている。二〇一六年に、海氷が悲惨なまでに薄くなり、一万羽のコウテイペンギンの雛がハレーベイのコロニーで溺死した――それまで、ここは世界で二番めに大きいコロニーだった[11]。

氷が解けると、いっそう破壊的な結果として、ペンギンたちが依存している食料源――魚、イカ、オキアミの大きな群れ――が減少するか、現在の場所からいなくなるだろう。そんな事態が起きたら、成鳥のペンギンは、自分や雛が生き延びるのに必要な量の食べ物を入手できなくなる。しかも、海氷が減った影響は、これだけではすまないはずだ。たとえば海水面の破滅的な上昇、風や降雨パターンの変化、異常気象などが想定され、どれもコウテイペンギンのコロニーにとって負の――終末になりかねない――結果をもたらすものと思われる。

広大な南極大陸じゅうの海氷の量が今後どう変化するか、そしてその変化がコウテイペンギンにどんな影響をもたらすかを予測することは、定量的な関係の実証がむずかしく精密科学とは呼べない。だが現在、科学者たちが最新のコンピューター・シミュレーション技術を用いて、起こりうるさまざまなシナリオを提示している。

二〇一四年、『ネイチャー』誌に、コウテイペンギンの世界個体数が今後どうなりそうか分析した査読論文が掲載された[12]。著者らは、もし複数のモデルが予測するとおり海氷の減少傾向が続くなら、二一〇〇年にはすべてのコロニーが縮小し、うち三分の二は半分以下の規模になる、と結論づけている。

七年後の二〇二一年、予測はいっそう悪化していた。今世紀末にはコウテイペンギンのコロニーの九八パーセントが〝準絶滅〟すると予測されたのだ。一部の個体はたぶんあらたな採食場所と繁殖場所を見つけるだろうが、最も楽観的な推定でも、全世界のコウテイペンギンの五分の四以上が消滅するという[13]。もっと短期――すなわち、人間の一世代――で考えても、見通しはかなりきびしい。いまから三〇年たらずの二〇五〇年には、一〇分の七のコロニーが準絶滅すると予想されている[14]。

現実問題としてこれが何を意味するかというと、個々のペンギンは生き延びるだろうが、長期的にはコロニーはもはや存続できない。コウテイペンギンは〝ゾンビ種〟になる――まだ生存してはいるが、いずれ消滅する運命にあるのだ。人間と歩んだ歴史は短いけれども多難だったこの鳥種にとって、皮肉なまでに必然の運命と言える。

## 世界最悪の旅

生息地が辺境で人間が近づきにくいことを考えると、体が大きくてかつては数が多かったにもかかわらず、一九世紀なかばまでコウテイペンギンについて科学的な記述がなかったことは驚くにあたらない[*7]。

その後五〇年ほど、この種に関してはほとんど情報がなかった。ところが、一九〇一年、ロバート・ファルコン・スコットの探検船ディスカバリー号の船医助手にして鳥類学者のエドワード・ウィルソンが、最初に確認された繁殖コロニーに遭遇した。ロス島クロージャー岬の崖下にあり、南緯七七度よりも南だった。

ウィルソンは（彼が見かけた）雛は南極の冬のまっただなかに孵化したにちがいないと最初に主張した人物だ――「鳥類学でもめったにお目にかかれないほど尋常ならざる」習性だと表現している[15]。彼の発見は科学界にセンセーションを引き起こし、コウテイペンギンの生態はあらゆる鳥類のなかでもとくに原始的だという仮説が広く流布した。

九年後の一九一〇年、ウィルソンはスコット隊長とともにテラ・ノヴァ号の遠征で南極を再訪し、（ノルウェーの探検家ロアール・アムンセンに先んじて）南極点に初到達しようとしたが失敗して、結果的にそれが探検史上最大級の惨事につながった。だが、探検隊が南極点に向けて不運な旅に出かける前に、ウィルソンとその同僚にはやるべき重要な仕事があった。〝反復説〟と呼ばれる科学的仮説を検証したかったのだ。この仮説は、ある種の進化の過程――たとえば、コウテイペンギンのような〝原始的な〟鳥が爬虫類から進化したのかどうか――は、その胚《はい》の発生を詳しく調べることで突きとめられる、というものだった。

検証を行なうには、コウテイペンギンの卵の標本を手に入れる必要があった。そこで、一九一一年の長く暗い南極の冬まっただなかに、三人の男――エドワード・ウィルソン、アプスレイ・チェリー＝ガラード、ヘンリー・〝バーディー〟・ボワーズ――が、比較的安全で居心地のよい探検隊ベースキャンプを離れ、氷上を一〇〇キロ歩いてクロージャー岬の繁殖コロニーを訪れた。

この三人にとっていかにきびしい試練だったか、想像するのはむずかしい。だが幸いにも、想像する必要はない。チェリー゠ガラード――三人のうち唯一、メインの探検で生き残った人物――が、いみじくも『世界最悪の旅』と題した著書で描写しているからだ。[16] そのなかで、五週間におよぶこの旅の恐ろしさが、率直かつありのままに詳述されている。暗闇、身を切るような風、猛烈な雪、氷点下六〇度にまで急降下した気温。イギリス人らしい自制のきいた文章で「南極探検は人々が想像するほどひどいことはめったにないし、その響きほどひどいこともそうそうない。だが、この旅は筆舌に尽くしがたい。どんなことばも、その恐ろしさを表現することはできない」と綴っている。[17]

三人がようやくコロニーにたどり着くと、ひどくがっかりしたことに、見つかったのは、暖をとるため崖下に寄り集まっていたわずか一〇〇羽の成鳥だった。それでも、三人はなんとか卵を五つ手に入れ、毛織りのミトンに包んで保温した。さらに困難をきわめた帰路で卵二個が割れた。だが、ぶじベースキャンプに帰還でき、スコット隊長やほかの探検隊員に英雄として迎え入れられたのちに、ウィルソンは残る三つの卵から胚を取り出して保存液に浸けた。

その後、スコット、ウィルソン、ボワーズ、エヴァンス、そして南極探検隊五人めのローレンス・〝ちょっと外へ出てくる〟・オーツの悲劇的な死のあとで、チェリー゠ガラードがようやく帰国して、これらコウテイペンギンの胚をロンドンの自然史博物館にしかるべく届けたが、そこで数時間待たされた。しかも、それらの標本は、博物館の学芸員がしぶしぶ受け取ったのち、保管されたまま放って

＊7　イギリスの動物学者、ジョージ・ロバート・グレイの一八四四年の論文『鳥の属（*Genera of Birds*）』によるもの。グレイは、ドイツ人博物学者のヨハン・ラインホルト・フォースターにちなんで、このペンギンに *forsteri* という学名をつけた。フォースターは、キャプテン・クックの世界周航のひとつに同行し、おそらくはじめてこの種に目を留めた人物だ。

おかれた。[18]二〇年後にようやく調査されたものの、胚が発達しすぎていて役に立たなかった。しかも、そのころにはもう、反復説は完全に否定されていた。これら勇敢な男たちの悲惨な旅は、どうやら、まったくの無駄骨だったようだ。

## 渡り鳥も気候変動の犠牲者に

前述の二〇二一年の論文は、海氷の消失がコウテイペンギンにもたらす破滅的な影響を示したものだが、異例にも戦いの呼びかけで始まり、それがタイトルにも反映されている。「コウテイペンギンの叫び――気候変動に脅かされる種への法的対応」（The call of the emperor penguin: Legal responses to species threatened by climate change）だ。[19]

著者らは、この鳥の窮状を知らしめ、今後の気温上昇の緩和に向けて各国（とくにアメリカ合衆国）の政府に努力させるひとつの方法は、コウテイペンギンを〝絶滅の危機に瀕する種の保存に関する法律〟（いわゆる絶滅危惧種保護法、ＥＳＡ）の対象種に加えることだと提案した。この提案をアメリカ合衆国魚類野生生物局がただちに検討して、二〇二一年八月四日――この論文が発表されたわずか一日後――に、そうするべきだと提唱した。[20]

現在、アメリカの絶滅危惧種保護法の対象は、ホッキョクグマ、アゴヒゲアザラシなどひと握りの種だけだ。今回、コウテイペンギンに焦点が当てられた理由は、南北極地の気候変動が赤道付近や温帯や熱帯地域よりもはるかに速く起きている――より深刻な結果が生じている――ように見えるからかもしれない。[21]たしかによい提案ではあるが、コウテイペンギンを対象種にした場合、ほかの多くの鳥の生活環の重要な側面が見過ごされたままになる。渡りをする、という側面だ。春ごとに北に向かって北極地方で繁殖する種は、気候変動の次の犠牲者になる可能性が高い。

大西洋両岸の野鳥観察者にごくなじみ深い渉禽《しょうきん》〔訳注：水辺を歩きまわって採餌する鳥〕を例にとって

みよう。コオバシギだ。丸っこくて脚が短めで、ラグビーやアメフトのボールの形状にたとえられることも多いこのシギは、長く尖《とが》った翼を持ち、年二回の壮大な旅で地球を縦断するよう進化した。個体群によっては、北極圏からアルゼンチンのティエフ・デル・フエゴまで片道一万四〇〇〇キロの旅をする。なかには、一生のあいだに月まで往復できるくらいの距離を飛ぶ個体もいる――二〇一四年五月に最後に目撃された時点で少なくとも二〇歳に達していた、ある長寿の個体がそうだ。公式名〝B95〟のこのシギは、〝月の鳥〟（Moonbird）という愛称をつけられた(22)。

これら渡りをする水辺の鳥は、南北アメリカ、ヨーロッパ、アジア、アフリカ、オーストラレイシアの海岸線で密にかたまって採餌する群れがよく見かけられる。コウテイペンギンの生息する南極大陸ではまだ目にされていないが、それもまちがいなく時間の問題だろう。

コオバシギは広範な世界分布――北緯五〇度から南緯五八度、面積にして一八〇〇万平方キロ――を誇り、生息域がごく狭いコウテイペンギンとはこのうえなく状況が異なる。だが、生活環が複雑なせいで、同じくらい気候変動の影響を受けやすい。その結果、バードライフ・インターナショナルは、現在この種を準絶滅危惧種に分類し(23)、アメリカ合衆国魚類野生生物局は、絶滅危惧種保護法のもとで絶滅の恐れがある種に再分類した(24)。

コオバシギが直面する第一の問題は、繁殖地で起きている現象だ。彼らはツンドラ地帯の、たいていは海岸の近くに営巣し、ほぼ全羽が北極圏、すなわちアラスカ、カナダ、グリーンランド、シベリアで繁殖する。前述のとおり、このあたりは地球上のほかの場所よりも気温が大幅に――そして、かなり速く――上昇している。二〇二二年三月、春分の日のころに、北極圏では平年よりも摂氏三〇度以上高い気温を記録した。その一年たらず前の夏には、カナダの一部で、前年までの最高記録を木っ端みじんにするほどの高温に達した(25)。

長距離の渡り鳥はみんなそうだが、コオバシギはきわめて正確に時期をはかって繁殖地に戻ってくる。日光の相対量のわずかな変化が脳のトリガー信号となって、北への長い旅を開始させるのだ。気温の変化とちがって、太陽の光量変化は一定なので、コオバシギは毎年ほぼ同じ時期に旅に出られる。ところが、当の繁殖地が急速に温暖化し、これら北の地域の春が以前よりはるかに早くなった。結果として、虫の大群――コオバシギほか北極圏で繁殖する渉禽が腹ぺこの雛に食べさせる――の発生時期も、年々早まっている。つまり、コオバシギが例年と同じ時期に戻ったとしても、雛が孵るころには、虫の数が減ってほぼいなくなってしまうのだ。雛は飢え、年々個体数が減ってきた。繁殖の失敗が今後も続いて、個体数が減りつづけたら、いずれこの種は、あと戻りできない絶滅の旅に出ることになるだろう。

コオバシギが直面する問題は、繁殖に遅すぎる時期に到着することだけではない。彼らは春に北をめざし、秋に南へ戻る旅で、ときおり休息して餌を採り、長い旅の次の区間に必要なエネルギーを蓄えなくてはならない。気温の高い熱帯地域を離れて、気温が低めの温帯地域に入ると、じゅうぶんなエネルギーを得られるよう、大きな餌場を必要とする[*8]。つまり、海面が少しでも――やはり気候危機の直接的な結果として――上昇したら、利用できる餌場が減り、結果として、この鳥種の生存の可能性が減ってしまうのだ。

コオバシギの休息地として世界一有名なのは、アメリカ東海岸のデラウェア湾だ。ここには数百万匹のカブトガニが生息し、毎春この鳥が渡っていくのとほぼ同じころに産卵する。カブトガニの卵は消化しやすいのでコオバシギにとってとりわけ貴重な餌で、採食のために休息する一、二週間に体重を倍増させられる。

これは偶然ではない。コオバシギはこのエネルギー豊富な食べ物がたくさんある時期を狙って渡るよう進化した[26]。ここはいわば高速道路サービスエリアの鳥版で、旅を続けるのに必要な燃料を供給してくれるのだ。おかげで、コオバシギの亜種の"rufa"――カナダ北極圏で繁殖する個体群――の半数から四分の三が、毎年デラウェア湾を通過する。(27) だが、局地的な気候の変化で、カブトガニが以前より早く産卵するようになり、結果として、この亜種が到来するタイミングがずれて、餌がじゅうぶんにない状況に陥る恐れがある。

同様に、大西洋北部の対岸では、ニシツノメドリ――多くの人に愛される海鳥――が、雛に与える主食のイカナゴを見つけるのに苦労している。急速に海温が上昇したせいで、この魚が北へ移動したからだ。(28)

気候危機問題にはよくあることだが、ニシツノメドリやコオバシギといった鳥は、こうした問題のほかにさまざまな脅威、たとえば生息地の消失、環境汚染、自然資源の乱獲――たとえばカブトガニは、肥料や釣りの餌として乱獲される――にさらされている。こうした脅威のせいで、デラウェア湾を通過するコオバシギの数は、この鳥の到来とカブトガニの産卵時期がずれる以前から、減少しはじめていた――一九八〇年代から二〇〇〇年代までに、七五パーセントも減少している。(29)

だが、なぜコオバシギは気候変動に迅速に反応して、新しい状況に適応できないのか。実のところ、できるし、してきたのだが、不幸にも適切な適応ではなかった。生息環境、とくに繁殖地が温暖化しているせいで、コオバシギはベルクマンの法則――寒冷な環境に暮らす鳥は体が大きくなり、温暖な環境では体が小さくなるという法則――にのっとり、体が小さく体重も軽くなるよう進化しつつある。同時に、同じ理由で、くちばしもしだいに短くなって、捕まえられる餌の数が以前より減ってしまっ

＊8　ある調査で、アフリカ西部で越冬中のコオバシギの群れは、二～一六平方キロの餌場を必要とするが、渡りの最中にオランダのワッデン海で休むときには、効率的に採餌するためにはるかに広い面積――最大で八〇〇平方キロ――を必要とすることが判明した。Jutta Leyrer, Bernard Spaans, Mohamed Camara and Theunis Piersma, 'Small home ranges and high site fidelity in red knots (*Calidris c. canutus*) wintering on the Banc d'Arguin, Mauritania', *Journal of Ornithology* 147 (2), 2006 参照。

た。[30]

コオバシギの減少傾向を反転させるために、カブトガニとその卵の捕獲数を減らし、鳥の採食を邪魔しないよう浜辺への立ち入りを制限するなどの対策が講じられている。[31]とはいえ、こうした地元の努力だけで世界規模の問題を解決できるかどうかは、かなり疑わしい。

## 留まるべきか、去るべきか

両極から離れた地域では、環境危機がもたらす気温の変化はさほど大きくない――少なくとも、いまはまだ。だが、それでもなお、世界じゅうの温帯地域で多くの鳥種が急速な温暖化による環境の変化に悪戦苦闘している。

北アメリカとヨーロッパの森林は、鳴禽の多くの種（*Passeriformes* すなわちスズメ目の鳥）が繁殖して子育てするのに理想的な場所だ。北半球の春から夏にかけての数カ月は、長い日照のおかげで昆虫が増え、それを幅広い種の鳥が雛に給餌している。生き延びて遺伝的遺産を次世代に伝えられるよう、鳴禽の異なる種が、ふたつのいちじるしく異なる戦略を採用してきた。彼らのジレンマは、イギリスのロックバンド〈ザ・クラッシュ〉が一九八一年に発表した歌のタイトルに端的に要約される。〝留まるべきか、去るべきか〟（Should I Stay or Should I Go）だ。

留まったのは、おもに定住性の留鳥《りゅうちょう》の多くで、温帯北部の森で繁殖している。ヨーロッパでは、ツグミ科のさまざまな鳥（たとえばクロウタドリ）、ヨーロッパコマドリ、ミソサザイ、ゴジュウカラ、キバシリ、キクイタダキほか数種の小鳥で、北アメリカでは、コマツグミ、ミソサザイ属の数種、シジュウカラ、アメリカコガラ、ゴジュウカラ、キクイタダキなどだ。これらの大半は、体が小さくて翼が短い。というのも――はるか北で繁殖する鳥をのぞいて――ほぼ一年じゅう行動圏に留まるからだ。場合によっては、自分が生まれ育った場所からほとんど離れないこともある。毎年、春の訪れとともに、森林地帯をさえずりで満たす。縄張りを守ってつがいの相手を得るために、早くも新年からさえずりが始まり、三月下旬、春分のころに大地が夏に向けて変化しはじめると、声の大きさも強さもどんどん増していく。彼らは求愛し、つがい、巣を作り、卵を産み、抱卵し、孵った雛に餌をやる。そして最初のひと腹が巣立つと、たいていはふた腹めを、ときには三腹めも、秋の訪れで餌の量が減るまでもうける。

この時点で、鳥たちは繁殖のための戦略から来《きた》るべき冬を生き延びるための戦略に切り替える。生き延びたとしても、多くはせいぜい二、三年だ。にもかかわらず、幸運に恵まれれば、その期間中に、次世代に家系をつなぐのに必要な数以上の雛を育てられる。

ところが、四月のある時点、さえずりが高まってこれ以上は大きく激しくならないと思われたところで、それが起きる。あらたな種が魔法のように到来し、同じ森林地帯にどっと入ってきて、春の大気をいっそう多種多様な音で満たすのだ。これらの鳴禽の多くは、ムシクイ類に属す。ムシクイ(warbler)は、ウェールズの鳥類学者トマス・ペナントが、ヨーロッパおよび旧世界の多くの地域で見つかる小柄でくちばしが細い食虫性の鳴禽を描写するために、一七七〇年代に作った語で、それまで、これらの鳥はダルマエナガ科(*Sylviidae*)に分類されていた[32]。その後ほどなく、北アメリカの鳥類学者の草分けたち、たとえばスコットランド生まれのアレクサンダー・ウィルソンらが、この同じムシクイ(warbler)という語を、見かけがよく似たまったく異なる科の鳴禽、現在はアメリカムシクイ科(*Parulidae*)に属するアメリカムシクイ(New World Warbler)に用いた[33]。

このふたつのグループの鳥は、共通の特徴を数多く持つ。成鳥も雛も餌は虫で、大半は優雅な長い翼を持ち、とても活動的だ。だが、それより何より、いずれのグループでも大多数の種が長距離の渡りをする。定住性の鳴禽とはちがって、北半球の繁殖地から地球を縦断して、たいていは南半球にある越冬地まで旅する。というわけで、アメリカムシクイは——モズモドキ科、フウキンチョウ科、タイランチョウ科などほかの科の鳥とともに――カナダやアメリカ合衆国から中央および南アメリカまで移動し、ヨーロッパのムシクイは、ヒタキ科の鳥とともに、やはり南へ、ほとんどはサハラ以南のアフリカへ移動する。

鳥類学者がよく尋ねられるのは、なぜ、せいぜい重さ一五グラムから二〇グラムの鳥が、世界旅行に出てこれほど長い距離を移動する危険を冒すのか、という問いだ。どう考えても一箇所に留まるほうがいいのではないか、と。だが、スウェーデンの鳥類学者トーマス・アレースタムが言うように、むしろ「なぜ、すべての鳥が渡りをしないのか」と問うべきだ[34]。

渡りは、多くの場合、種が採用すべき最適な戦略になる。というのも、両方の世界でいちばんの恩恵を受けるからだ。南の越冬地では、豊富な食べ物と長い日照時間が得られ、北の繁殖地にくらべてほかの種との競合が少なく、気候も暖かい（なにしろ、これら世界を旅する鳥は、南で二回めの夏の恩恵を享受し、本物の冬を経験しない）。彼らの多くは定住性の留鳥よりもひと腹の雛が少ないが、その点からしても、一般的に、冬季に留まるより渡りをするほうがリスクは小さいことがわかる。

いや、かつては、リスクが小さかった。コウテイペンギンやコオバシギの生活環についてもそうだが、いまは事情がちがう。温帯の地域でも、春が早く訪れるようになった。長期間の平年値にくらべて一カ月も早く植物が開花し、昆虫が羽化する[35]。何よりも重大なことに、ヨーロッパシジュウカラやマダラヒタキなどヨーロッパの鳥が雛に食べさせるオークの行列毛虫も、平年よりはるかに早く羽化している。

こうなると、ふたつの異なる戦略――留まるべきか、去るべきか――が、均衡を失いだす。留鳥のヨーロッパシジュウカラは生活環を現状に合わせることができ、孵化した腹ぺこの雛にじゅうぶんな食べ物が見つかるよう、繁殖の時期を早めた。だが、アフリカ西部で越冬するマダラヒタキは、それほど迅速に対応できない。コオバシギと同じく、日照時間の変化を用いて北へ戻る時期を決めるので、一年のほぼ同じ時期に戻ってきてしまう。四月なかばから五月はじめだ。春の訪れが早まった結果、五月下旬から六月にかけて雛が孵ったときにはもう、その年の毛虫の大量発生は終わっている。

もっと早く渡りを開始するよう迅速に適応できないかぎり、これら長距離旅行をする鳥たちは、育つ雛の数が減少しつづけ、ゆるやかだが着実に個体数を減らすだろう。もちろん、毛虫に代えて飛翔昆虫を餌にすることはできるだろうが、それらもべつの理由で急速に減りつつあり、長期的に種を救うにはじゅうぶんではないかもしれない(36)。

重ねて言うが、旧世界、新世界双方の渡り鳥にとって、気候危機がもたらすさまざまな問題はひとつひとつ独立しているわけではない。三〇年以上前に、アメリカの環境科学者のジョン・ターボーが著書『鳥はみんなどこへ行った?』(*Where Have All the Birds Gone?*)(37)で、北アメリカの長距離の渡り鳥が直面している問題を列挙した。その本の装幀画《そうてい が》は、オーデュボンが描いたムナグロアメリカムシクイのつがいだが、この種はいまやほぼまちがいなく絶滅しており、かつては一般的でよく見かけたアメリカムシクイのほかの仲間たちも多くが同じ方向に疾走している現実を象徴している(38)。

ターボーはこの本の冒頭で、一九五〇年代はじめにヴァージニア州アーリントンの幼少期の自宅周辺で鳥を眺めた記憶を鮮やかに描いてみせた。だが数々の要因、たとえば人口の増加や土地の乱開発で生息地が喪失したりして「今日のヴァージニア州アーリントンで育つ少年がこれらを追体験するのは不可能だろう」と悲しげに述べている(39)。

そのうえ、春から夏に北アメリカ東部を訪れて冬を熱帯地域で越す鳥は、越冬地域でも生息地が消失、断片化したせいで、いっそう弱い立場に置かれているという。彼は警告する。「もし、こうした非道な行ないが抑制されないままなら、ある日、気づいたら春が激変しているだろう――これまで当たり前のように目にしていた鳥の多くがいなくなった春だ。それを防ぐために何かやるなら、すぐにやるべきだ。二〇〇〇年まで待っていたら手遅れになる(40)」

この最後の文が胃にずしんとくる。彼が提示した行動開始の最終期限をゆうに二〇年過ぎたいまなお、これらの種は深刻な状況にある。だが、何よりも恐ろしいのは、一九八〇年代の終わりに刊行されたこの本で、ターボー教授が鳥の減少要因として気候危機にひとことも触れていないことだ。なにしろ、当時は――人間の一世代あまり前には――人為的な気候変動は議論されてすらいなかった。ところが、いまやこれが、わたしたちの惑星における生命の存在そのものを脅かしている。

## 気候危機の影響をうける鳥はほかにもいる

アメリカムシクイの種の多くが越冬する中央アメリカの雲霧林では、べつの鳥がやはり、急速に変化する気候の影響をもろに受けている。だが、はるばる旅をしてきたアメリカムシクイとはちがって、その鳥、すなわちケツァールはほぼ完全な定住性で、しかも海抜一二〇〇メートルから二一〇〇メートルのあいだでしか見つからない[41]。

ケツァールについては、本書で一章を割いて論じてもおかしくはなかった。というのも、コロンブス到来の前、アステカやマヤなどメソアメリカの文明はこの鳥を神の――アステカ人の場合、ケツァルコアトルの――使いとして崇めていたからだ。ある有名な伝承によると、アステカのモンテスマ二世（第3章参照）は、スペインの征服者《コンキスタドール》、エルナン・コルテスの到来をケツァルコアトルの再来のしるしと考えた。おかげで、コルテス一行はアステカ人に歓迎されて、アステカ文明を完全に征服することができ、最終的にそれがラテンアメリカの征服につながった、と言われている。もし事実なら、ケツァールはまさしく世界を変えたことになる。だが、詳しく調べてみると、どうやらそれは作り話で、スペイン人がアステカ人を原始的で無知な人々として描くためにこしらえたようだ[42]。

今日、ケツァールはこの地域の文化で特別な地位を保っている。ジョナサン・エヴァン・マズローが、自然をおもに描いたグアテマラ紀行文の草分け的な著書、『生の鳥、死の鳥』（*Bird of Life, Bird of*

Death)[43]で示したように、ケツァールはこの国の国鳥であり、通貨単位でもある。だが、コウテイペンギン、コオバシギ、大西洋両岸の渡りをするムシクイの種の多くと同じく、ケツァールも絶滅の危機にさらされている。定住する習性――と、結果として生息地、食べ物、生活様式が特殊化したこと――が、じきにその滅亡をもたらすかもしれない。

両極など高緯度の地域はもちろん、標高の高い場所でも、気候変動が天候パターンを混乱させている。気温が上昇して、降雨のパターンが変化するにつれ、ケツァールが生息する雲霧林の繊細なバランスが崩れてきた。ケツァールほか、中央アメリカの山地帯で繁栄する数千の種の未来は、ドードーや、第4章で論じた海洋島の鳥たちの終焉とおおむね同じ状況をたどりつつある。島は地理的な概念であると同時に、生態学的なものでもある。雲霧林は――ケツァールやほかの種が生存できない、開発された低地に囲まれており――海に囲まれた物理的な島と多くの点で同じだ。世界じゅうに、生態学的な〝島〟――たいていは山岳地か、断片化した特定の生息環境――が存在し、きわめて特殊な動物相や植物相を支えている。もし、気候非常事態による急変動で環境が変わったら、そこに住む生物は生き延びられないだろう。

そうした事例のひとつが、テキサスのキホオアメリカムシクイで、いまや(絶滅したと推測されているムナグロアメリカムシクイ、エスキモーコシャクシギ、ハシジロキツツキのあとに続いて)アメリカ合衆国本土で最も危険に瀕している鳥のひとつだ[44]。特定の種類のセイヨウネズにしか営巣しないので、開発による生息地の断片化で苦境に陥っている。近縁種のカートランドアメリカムシクイも危険に瀕している鳴禽で、ミシガン州のバンクスマツ森林の狭い地域に分布がかぎられ、やはり特殊な生態学的要件が求められる。気候危機――と、結果として生じる天候や生息地の変化――は、この二種にとって弔いの鐘になるかもしれない。

もっとも、鳥が実際に絶滅するまでには時間がかかり、その点に、彼らを救おうとする組織や個人は希望を見出していた。ところが、ある科学調査が爆弾を落とし、将来への希望をすっかり吹き飛ばしたかに見える。二〇二一年三月、オーストラリア南東部で猛威をふるった山火事のあと、科学者たちが論文を発表し、キガオミツスイ——オーストラリアの稀少な鳥のひとつ——の雄は、もはやこの種特有のさえずりができないことを示した。特有のさえずりの代わりに、雄たちはこの地域ではるかに一般的なべつの種のさえずりを真似ていたのだ。結果として、これらの雄は本来のつがいの相手に顧みられず、この種の差し迫った消滅がいっそう早まっている[45]。

野生にはわずか三〇〇羽しかいない——イギリスと同程度の広さの地域に薄く分布している——せいで、キガオミツスイは互いにひどく孤立し、若い雄はもはや年配の雄から正しいさえずりを学ぶことができない。そして科学者や環境保全家、さらに当時は気候変動に懐疑的なことで悪名高かったオーストラリア政府もしぶしぶ認めたとおり、キガオミツスイの生息地をこれほどまでに破壊した山火事の直接的な要因はまちがいなく、地球気候危機によって気温が上昇したことなのだ[46]。

## 土地利用の変化

もっと広い視野で見ると、気候変動によって、土地の利用が広範かつ先例のないほど変化しそうだ。そうなると、特化された稀少な種だけでなく、適応力があってよく見かける種にも影響がおよぶ。ヨーロッパ南部の温暖な地域で現在は農耕に供されている広範囲の土地が、食料生産に適さなくなり、一部は砂漠化または半砂漠化する可能性が高い。はるか北では、シベリアとカナダの広大な地帯が、作物の栽培や家畜の飼育にふさわしい土地になるだろう。世界の動物相と植物相がどうなるかは不明で、壊滅的な結果を招く可能性もあり、多ければ種の半数が局地的に絶滅し、一部は完全に消滅するかもしれない[47]。状況がはるかに悪い地域もある。アフリカ中央部と南部のミオンボ林地帯では、気温が四・五度上昇し、結果として哺乳類種の五分の四と鳥種の七分の六以上が失われるものと予測され

ている。(48)

こうした数字をきちんと理解するのはむずかしい。だが、明々白々なのは、何かしなくてはならない、ということだ——それも、いますぐに。(49)なのに、本章の冒頭で紹介したエピソードのように、わたしたちは長期的で漠然とした大きな問題よりも、差し迫った具体的な問題——この場合は、映画の撮影スタッフによるコウテイペンギンの救出——のほうに目を向けがちだ。あちこちに裏づけはあるのに、わたしたちはその結果についてちゃんと考えることができない——いや、たぶん、考えたくないのだろう。(50)

わたしたちはまた、いわゆる〝終末疲れ〟——（個人にせよ、社会にせよ、政府にせよ）気候変動と戦って何をしようと、どうしようもないという感覚——に悩まされてもいる。(51)

## よい報せと悪い報せ

いっぽう、二〇二〇年の南半球の冬（北半球の夏）に、人工衛星を利用した南極観測により、関係する科学者たちが世界最大のこのペンギンにとって〝よい報せと悪い報せ〟と呼ぶものがもたらされた。(52)

よい報せは、高解像度の衛星画像のおかげで、コウテイペンギンのコロニーの存在があらたに数箇所、判明したことだ。コロニーの総数が五分の一増えて、世界の推定個体数は五パーセントないし一〇パーセント増加した。逆に、悪い報せは、わたしたちが思っていたよりも数が多いとはいえ、コウテイペンギンはやはり長期的な存続が重大な危機にさらされていることだ。

二〇二二年はじめの、世界の鳥の窮状に関する最新報告が、いっそう悪い報せをもたらした。個体数の減少が認められるか疑われるかしている鳥種は全体の半数近くで、増えているのはわずか六パーセントだったのだ。〝炭鉱のカナリア〟という語は使われすぎて陳腐化しているが、この場合は、いかにもふさわしい表現に思える[53]。

コウテイペンギン、ケツァールほか、環境危機に脅かされる多くの種の運命を、冷笑家はたぶん、人類の経済成長に付随する不幸な損害だと一笑に付すだろう。だが、本書を通じて見てきたように、わたしたちは自然を破壊することで、自分たちを危険にさらしている。先に絶滅するのはコウテイペンギンかもしれないが、彼らはわたしたちのそう遠くない未来を予示しているのだ。

わたしたちには単純な選択肢がある。ドードー――完全に消えることで、世界を悪い方向に変えてしまった鳥――のあとを、コウテイペンギンに追わせるのか。それとも、環境危機による容赦ない気温上昇を反転させて、最悪の影響を減じ、最終的にコウテイペンギンだけでなく地球上のあらゆる生命――当然ながら、わたしたちも含む――を救うために、きびしい決断をくだすのか。

# 謝辞

わたしのこれまでの著書のなかで、本書はまちがいなく最も多くの人に助言と助力をいただいた本であり、寛大にも、みなさんがそれぞれ造詣の深い分野の知識と見解を分かちあってくださった。

そこで、以下のかたがたに謝意を表する。テッサ・ボウズ、エスター・チェオ・イン、ゴードン・コレラ、サラ・ダーウィン、フランク・ディケーター、コリンヌ・ファウラー、エロル・フラー、ミランダ・ギャレット、ピーターとローズマリー・グラント、トム・ホランド、ジュリアン・ヒューム、コリン・ジェロルマック、カール・ジョーンズ、レスリー・キンズリー、ウィル・ローソン、ティム・ロウ、リンジー・マックレイ、ティム・モアマン、ジェレミー・マイノット、ダニエル・オソリオ、マール・パチェット、ジュディス・シャピロ、マイケル・シェリダン、クリストファー・スカイフ、ジョー・ウィンペニー。

また、チャーリー・ギルモア、ブライアン・ジャックマン、キャサリン・ノーベリー、スージー・ペインター、アリス・クワーク、デイヴィッド・テイトにも、ご助力、ご助言をたまわった。感謝申しあげる。

最初に本書のアイデアを思いついたとき、ドミニク・クーゼンズ、マイク・ディルガー、エド・ドルウィット、ナイジェル・レッドマンをはじめ、野鳥観察仲間のみなさんが、一〇の鳥の選定を手伝ってくれた。バース・スパ大学の修士課程の学生たち、とくにレイチェル・ベントレー、メイヴ・ブラッドベリ、デボラ・グレイ、レイチェル・ヘンソン、デビー・ロールズにもお世話になった。

親愛なる友人、ケヴィンとドナ・コックスは今回も快くデヴォン州の田舎のコテージを執筆に集中するために貸してくれたし、敬愛する同僚のゲイル・シモンズとその夫のリチャード・ベイリーは原稿全体に目を通し、きわめて有益な提案をくれた。また、旧友にして長年の編集者であるグラハム・コスターには、いつもどおり原稿に磨きをかけていただいた。才気あふれるエージェントのブルー・ドハティーにも、大いなる感謝を捧げたい。それから、ニコル・ハイダリプアにも、章頭の美しい挿絵〔訳注：英語原書版の挿絵〕に感謝する。

フェイバー社については、本書の作成、製作にかかわったすべての人、なかでも、ローラ・ハッサン（編集）、レイチェル・ウィリアムソン（製版）、コナー・ハッチンソンとジョシュ・スミス（広報）、ジョン・グリンドロッドとフィービー・ウィリアムス（マーケティング）、ペドロ・ネルソン（製作）、アンナ・モリソン（デザイン）、メラニー・ジー（索引）、セアラ・バーロウ（校正）、デイヴ・ライト（組版）、ルイーズ・ブライス、リジー・ビショップ、ハンナ・スタイルズ、ハティ・クック（版権）、それから営業のみなさんに感謝申しあげる。コミッショニング・エディターのフレッド・ベイティには、辛抱強い導きと助言に特別な感謝を捧げる。

いつものように、ここサマセットほかの地にいる、すばらしいわが家族、スザンヌ、デイヴィッド&ケイト（プラスひとり！）、ジェームズ、チャーリー、ジョージ、デイジーに、ありがとうを。

最後に、ルーシー・マクロバートの専門知識、気配り、勤勉さがなかったら、本書の執筆にはいたらなかっただろう。野鳥観察者にして歴史家の彼女は、わたしが本書の下敷きにした多種多様な物語、逸話、引用、事実、数字を調べるのに理想的な人物だった。

長きにわたる友情、支援、思慮深い助言をくれたルーシーと、その夫でノッティンガム大学の環境史学者、ロブ・ランバート博士に、本書『鳥が人類を変えた』を捧げる。

# 訳者あとがき

人間と鳥との密接な関係。そう言われて、まず目に浮かぶ光景はなんでしょう。ペットの小鳥を愛《め》でる家族。双眼鏡を片手にバードウォッチングする愛鳥家たち。あるいは、ゴミ集積場を荒らすカラスや、街路樹のねぐらに集まって騒ぎたてるムクドリの群れなど、人間が迷惑をこうむりそうな光景を浮かべる人もいるかもしれません。

本書『鳥が人類を変えた――世界の歴史をつくった10種類』（Stephen Moss, *Ten Birds That Changed the World*, Guardian Faber Publishing, 2023）では、太古より人間と鳥がいかにかかわってきたか、人類の歴史を鳥がいかに変えてきたかが語られています。〝人類の歴史を変えた〟というと、大げさだと思われるかもしれません。けれども、本書を読めば、ひと口に人間と鳥の関係と言っても千差万別で、じつにさまざまな形があることがわかります。そして、思っていた以上に、人間と鳥が近い関係にあることや、人間がいかに自己中心的で、いかに自然界を意のままに操ろうとしてきたか、ということも。本書は、そういった関係を通じて、鳥が（当然ながら、意図せずに）人類の歩む道筋を変えてしまった事例を多角的な視点から紹介しています。

著者のスティーヴン・モス（Stephen Moss）は、イギリスの自然史研究家にして野鳥観察家、放送作家、テレビプロデューサー、著述家。ＢＢＣで野生生物をテーマにしたシリーズ番組を長らく制作していましたが、二〇一一年からフリーランスとして活動し、現在は大学で教鞭を執ってもいます。

野生生物、とくに鳥をテーマにした著作が多数あり、最近では *The Robin*（コマドリ）、*The Wren*（ミソサザイ）、*The Swallow*（ツバメ）など、一般によく知られた鳥の生活史を洞察に富んだ情緒豊かな文章で綴ったシリーズ The Bird Biography Series が高く評価されています。

本書は、これらシリーズの作品とはちがって、一冊で複数の鳥（ワタリガラス、ハト、シチメンチョウ、ドードー、ダーウィンフィンチ類、グアナイウ、ユキコサギ、ハクトウワシ、スズメ、コウテイペンギンの一〇種類）を取りあげています。ひとつのテーマでこれほど多くの鳥について幅広く綴った本は、ほかに類がないように思います。「序」で著者が述べているとおり、これらの鳥はゆるやかな時系列で並べられており、第1章では、ワタリガラスが登場する聖書の物語や神話、文学作品が中心に据えられて、どこか牧歌的なのんびりした趣きがあります。けれども、章が進むにつれて、第二次世界大戦中に活躍した（というより、習性を人間に利用されて活躍させられた）ハトや、人間の食用として大量飼育・大量消費されているシチメンチョウの話など、搾取の構造が浮き彫りになってきます。

そして、ダーウィンの自然選択説を体現して進化のメカニズムの解明に一役買ったダーウィンフィンチ類、糞を肥料として利用されたことで農業手法を一変させたグアナイウ、羽根飾りのために狩られすぎたことで野生生物の保護運動を促進させたユキコサギなど、まさしく〝歴史を変えた〟事例が語られるなかで、絶滅、大量殺戮、気候非常事態といった不穏なことばがちらつきはじめ、語りの切迫感、焦燥感が増していきます。人類がその存在を知ったあと気づいたら絶滅していたドードーの話にいたっては、わたしたち人間の愚かさや無自覚の残酷さを突きつけられ、なんともやるせない気持ちにさせられて、本書は鳥をテーマにしているけれども、じつは人間の業の深さをえぐり出しているのではないか、とすら思えてきます。

いっぽうで、野生生物を救おうと懸命に活動する人々も紹介されているわけで、人間と鳥、ひいては自然界とのかかわりは一面的には語れないのだと、あらためて痛感させられもします。

ところで、本書に繰り返し出てくる〝絶滅〟とは、なんでしょう。単純に漢字を訓読みすると〝絶え、滅びる〟ということになりますが、自然環境保護団体WWFジャパンのサイトには、「一つの種（しゅ）が、完全にこの地球上からいなくなること」と書かれています。生物は誕生しては消滅していき、「およそ6億年の間に、誕生した生物の90％以上」が絶滅したと言われています。ところが、本書（一〇五ページ）にも書かれているとおり「近年、絶滅のペースが劇的に速まって、いまや世界の一万七〇〇〇の鳥種のうち、およそ七分の一が危険な状態に」あります。こうした最近の絶滅は、人類の行為に起因するものが大半です。著者も繰り返し述べていますが、これを食いとめるために、なんらかの対策を講じなくてはなりません――それも、いますぐに。

けれども、生態系はとても複雑で、たとえば野生のメダカの減少を食いとめようとして生息地の異なるメダカを川に放流した結果、交雑が起きて在来種がかえって減ってしまうなど、よかれと思ってやった自然保護活動がじつは環境破壊を招いてしまうことは多々あります。自然保護にかぎらず、わたしたち人間はとかく派手なほう、見てすぐわかるほうへと行きがちですが、本書で紹介されているスズメ撲滅運動のように、机上の計算では一見正しく思える論拠にもとづいて一足飛びに成果を得ようとすると、手痛いしっぺ返しを受けてしまいます。悠長に構えている時間的余裕はありませんが、それでも、地道な調査と検討を重ねて慎重に対処していく必要があり、そのためには、いま何が起きているのか、なぜそうなっているのかをきちんと知って、自分の頭で考えることが大切ではないでしょうか。

本書は、〝人類の歴史を変えた鳥〟を語りながら、さまざまな問題を提起し、終焉に向かっている世界の流れをわたしたち人間が変えるよう、強くうながしています。人間と鳥、ひいては人間と野生生物の複雑な結びつきにわたしたちが目を向けて、現状を知って考えたうえで、次の一歩を踏み出すための一助になれば幸いです。

二〇二四年一月

宇丹貴代実

# 索引

「注」は該当箇所が注であることを示し、後ろの数字は注番号を指しています。
太字イタリック体の数字は本書巻末の「注釈」のページ番号を指しています。

## さ行

**た行**

**な行**



**は行**

## ま行

## や行



## ら行



## わ行

アルファベット

# 注釈

URLはすべて、原著を執筆した時点で正しくアクセスできた。
〔訳注：訳出中に再度確認し、アクセスできなかったURLにはその旨を記してある〕

## 序

(1) Eleanor Ratcliffe et al., 'Predicting the perceived restorative potential of bird sounds through acoustics and aesthetics', *Environment and Behaviour,* vol. 52, issue 4, 2020.

(2) Boria Sax, *Avian Illuminations: A Cultural History of Birds* (London: Reaktion Books, 2021).

(3) WWF, 'The Living Planet Report', 2018: https://www.wwf.org.uk/updates/living-planet-report-2018 次も参照。A. Lees et al., 'State of the World's Birds. Annual Review of Environment and Resources', DOI, 2022: https://doi.org/10.1146/annurev-environ-112420-014642

(4) Worldometer: https://www.worldometers.info/world-population/ および https://www.worldometers.info/world-population/world-population-by-year/

## 第1章　ワタリガラス

(1) ベルンド・ハインリッチの著書 *Mind of the Raven* (New York: Harper Perennial, 1999, 2006) で語られている話。

(2) Bernd Heinrich, *Mind of the Raven.*

(3) 次を参照。*Oxford English Dictionary (OED)* entry: 'raven': https://www.oed.com/view/Entry/158644?rskey=E4uNz8&result=1&isAdvanced=false#eid

(4) Stephen Moss, *Mrs Moreau's Warbler: How Birds Got Their Names* (London: Guardian Faber, 2018) を参照。

(5) Jeremy Mynott, *Birds in the Ancient World* (Oxford: Oxford University Press, 2018).

(6) 次を参照。'The Ravens', Historic Royal Palaces website: https://www.hrp.org.uk/tower-of-london/whats-on/the-ravens/#gs.2c1ot4

(7) George R. R. Martin, *A Game of Thrones* (New York: Bantam Spectra, Random House, 1996)〔ジョージ・R・R・マーティン『氷と炎の歌1　七王国の玉座　改訂新版』(上・下、ハヤカワ文庫)、岡部宏之訳、早川書房、2012年〕.『氷と炎の歌』として知られるこのシリーズは、ウェスタロスと呼ばれる架空の大陸を中心に、覇権をめぐって争う9つの高貴な家系を描く。構想、筋書き、登場人物は中世の薔薇戦争および長年読まれてきたファンタジーを下敷きにして、現代読者の関心を引くためにセックスと暴力をほどよく加えてある。

(8) 旧約聖書「創世記」8章7～12節。

(9) 「神は言われた。『我々のかたちに、我々の姿に人を造ろう。そして、海の魚、空の鳥、家畜、地のあらゆるもの、地を這うあらゆるものを治めさせよう』」旧約聖書「創世記」1章26節（聖書協会共同訳）

(10) William MacGillivray, *A History of British Birds* (London: Scott, Webster and Geary, 1837–51).

(11) Frank Gill, David Donsker and Pamela Rasmussen (eds.), 'Family Index', IOC World Bird List Version 10.1, International Ornithologists' Union, 2020.

(12) 次を参照。Euring website: https://euring.org/data-and-codes/longevity-list?page=5

(13) Derek Ratcliffe, *The Raven: A Natural History in Britain and Ireland* (London: T. & A. D. Poyser, 2010).

(14) Ratcliffe, *The Raven.*

(15) 次を参照。BirdLife International: http://datazone.birdlife.org/species/factsheet/common-raven-corvus-corax

(16) Karel Voous, *Atlas of European Birds* (Amsterdam: Nelson, 1960).

(17) Stanley Cramp and Christopher Perrins (eds.), *Handbook of the Birds of Europe, the Middle East and North Africa: The Birds of the Western Palearctic, Volume VIII, Crows to Finches* (Oxford: Oxford University Press, 1994). 偶然にも、ほかにこれほど広範な生息地を征した種は、はるかに体は小さいが同じくらい適応力があるミソサザイだけだ。Stephen Moss, *The Wren: A Biography* (London: Square Peg, 2018) を参照。

(18) Ratcliffe, *The Raven.*

(19) 次を参照。*Danish Journal of Archaeology,* vol. 2, issue 1, 2013: https://www.tandfonline.com/doi/abs/10.1080/21662282.2013.808403?journalCode=rdja20

(20) フギンとムニンは、物語や伝説だけでなく、硬貨、兜（かぶと）、ブローチ、タペストリーの断片、石の彫刻など、幅広い考古学的遺物において、切っても切れないほどオーディンと結びつけられている。次を参照。Andy Orchard, *Dictionary of Norse Myth and Legend* (London, Cassell, 1997); Rudolf Simek, translated by Angela Hall, *Dictionary of Northern Mythology* (Woodbridge, D. S. Brewer, 2007).

(21) 次を参照。Nordisk Mytologi website: https://mytologi.lex.dk/Ravneguden

(22) John Lindow, *Norse Mythology: A Guide to the Gods, Heroes, Rituals, and Beliefs* (Oxford, Oxford University Press, 2001).

(23) Anthony Winterbourne, *When the Norns Have Spoken: Time and Fate in Germanic Paganism* (Cranbury, New Jersey: Rosemont Publishing & Printing Corp, 2004).

(24) Christopher Skaife, *The Ravenmaster* (London: 4th Estate, 2018) 推薦文の一節。次を参照。https://www.4thestate.co.uk/2018/11/george-rr-martin-reviews-the-ravenmaster/

(25) Heinrich, *Mind of the Raven.*

(26) Heinrich, *Mind of the Raven.*

(27) Heinrich, *Mind of the Raven.*

(28) Ella E. Clark, *Indian Legends of the Pacific Northwest* (Berkeley: University of California Press, 1953)〔エラ・イ・クラーク『アメリカ・インディアンの神話と伝説』、山下欣一訳、岩崎美術社、1995年〕を参照。

(29) 古代文明は必ずしも一般的なカラス（crow）とワタリガラス（raven）を明確に区別していない。John M. Marzluff and Tony Angell, *In the Company of Crows and Ravens* (New Haven and London: Yale University Press, 2005).

(30) Franz Boas, 'Mythology and Folk-Tales of the North American Indians', *Journal of American Folklore,* 27 (106), 1914.

(31) アラスカ州、ブリティッシュ・コロンビア州およびユーコン川流域のトリンギットの文化では、重なりあうふたつの異なる象徴があった。ひとつは創造者たるワタリガラス、もうひとつは子どもっぽいワタリガラスだ。John Swanton, 'Tlingit Myths and Texts', *Bureau of American Ethnology Bulletin* 39, Smithsonian Institution, 1909.

(32) Encyclopaedia of Islam: https://referenceworks.brillonline.com/entries/encyclopaedia-of-islam-3/cain-and-abel-COM_24374

(33) Mynott, *Birds in the Ancient World.* 彼が示唆するように、ワタリガラスは臭覚を用いて死者や瀕死者の居場所を突きとめていたのかもしれない。とはいえ、これにはいまだ議論の余地がある。次を参照。https://pubmed.ncbi.nlm.nih.gov/3960998/

(34) Edward A. Armstrong, *The Folklore of Birds* (London: Collins, 1958).

(35) Armstrong, *The Folklore of Birds* で引用。奇妙にも、数字に対応する内容がカササギの詩とは逆になっている。カササギでは、1羽だと"悲しい"、2羽だと"うれしい"だ。

(36)　Revd Charles Swainson, *The Folk Lore and Provincial Names of British Birds* (London, Dialect Society, 1885). べつの話では、ワタリガラスはヴァイキングがアイスランドを見つける——そして、植民地化する——のを手助けしたと示唆されている。

(37)　Kristin Axelsdottir, 'The Discovery of Iceland', *Viking Network,* 14 August 2004.

(38)　Jesse Byock, *Viking Age Iceland* (London: Penguin, 2001). ヒストリー・チャンネルの人気テレビドラマ『ヴァイキング』に登場する船大工、フロキは、フラフナ＝フローキをベースにしている。次を参照。'Iceland to play a big role in fifth season of the History channel TV series Vikings', *Iceland Magazine,* 3 March 2017.

(39)　Mynott, *Birds in the Ancient World.*

(40)　C. D. Bird, 'How the rook sees the world: a study of the social and physical cognition of Corvus frugilegus', PhD thesis, University of Cambridge, 2010: https://ethos.bl.uk/OrderDetails.do?uin=uk.bl.ethos.596654

(41)　M. Boeckle, M. Schiestl, A. Frohnwieser, R. Gruber, R. Miller, T. Suddendorf, R. D. Gray, A. H. Taylor and N. S. Clayton, 'New Caledonian crows plan for specific future tool use', Royal Society, 2020: https://royalsocietypublishing.org/doi/10.1098/rspb.2020.1490

(42)　'477+ Words to Describe Raven': https://describingwords.io/for/raven

(43)　Rachel Nuwer, 'Young Ravens Rival Adult Chimps in a Big Test of General Intelligence', *Scientific American,* 2020: https://www.scientificamerican.com/article/young-ravens-rival-adult-chimps-in-a-big-test-of-general-intelligence/ この研究で何よりも驚きなのは、異なる4つの月齢——孵化後4カ月、8カ月、12カ月、16カ月——のワタリガラスで実験したところ、作業の大半は最初の月齢で習得されたこと、ワタリガラスの幼鳥の遂行能力はおとなのチンパンジーやオランウータンと少なくとも同程度であると判明したことだ。

(44)　下記で報告。*Science,* July 2017: 'Ravens – like humans and apes – can plan for the future': https://www.science.org/content/article/ravens-humans-and-apes-can-plan-future

(45)　次を参照。Charlotte Ruhl, 'Theory of Mind', *Simply Psychology,* 7 August 2020: https://www.simplypsychology.org/theory-of-mind.html

(46)　Derek Bickerton, *Adam's Tongue* (New York: Hill and Wang, 2009).

(47)　Bernd Heinrich, *Ravens in Winter* (New York: Simon & Schuster, 1989, 2014)〔バーンド・ハインリッチ『ワタリガラスの謎』、渡辺政隆訳、どうぶつ社、1995年〕を参照。

(48)　この詩の全編は、次を参照。Poetry Foundation website: https://www.poetryfoundation.org/poems/48860/the-raven

(49)　たとえば、'The Ten Best Poems of All Time', *Strand Magazine* website: https://strandmag.com/the-ten-best-poems-of-all-time/

(50)　William Shakespeare, *The Tragedy of Julius Caesar,* Act 5, Scene 1 (1599)〔ウィリアム・シェイクスピア『ジュリアス・シーザー』(白水Uブックス)、小田島雄志訳、白水社、1983年ほか〕.

(51)　William Shakespeare, *The Tragedy of Macbeth,* Act 1, Scene 5 (1606)〔ウィリアム・シェイクスピア『マクベス』(ちくま文庫)、松岡和子訳、筑摩書房、1996年ほか〕.

(52)　William Shakespeare, *The Tragedy of Hamlet, Prince of Denmark,* Act 3, Scene 2 (1609)〔ウィリアム・シェイクスピア『ハムレット』(ちくま文庫)、松岡和子訳、筑摩書房、1996年ほか〕.

(53)　William Shakespeare, *The Tragedy of Othello, the Moor of Venice,* Act 4, Scene 1 (1604)〔ウィリアム・シェイクスピア『オセロー』(白水Uブックス)、小田島雄志訳、白水社、1983年ほか〕.

(54)　Boria Sax, *City of Ravens* (London: Duckworth Overlook, 2011).

(55)　Lucinda Hawksley, 'The mysterious tale of Charles Dickens's raven', BBC Culture website, 20 August 2015: https://www.bbc.com/culture/article/20150820-the-mysterious-tale-of-charles-dickenss-raven

(56)　Heinrich, *Ravens in Winter.*
(57)　Heinrich, *Ravens in Winter.*
(58)　このエピソード全体の雰囲気がよく伝わる冒頭のシーンを、YouTubeで観ることができる：https://www.youtube.com/watch?v=bLiXjaPqSyY&ab_channel=NikaGongadze
(59)　J. R. R. Tolkien, *The Hobbit, or, There and Back Again* (London: George Allen and Unwin, 1937)〔J・R・R・トールキン『ホビットの冒険』（岩波少年文庫、上・下）、瀬田貞二訳、岩波書店、2000年ほか〕.
(60)　たとえば『ガーディアン』のコラム 'Notes and Queries' を参照：https://www.theguardian.com/global/2015/dec/29/weekly-notes-queries-carroll-raven-desk
(61)　Heinrich, *Mind of the Raven.*
(62)　1496年から97年の冬。Ratcliffe, *The Raven* で引用。
(63)　Simon Holloway, *The Historical Atlas of Breeding Birds of Britain and Ireland: 1875–1900* (Calton: T. & A. D. Poyser, 1996).
(64)　Abel Chapman, *The Borders and Beyond* (London: Gurney and Jackson, 1924). Ratcliffe, *The Raven* で引用。
(65)　Eilert Ekwall, *The Concise Oxford English Dictionary of Place Names* (Oxford: Clarendon Press, 1936) を参照。
(66)　1731年の報奨金、ワタリガラス1羽につき4旧ペンス（約1.66新ペンス）にもとづく。https://www.bankofengland.co.uk/monetary-policy/inflation/inflation-calculator　Roger Lovegrove, *Silent Fields* (Oxford, Oxford University Press, 2007) を参照。
(67)　William Wordsworth, *A Guide through the District of the Lakes* (Kendal: Hudson and Nicholson, 1810)〔ウィリアム・ワーズワス『湖水地方案内』（新装版）、小田友弥訳、法政大学出版局、2021年〕. 木や険しい岩を登ってワタリガラスの巣に到達し、怒った親鳥の攻撃を受けながら雛を捕まえる危険を考えたら、ふさわしい報酬と言えるかもしれない。
(68)　Lovegrove, *Silent Fields.*
(69)　Lovegrove, *Silent Fields.*
(70)　野生生物カメラマン、リチャード・テイラー＝ジョーンズによる2010年のBBCニュース・ウェブサイトの記事を参照：http://news.bbc.co.uk/local/kent/hi/people_and_places/nature/newsid_8727000/8727116.stm
(71)　J. T. R. Sharrock (ed.), *The Atlas of Breeding Birds in Britain and Ireland* (Tring, BTO, 1976).
(72)　Peter Lack (ed.), *The Atlas of Wintering Birds in Britain and Ireland* (Calton: T. & A. D. Poyser, 1986).
(73)　D. E. Balmer et al. (eds.), *Bird Atlas 2007–11: The Breeding and Wintering Birds of Britain and Ireland* (Thetford: BTO Books, 2013).
(74)　Balmer et al., *Bird Atlas 2007–11.*
(75)　Skaife, *The Ravenmaster.*
(76)　Felix Leigh, *Thomas Crane and Ellen Houghton, London Town* (London: Marcus Ward & Co., 1883).
(77)　Sax, *City of Ravens* で言及。

**第2章　ハト**

(1)　2005年のテレビドキュメンタリー *War of the Birds* を参照：https://www.imdb.com/title/tt0759946/plotsummary?ref_=tt_ov_pl 次のYouTube動画で視聴可：https://www.youtube.com/watch?v=sZfjbfe5SXM&ab_channel=FAMOSOXR, 10分25秒あたりから。
(2)　Nicholas Milton, *The Role of Birds in World War Two: How Ornithology Helped to Win the War* (Barnsley and Philadelphia: Pen and Sword, 2022) も参照。
(3)　PDSA Dickin Medal, PDSA Website. https://www.pdsa.org.uk/what-we-do/animal-awards-programme/pdsa-

dickin-medal このメダルは1943年に、イギリスの動物愛護団体PDSA（傷病動物援護会）によって、「軍隊または民間防衛隊の一部門で軍務につくか協力するかして、いちじるしく勇敢な行動または献身」を示した動物を称えるために作られた。

(4)　旧約聖書「創世記」8章9節。

(5)　ノアの方舟の話は、ほぼまちがいなく、もっと古い物語、5000年以上前とされる古代シュメールの『ギルガメシュ叙事詩』を下敷きにしている。興味深いことに、その物語には、陸地を見つけるためにワタリガラスとハトが（ツバメとともに）放たれたエピソードもある。Stephanie Dalley, *Myths from Mesopotamia: Creation, The Flood, Gilgamesh, and Others* (Oxford: Oxford University Press, 1989) を参照。

(6)　この便利なフレーズは、現在は植民地的かつイギリス中心主義の西洋の語と考えられている。"レヴァント"または"西アジア"のほうが好ましい。次を参照。'The Middle East and the End of Empire', World History project: https://www.khanacademy.org/humanities/whp-1750/xcabef9ed3fc7da7b:unit-8-end-of-empire-and-cold-war/xcabef9ed3fc7da7b:8-2-end-of-empire/a/the-middle-east-and-the-end-of-empire-beta

(7)　次を参照。ABC News, 'Evidence Noah's Biblical Flood Happened, Says Robert Ballard', 2012: https://abcnews.go.com/Technology/evidence-suggestsbiblical-great-flood-noahs-time-happened/story?id=17884533

(8)　Barbara West and Ben-Xiong Zhou, 'Did chickens go north? New evidence for domestication', *Journal of Archaeological Science,* vol. 15, issue 5, September 1988: https://www.sciencedirect.com/science/article/abs/pii/0305440388900805 ところが、2022年6月、数箇所のニワトリの骨の年代を検証しなおした新しい研究で、ニワトリの家畜化は、考えられていたよりもはるかに遅く——おそらくは3500年前に——始まったことが示唆された。次を参照。Helena Horton, *Guardian,* 6 June 2022: https://amp.theguardian.com/science/2022/jun/06/chickens-were-first-tempted-down-from-trees-by-rice-research-suggests

(9)　旧約聖書「レビ記」5章7節。「もしその人が貧しくて羊に手が届かないなら、自分が犯した過失のための清めのいけにえとして、山鳩二羽か若い家鳩二羽を主のもとに携えて行かなければならない。一羽は清めのいけにえに、もう一羽は焼き尽くすいけにえにする」（聖書協会共同訳）

(10)　Ruth Biasco et al., 'The earliest pigeon fanciers', Open Access report, 2014: https://www.nature.com/articles/srep05971 全部で少なくとも90の鳥種の亡骸がこの洞窟内および周辺で見つかっており、最も頻出したのは、ヤマウズラ、ベニハシガラス、アマツバメと、ハトだった。

(11)　C. Vogel, *Tauben* (Berlin: Deutscher Landwirtschaftsverlag, 1992).

(12)　R. M. Engberg, B. Kaspers, I. Schranner, J. Kösters and U. Lösch, 'Quantification of the immunoglobulin classes IgG and IgA in the young and adult pigeon (*Columba livia*)', *Avian Pathology,* 21, 1992.

(13)　Yotam Tepper et al., 'Signs of soil fertigation in the desert: A pigeon tower structure near Byzantine Shivta, Israel', *Journal of Arid Environments,* vol. 145, October 2017: https://www.sciencedirect.com/science/article/abs/pii/S0140196317301222?via%3Dihub

(14)　Jennifer Ramsay, 'Not Just for the Birds: Pigeons in the Roman and Byzantine Near East': https://www.asor.org/anetoday/2017/11/not-just-birds

(15)　Jacqueline Musset, 'Le droit de colombier en Normandie sous l'Ancien Régime', *Annales de Normandie,* vol. 34, 1984.

(16)　Andrew D. Blechman, *Pigeons: The Fascinating Saga of the World's Most Revered and Reviled Bird* (St Lucia: University of Queensland Press, 2007).

(17)　Kate Dzikiewicz, 'The Tragedy of the Most Hated Bird in America', Storage Room No. 2: Musings from the Bruce Museum Science Department, 17 April 2017: http://www.storagetwo.com/blog/2017/4/the-tragedy-of-the-most-hated-bird-in-america

(18)　次を参照。Fahim Amir, 'Rats with wings', on Eurozine website, August 2013: https://www.eurozine.com/

rats-with-wings/ 次も参照。Colin Jerolmack, 'How Pigeons Became Rats: The Cultural-Spatial Logic of Problem Animals', *Social Problems,* vol. 55, no. 1, 2008: https://www.jstor.org/stable/10.1525/sp.2008.55.1.72

(19) Rosemary Mosco, *A Pocket Guide to Pigeon Watching* (New York, Workman Publishing, 2021).

(20) Gerard J. Holzmann and Björn Pehrson, *The Early History of Data Networks* (London: John Wiley & Sons, 1995).

(21) Holzmann and Pehrson, *The Early History of Data Networks.* この賢い戦略は、「おそらく世界最初の否定応答シグナルの一形態」と描写されている。Gerard J. Holzmann, 'Data Communications: the first 2500 years' (New Jersey: AT&T Bell Laboratories): https://spinroot.com/gerard/pdf/hamburg94b.pdf

(22) Holzmann and Pehrson, *The Early History of Data Networks.*

(23) Stephen Moss, *The Swallow: A Biography* (London: Square Peg, 2020) を参照。

(24) より詳しくは、Ian Newton, *Bird Migration* (London: Collins, 2020) を参照。

(25) T. Guilford, S. Roberts and D. Biro, 'Positional entropy during pigeon homing II: navigational interpretation of Bayesian latent state models', *Journal of Theoretical Biology,* 2004: https://www.robots.ox.ac.uk/~parg/pubs/bird_2.pdf

(26) 次で引用。Helen Pilcher, 'Pigeons take the highway,' *Nature,* 2004: https://www.nature.com/articles/news040209-1

(27) 20世紀なかばに、動物行動学者のニコ・ティンバーゲンとコンラート・ローレンツが発展させた概念。このふたりは、カール・フォン・フリッシュとともに動物行動学の分野を開拓したことでノーベル生理学・医学賞を受賞した。次を参照。*Nature* website: https://www.nature.com/articles/2141259a0

(28) この一連の行動の詳しい描写は、次を参照。Darren Naish, 'Voyeurism and Feral Pigeons', *Scientific American,* 2015: https://blogs.scientificamerican.com/tetrapod-zoology/voyeurism-and-feral-pigeons/

(29) Pliny the Elder, *Naturalis Historia* (77 ad)〔プリニウス『プリニウスの博物誌 I』、中野定雄・中野里美・中野美代訳、雄山閣出版、1986年〕.

(30) Monica S. Cyrino, *Aphrodite: Gods and Heroes of the Ancient World* (London and New York: Routledge, 2010).

(31) 新約聖書「ルカによる福音書」2章24節。

(32) 新約聖書「マタイによる福音書」3章16節。

(33) 次の非公式のパブロ・ピカソ・ウェブサイトを参照：https://www.pablopicasso.org/dove-of-peace.jsp

(34) 次のウェブサイトで言及（ただし、典拠なし）：https://www.pipa.be/en/articles/origin-belgian-racing-pigeon-rock-dove-carrier-pigeon-part-ii-9313

(35) Pliny the Elder, *Naturalis Historia*: https://www.loebclassics.com/view/pliny_elder-natural_history/1938/pb_LCL353.363.xml?readMode=recto

(36) 次を参照。'Enduring lessons from the legend of Rothschild's carrier pigeon', *Financial Times,* May 2013: https://www.ft.com/content/255b75e0-c77d-11e2-be27-00144feab7de

(37) Frederic Morton, *The Rothschilds: A Family Portrait* (London: Secker & Warburg, 1962)〔フレデリック・モートン『ロスチャイルド王国』（新潮選書）、高原富保訳、新潮社、1975年〕.

(38) たとえば 'Carrier Pigeon Commerce, How Knowing First Helped the Rothschilds Build A Banking Empire', *Forbes,* June 2014: https://www.forbes.com/sites/samanthasharf/2014/06/18/carrier-pigeon-commerce-how-knowing-first-helped-the-rothschilds-build-a-banking-empire/?sh=7972d4f2b08f

(39) 'The Pigeon Post into Paris 1870–1', University of California website: https://www.srlf.ucla.edu/exhibit/text/hist_page4.htm

(40) Andrew McNeillie, *The Magna Illustrated Guide to Pigeons of the World* (London: Magna Publishing, 1993).

(41) National Museum of American History website: https://americanhistory.si.edu/

(42) 次を参照。Adam Bieniek, 'Cher Ami : the Pigeon that Saved the Lost Battalion', 2016, on the United States World War One Centennial Commission website : https://www.worldwar1centennial.org/index.php/communicate/press-media/wwi-centennial-news/1210-cher-ami-the-pigeon-that-saved-thelost-battalion.html

(43) 次の軍事史ウェブサイトの 'Croix de guerre' を参照：https://military-history.fandom.com/wiki/Croix_de_guerre

(44) 次を参照。'Cher Ami', on the National Museum of American History collections website : https://americanhistory.si.edu/collections/search/object/nmah_425415

(45) Bieniek, 'Cher Ami : the Pigeon that Saved the Lost Battalion'.

(46) Kathleen Rooney, *Cher Ami and Major Whittlesey* : https://www.penguinrandomhouse.com/books/624839/cher-ami-and-major-whittleseyby-kathleen-rooney/

(47) Wendell Levi, *The Pigeon* (Sumter, South Carolina : Levi Publishing Company, 1977).

(48) 次を参照。'Pigeons in War', Royal Pigeon Racing Association website : https://www.rpra.org/pigeon-history/pigeons-in-war/

(49) Alexander Lee, 'Pigeon racing : A Miner's World?', *History Today,* April 2021 : https://www.historytoday.com/archive/natural-histories/pigeon-racing-miners-world

(50) Gordon Corera, *Secret Pigeon Service : Operation Columba, Resistance and the Struggle to Liberate Europe* (London : William Collins, 2018). 次も参照。Jon Day, 'Operation Columba', *London Review of Books,* 2019 : https://www.lrb.co.uk/the-paper/v41/n07/jon-day/operation-columba

(51) *War of the Birds.*

(52) PDSA Dickin Medal, PDSA Website.

(53) 'Spy pigeon's medal fetches £9,200', BBC website, 30 November 2004 : http://news.bbc.co.uk/1/hi/uk/4054421.stm

(54) 'Liberation of Europe : Pigeon Brings First Invasion News', Imperial War Museum website : https://www.iwm.org.uk/collections/item/object/205357374

(55) 次を参照。PDSA Website : https://www.pdsa.org.uk/get-involved/dm75/the-relentless/duke-of-normandy

(56) Ian Herbert, 'The hero of the latest British war movie is a pigeon called Valiant. A flight of fancy? No, it's based on real life', *Independent,* 23 March 2005 : https://www.independent.co.uk/news/uk/this-britain/the-hero-ofthe-latest-british-war-movie-is-a-pigeon-called-valiant-a-flight-of-fancy-noit-s-based-on-real-life-529601.html

(57) *War of the Birds.*

(58) Ed. Drewitt, *Urban Peregrines* (Exeter : Pelagic Publishing, 2014).

(59) National Archives website : https://discovery.nationalarchives.gov.uk/details/r/C4623103

(60) Derek Ratcliffe, *The Peregrine* (Calton : T. & A. D. Poyser, 1980).

(61) National Archives website.

(62) Ratcliffe, *The Peregrine.*

(63) 次を参照。Maneka Sanjay Gandhi, 'A Fascinating History of the Carrier Pigeons', *Kashmir Observer,* 6 July 2020 : https://kashmirobserver.net/2020/07/06/a-fascinating-history-of-the-carrier-pigeons/

(64) 'Pakistanis respond after "spy pigeon" detained in India', BBC News website, 2 June 2015 : https://www.bbc.co.uk/news/blogs-trending-32971094

(65) 'Iran arrests pigeons for spying', *Metro* website, 21 October 2008 : https://metro.co.uk/2008/10/21/iran-arrests-pigeons-for-spying-56438/

(66) NBC News website : https://www.nbcnews.com/storyline/isis-uncovered/isis-executes-pigeon-bird-breeders-diyala-iraq-n287421

(67)　Frank Blazich, 'In the Era of Electronic Warfare, Bring Back Pigeons', War on the Rocks website: https://warontherocks.com/2019/01/in-the-era-of-electronic-warfare-bring-back-pigeons/

(68)　'The Pigeon versus the Computer : A Surprising Win for All' : https://pigeonrace2009.co.za/

(69)　Chris Vallance, 'Why pigeons mean peril for satellite broadband', BBC News website, 29 August 2021 : https://www.bbc.co.uk/news/technology-58061230

(70)　Eric Simms, *The Public Life of the Street Pigeon* (London: Hutchinson, 1979).

(71)　Simms, *The Public Life of the Street Pigeon.* シムズが言及したふたつの駅は、キルバーンとフィンチリー・ロードで、当時はベーカールー線の支線の駅だったが、のちにジュビリー線に編入された。

(72)　Daniel Haag-Wackernagel, 'The Feral Pigeon', University of Basel: https://stopthatpigeon.altervista.org/wp-content/uploads/2012/10/Daniel-Haag-Wackernagel-Culture-History-of-the-Pigeon-Kulturgeschichte-der-Taube.pdf

(73)　'Feed the Birds', St Paul's Cathedral website: https://www.stpauls.co.uk/history-collections/history/history-highlights/feed-the-birds-1964

(74)　Jen Westmoreland Bouchard, '"Feed the Birds, Tuppence a Bag..." : A Visit to London's St Paul's Cathedral', Europe up Close website, January 2020: https://europeupclose.com/article/feed-the-birds-tuppence-a-bag-a-visit-to-londons-st-pauls-cathedral/

(75)　Andrew Hosken, *Ken: The Ups and Downs of Ken Livingstone* (London: Arcadia Books, 2008).

(76)　John Vidal, 'London pigeon war's costly bottom line', *Guardian* website, 7 October 2004: https://www.theguardian.com/uk/2004/oct/07/london.london

(77)　Valentine Low, 'Now you risk £500 fine for feeding pigeons anywhere in Trafalgar Square', *Evening Standard* website, 10 September 2017: https://www.standard.co.uk/hp/front/now-you-risk-ps500-fine-for-feedingpigeons-anywhere-in-trafalgar-sq-6633916.html

(78)　*New York Times* website: https://www.nytimes.com/2008/05/08/world/europe/08iht-pigeon.4.12710015.html
Observer website: https://observer.com/2019/02/nyc-parks-ban-feeding-animals/

(79)　Walter Weber, 'Pigeon Associated People Diseases', University of Nebraska, 1979: https://digitalcommons.unl.edu/cgi/viewcontent.cgi?article=1020&context=icwdmbirdcontrol

(80)　Colin Jerolmack, *The Global Pigeon* (Fieldwork Encounters and Discoveries) (Chicago: University of Chicago Press, 2013).

(81)　Colin Jerolmack, 'How Pigeons Became Rats: The Cultural-Spatial Logic of Problem Animals', 2008: https://www.jstor.org/stable/10.1525/sp.2008.55.1.72?seq=1%2525252523metadata_info_tab_contents

(82)　BBC News website, 22 January 2019: https://www.bbc.co.uk/news/uk-scotland-glasgow-west-46953707

(83)　Songfacts website: https://www.songfacts.com/facts/tom-lehrer/poisoning-pigeons-in-the-park ライブ演奏の録画については次で視聴可：https://www.youtube.com/watch?v=QNA9rQcMq00&ab_channel=TheTomLehrerWisdomChannel

(84)　Melanie Rehak, 'Who Made That Twitter Bird?', *New York Times Magazine,* 8 August 2014: https://www.nytimes.com/2014/08/10/magazine/who-made-that-twitter-bird.html

(85)　Doug Bowman. 次で引用。Rob Alderson, 'A look at the new Twitter logo and what people are reading into it', 7 June 2012: https://www.itsnicethat.com/articles/new-twitter-logo

## 第3章　シチメンチョウ

(1)　Ambrose Bierce, *The Cynic's Word Book* (aka *The Devil's Dictionary*) (New York: Doubleday, Page & Co., 1906)〔ビアス『新編悪魔の辞典』（岩波文庫）、西川正身編訳、岩波書店、1997 年〕.

(2)　次を参照。Rebecca Fraser, *The Mayflower* (New York : St Martin's Press, 2017) ; Nathaniel Philbrick, *Mayflower : A Story of Courage, Community and War* (London : Penguin, 2006).

(3)　Verlyn Klinkenborg, 'Why Was Life So Hard for the Pilgrims?', *American History,* 46 (5), December 2011.

(4)　John Brown, *The Pilgrim Fathers of New England and their Puritan Successors* (Pasadena, Texas : Pilgrim Publications, 1895, reprinted 1970).

(5)　次を参照。History website : https://www.history.com/topics/thanksgiving/history-of-thanksgiving

(6)　Edward Winslow, 1621 年 12 月 11 日付の手紙。ケイレブ・ジョンソンのメイフラワー号史ウェブサイトに掲載：http://mayflowerhistory.com/letter-winslow-1621

(7)　Andrew F. Smith, *The Turkey : An American Story* (Chicago and Urbana : University of Illinois Press, 2006). 本書は、野生および家畜化されたシチメンチョウの重層的な歴史に関する情報、分析、驚くべき事実が詰まった、すばらしい記録だ。

(8)　Albert Hazen Wright, 'Early Records of the Wild Turkey, I', *The Auk,* vol. 31, no. 3, July 1914.

(9)　'The Invention of Turkey Day', in Smith, *The Turkey* を参照。

(10)　James Robertson, *American Myth, American Reality* (New York : Hill and Wang, 1980). Smith, *The Turkey* で引用。

(11)　次を参照。'Traditional Christmas Dinners in America', Morton Williams website : https://www.mortonwilliams.com/post/traditional-christmas-dinners-in-america

(12)　Nora Ephron, Huffington Post, November 2010 : https://www.facebook.com/NoraEphron/photos/a.241541749203751/516425171715406/?type=3

(13)　Smith, *The Turkey.*

(14)　次を参照。Elizabeth Pennisi, 'Quaillike creatures were the only birds to survive the dinosaur-killing asteroid impact', *Science,* 24 May 2018 : https://www.science.org/content/article/quaillike-creature-was-only-bird-survive-dinosaur-killing-asteroid-impact

(15)　A. W. Schorger, *The Wild Turkey ; its History and Domestication* (University of Oklahoma Press, 1966).

(16)　Smith, *The Turkey.* シチメンチョウは時速 88 キロ（約 55 マイル）の速度で飛べる。

(17)　'All About Birds : Wild Turkey', the Cornell Lab : https://www.allaboutbirds.org/guide/Wild_Turkey/overview

(18)　Hugh A. Robertson and Barrie D. Heather, *The Hand Guide to the Birds of New Zealand* (Penguin Random House New Zealand, 1999, 2015) を参照。

(19)　Ralph Thomson, 'Richmond Park and the Georgian access controversy', National Archives, 23 June 2021 : https://blog.nationalarchives.gov.uk/richmond-park-and-the-georgian-access-controversy/

(20)　次を参照。'4 Facts about Declining Turkey Populations', NWTF website : https://www.nwtf.org/content-hub/4-facts-about-declining-turkey-populations

(21)　次を参照。M. Shahbandeh, 'Number of turkeys worldwide from 1990 to 2020', Statista website, 24 January 2022 : https://www.statista.com/statistics/1108972/number-of-turkeys-worldwide/

(22)　ところが、2022 年 6 月、数箇所のニワトリの骨の年代を検証しなおした新しい研究で、ニワトリの家畜化は、考えられていたよりもはるかに遅く――おそらくは 3500 年前に――始まったものと示唆されている。Helena Horton, *Guardian,* 6 June 2022 : https://amp.theguardian.com/science/2022/jun/06/chickens-were-first-tempted-down-from-trees-by-rice-research-suggests を参照。

(23)　Michael Price, 'The turkey on your Thanksgiving table is older than you think', *Science,* November 2021, 2018 : https://www.science.org/content/article/turkey-your-thanksgiving-table-older-you-think シチメンチョウ以外で家畜化されたアメリカの鳥はノバリケンだけだが、一般化せず、広く行き渡ることもなかった。

(24)　Smith, *The Turkey.*

(25) Linda S. Cordell, *Ancient Pueblo Peoples* (Washington DC: St Remy Press and Smithsonian Institution, 1994). フォー・コーナーズと呼ばれるのは、4つの州（コロラド、ユタ、アリゾナ、ニューメキシコ）が交差する地域だからだ。シチメンチョウがいつ、どうやって家畜化されたかについては、文字による証拠がなく、何世紀ものちにスペイン人征服者たちによって書かれた間接的な情報源にもっぱら頼るしかないことから、はっきりしていない。

(26) Erin Kennedy Thornton et al., 'Earliest Mexican Turkeys (Meleagris gallopavo) in the Maya Region: Implications for Pre-Hispanic Animal Trade and the Timing of Turkey Domestication', 2012: https://journals.plos.org/plosone/article?id=10.1371/journal.pone.0042630

(27) Thornton et al., 'Earliest Mexican Turkeys'.

(28) David Malakoff, 'We used to revere turkeys, not eat them', *Science* website, 25 November 2015: https://www.science.org/content/article/we-used-revere-turkeys-not-eat-them これは、アメリカ南部各地で見つかった多数の同様のシチメンチョウ埋葬地の一例にすぎない。

(29) Schorger, *The Wild Turkey.*

(30) Thornton et al., 'Earliest Mexican Turkeys'.

(31) ワシントン州立大学のR・カイル・ボチンスキー博士。Malakoff, 'We used to revere turkeys, not eat them' で引用。

(32) Schorger, *The Wild Turkey.*

(33) Schorger, *The Wild Turkey.*

(34) Schorger, *The Wild Turkey.*

(35) M. F. Fuller and N. J. Benevenga (eds.), *The Encyclopaedia of Farm Animal Nutrition* (Wallingford: CABI, 2004) を参照。ストリックランドはたしかに若いころアメリカを旅したし、たとえ数多くの人間のひとりにすぎないとしても、最初にシチメンチョウを何羽か持ちかえったのはまちがいないだろう。だが、英国人名事典の彼の項目にはシチメンチョウへの言及はない。

(36) David Gentilcore, *Food and Health in Early Modern Europe: Diet, Medicine and Society, 1450–1800* (London: Bloomsbury Academic, 2015). 次で引用。Heather Horn, 'How Turkey Went Global', *The Atlantic,* 26 November 2015: https://www.theatlantic.com/international/archive/2015/11/turkeyhistory-world-thanksgiving/417849/

(37) 'Where Did the Domestic Turkey Come From?', All About Birds: Wild Turkey, the Cornell Lab: https://www.allaboutbirds.org/news/where-did-the-domestic-turkey-come-from/

(38) Smith, *The Turkey.*

(39) Daniel Defoe, *A Tour Thro' the Whole Island of Great Britain* (1724–7).

(40) Smith, *The Turkey.*

(41) Smith, *The Turkey.*

(42) John Gay, *Fables* (London: J. F. and C. Rivington, 1792). Smith, *The Turkey* で引用。

(43) 次を参照。'Charles Dickens and the birth of the classic English Christmas dinner', on *The Conversation* website: https://theconversation.com/charles-dickensand-the-birth-of-the-classic-english-christmas-dinner-108116

(44) 次を参照。Robert Krulwich, 'Why a Turkey is Called a Turkey', NPR website, 27 November 2008: https://www.npr.org/templates/story/story.php?storyId=97541602&t=1644228448947

(45) Schorger, *The Wild Turkey.*

(46) James A. Jobling, *The Helm Dictionary of Scientific Bird Names* (London: Christopher Helm, 2010).

(47) 次を参照。*Oxford English Dictionary entry*: 'Turkey': https://www.oed.com/view/Entry/207632?rskey=5UbJY6&result=2&isAdvanced=false#eid

(48) William Strachey, *History of the Travaile into Virginia Britannica* (London: Hakluyt Society, 1849, written in

1612).
(49) Albert Hazen Wright, 'Early Records of the Wild Turkey, II', *The Auk,* vol. 31, no. 4, October 1914.
(50) Schorger, *The Wild Turkey.*
(51) Schorger, *The Wild Turkey.*
(52) Thomas Hamilton, *Men and Manners in America* (Philadelphia: Augustus M. Kelley, 1833). Schorger, *The Wild Turkey* で引用。
(53) Wright, 'Early Records of the Wild Turkey, II'.
(54) Mark Cocker and David Tipling, *Birds and People* (London: Jonathan Cape, 2013).
(55) *Oxford English Dictionary.*
(56) 興味深いことに、このフレーズには、次の記事が説明するとおり、人種差別主義的な含意がある。Merrill Perlman, 'Let's not "talk turkey"', *Columbia Journalism Review,* 23 November 2015: https://www.cjr.org/language_corner/lets_not_talk_turkey.php
(57) ジョン・レノンの沈痛な歌「コールド・ターキー」を聴いたことのある人は、禁断症状の激しい苦しみに思いを馳せるだろう。YouTube の次の動画を参照：https://www.youtube.com/watch?v=2C6ThAaxrWw&ab_channel=johnlennon
(58) Schorger, *The Wild Turkey* で引用。
(59) Wright, 'Early Records of the Wild Turkey, II'.
(60) Ryan Johnson, 'Global turkey meat market: Key findings and insights', the Poultry Site, 19 May 2018: https://www.thepoultrysite.com/news/2018/05/global-turkey-meat-market-key-findings-and-insights
(61) 'Turkey by the numbers', National Turkey Federation website: https://www.eatturkey.org/turkeystats/
(62) The Poultry Site, 2018.
(63) The Poultry Site, 2018.
(64) Lorraine Murray, 'Consider the turkey', Advocates for Animals, 2007, Saving Earth (Encyclopaedia Britannica) ウェブサイト経由でアクセス：https://www.britannica.com/explore/savingearth/consider-the-turkey-3
(65) ペンシルヴェニアの『ランカスター・ファーミング』(*Lancaster Farming*) 紙。Murray, 2007. Ibid. で引用。
(66) Murray, 'Consider the turkey'.
(67) 次を参照。'The Night I Shaved the Turkey and other Thanksgiving Disasters', New England Today website: https://newengland.com/today/living/newengland-nostalgia/thanksgiving-disasters/
(68) 次を参照。UK Government's Food Standards Agency website: https://www.food.gov.uk/news-alerts/news/avoid-the-unwanted-gift-of-food-poisoning-this-christmas
(69) 次を参照。'Turkey Trouble: Home cooks risk food poisoning from washing their Christmas bird', University of Manchester website, 22 December 2014: https://www.manchester.ac.uk/discover/news/turkey-trouble-home-cooksrisk-food-poisoning-from-washing-their-christmas-bird/
(70) Helen Fielding, *Bridget Jones's Diary* (London: Picador, 1996)〔ヘレン・フィールディング『ブリジット・ジョーンズの日記』(角川文庫)、亀井よし子訳、KADOKAWA、2015 年〕.
(71) 次を参照。BBC News website: https://www.bbc.co.uk/news/uk-england-london-20908427 この件では、最終的に料理人と経営者が起訴、投獄された。汚染されたシチメンチョウの肉を提供しただけでなく、食品安全記録を偽造していたからだ。https://www.bbc.co.uk/news/uk-england-london-30954210
(72) 'Most Common Sources Of Food Poisoning From Thanksgiving Dinner', Wallace Law website: https://www.bawallacelaw.com/most-common-sources-of-food-poisoning-from-thanksgiving-dinner/
(73) 次を参照。'Meat Eater's Guide to Climate Change and Health': https://www.ewg.org/meateatersguide/eat-

smart/

(74)　次を参照。Live Kindly website : https://www.livekindly.co/turkey-christmas-dinner-double-emissions-vegan-roast/

(75)　次を参照。The Human League website : https://thehumaneleague.org/article/lab-grown-meat

(76)　次を参照。Jan Dutkiewicz and Gabriel N. Rosenberg, 'Man v food : is lab-grown meat really going to solve our nasty agriculture problem?', *Guardian,* 29 July 2021 : https://www.theguardian.com/news/2021/jul/29/lab-grown-meat-factory-farms-industrial-agriculture-animals

(77)　John Josselyn, *New-England's Rarities Discovered : In Birds, Beasts, Fishes, Serpents, And Plants of That Country* (London : G. Widdowes, 1672). Smith, *The Turkey* で引用。

(78)　Zadock Thompson, *History of Vermont, Natural, Civil and Statistical,* 1842. 次で引用。Albert Hazen Wright, 'Early Records of the Wild Turkey, III', *The Auk,* vol. 32, no. 1, 1915.

(79)　Audubon, *The Birds of America*〔ジョン・ジェームズ・オーデュボン『オーデュボンの鳥――「アメリカの鳥類」セレクション』、新評論、2020 年〕. 次を参照。'Wild Turkey' on the Audubon website : https://www.audubon.org/birds-of-america/wild-turkey

(80)　T. Edward Nickens, 'Wild Turkey on the Rocks?', *Audubon Magazine,* November–December 2013 : https://www.audubon.org/magazine/wild-turkey-rocks

(81)　次を参照。NWTF website : https://www.nwtf.org/content-hub/4-facts-about-declining-turkey-populations

(82)　Nickens, 'Wild Turkey on the Rocks?'.

## 第 4 章　ドードー

(1)　Will Cuppy. *The Dodo : The History and Legacy of the Extinct Flightless Bird* (Charles River Editors, 2020) で引用。

(2)　次を参照。Roisin Kiberd, 'The Dodo Didn't Look Like You Think It Does', on the Vice website : https://www.vice.com/en/article/vvbqq9/the-dodo-didntlook-like-you-think-it-does

(3)　次を参照。Julian P. Hume, 'The history of the dodo Raphus cucullatus and the penguin of Mauritius', *Historical Biology,* 18 : 2, 2006 : http://julianhume.co.uk/wp-content/uploads/2010/07/History-of-the-dodo-Hume.pdf サーフェリーはドードーをモデルにした絵を少なくとも 10 枚描いている。同時代のどの画家よりも多い。

(4)　Alan Grihault, *Dodo : The Bird Behind the Legend* (Mauritius : IPC Ltd, 2005) を参照。

(5)　とはいえ、オックスフォード英語辞典によると、このフレーズは 1 世紀あまりの歴史しかなく、最初に印刷物に登場したのは 1904 年とかなり最近で、同じように頭韻を踏むフレーズ 'as dead as a doornail（「(鋲釘のように) 完全に死んでいる」という意味)' から派生した。

(6)　*Oxford English Dictionary.*

(7)　Errol Fuller, *Dodo : From Extinction to Icon* (London : HarperCollins, 2002).

(8)　Fuller, *Dodo : From Extinction to Icon.*

(9)　次を参照。*The Ecologist* website, 22 October 2019 : https://theecologist.org/2019/oct/22/age-extinction

(10)　ドードーとその近縁種のロドリゲスドードーに関するさまざまな描写について、直接的、間接的情報源をほぼ網羅し、包括的に詳しく述べたものは、Jolyon C. Parish, *The Dodo and the Solitaire : A Natural History* (Bloomington and Indianapolis, Indiana University Press, 2013) を参照。

(11)　*A True Report of the gainefull, prosperous and speedy voyage to Java in the East Indies* (London, 1599) より。

(12)　Jacob Corneliszoon van Neck, *Het Tweede Boeck* (Amsterdam, 1601) より。

(13)　Nehemiah Grew, *Musaeum Regalis Societatis : Or, a catalogue and description of the natural and artificial rarities belonging to the Royal Society, and preserved at Gresham Colledge* [sic] (London, 1685).

(14) Richard Owen, *Observations on the Dodo* (London: Proc. Zool. Soc., 1846), pp. 51–3.

(15) Johannes Theodor Reinhardt, 'Nøjere oplysning om det i Kjøbenhavn fundne Drontehoved', *Nat. Tidssk. Krøyer.* IV, 1842–3, pp. 71–2.

(16) Hugh Edwin Strickland and Alexander Gordon Melville, *The Dodo and its Kindred; or the History, Affinities, and Osteology of the Dodo, Solitaire, and Other Extinct Birds of the Islands Mauritius, Rodriguez, and Bourbon* (London, Reeve, Benham, and Reeve, 1848).

(17) B. Shapiro et al., 'Flight of the Dodo', *Science,* 295 (5560), 2002, p. 1683.

(18) J. P. Hume, *Extinct Birds,* 2nd ed. (London, Helm, 2017). 同程度の絶滅に見舞われているのは、クイナ（*Gruiformes*、ツル目）とオウム（*Psittaciformes*、オウム目）だけだ。

(19) Jeremy Hance, 'Caught in the crossfire: little dodo nears extinction', *Guardian,* 9 April 2018: https://www.theguardian.com/environment/radical-conservation/2018/apr/09/little-dodo-manumea-tooth-billed-pigeon-samoa-critically-endangered-hunting

(20) Anthony S. Cheke and Julian P. Hume, *Lost Land of the Dodo: An Ecological History of Mauritius, Réunion & Rodrigues* (New Haven and London: T. & A. D. Poyser, 2008).

(21) Volkert Evertsz. 次で引用。Anthony S. Cheke, 'The Dodo's last island', Royal Society of Arts and Sciences of Mauritius, 2004.

(22) Michael Blencowe, *Gone: A Search of What Remains of the World's Extinct Creatures* (London: Leaping Hare Press, 2020).

(23) ジュリアン・ヒュームは、モーリシャスから連れ出されたドードーは、ほんのひと握り——おそらくは 4 羽か 5 羽——だったと推測している。共著者のアンソニー・チークは、もう少し多い数、11 羽あまりではないかと考えている。Cheke and Hume, *Lost Land of the Dodo.*

(24) Errol Fuller, *Extinct Birds* (Oxford: Oxford University Press, 2000).

(25) Fuller, *Extinct Birds.*

(26) 旧約聖書「創世記」1 章 21 節。

(27) Arthur O. Lovejoy, *The Great Chain of Being: A Study of the History of an Idea* (New York: Harper, 1936, 1960)〔アーサー・O・ラヴジョイ『存在の大いなる連鎖』（ちくま学芸文庫）、内藤健二訳、筑摩書房、2013 年〕.

(28) Samuel T. Turvey and Anthony S. Cheke, 'Dead as a dodo: The fortuitous rise to fame of an extinction icon', *Historical Biology,* vol. 20, no. 2, June 2008.

(29) Georges Cuvier, 'Memoir on the Species of Elephants, Both Living and Fossil', 1796, 1998: https://www.tandfonline.com/doi/abs/10.1080/02724634.1998.10011112

(30) Colin Barras, 'How humanity first killed dodo, then lost it as well', *Panorama* website, 12 April 2016: https://m.theindependentbd.com/arcprint/details/40404/2016-04-12

(31) Barras, 'How humanity first killed dodo, then lost it as well'.

(32) Fuller, *Dodo: From Extinction to Icon.*

(33) Oxford Museum of Natural History website: https://oumnh.ox.ac.uk/the-oxford-dodo

(34) University of Copenhagen Natural History Museum of Denmark website: https://snm.ku.dk/english/exhibitions/precious_things/〔現在はアクセス不可〕ヨハネス・ラインハルトがドードーと鳩との関係を導きだすために調べたのと同じ標本だ。

(35) The National Museum of the Czech Republic website: https://www.nm.cz/en/about-us/science-and-research/collection-of-birds

(36) "夢の池"と英訳されることが多いが、ジュリアン・ヒュームによると、実のところ、インドか

ら年季契約の労働者によってモーリシャスに持ちこまれた食用植物を指す。Cheke and Hume, *Lost Land of the Dodo.*

(37) Julian P. Hume and Christine Taylor, 'A gift from Mauritius: William Curtis, George Clark and the Dodo', *Journal of the History of Collections,* vol. 29 no. 3, 2017: http://julianhume.co.uk/wp-content/uploads/2010/07/Hume-Taylor-Curtis-Clark-dodo.pdf クラークはおそらくは感傷から、自分にも数片の骨を取っておいたが、1873年の死後にそれらは子どもたちに残された。50年近くのちの1921年、生活苦に陥った娘のエディスが、サセックスのヘイスティングス・セント・レナーズ博物誌協会の設立者、トマス・パーキンに売り渡した (Grihault, *Dodo: The Bird Behind the Legend* 参照)。

(38) Julian Hume, Cheke and Hume, *Lost Land of the Dodo.*

(39) Lewis Carroll, *Alice's Adventures in Wonderland* (London: Macmillan, 1865) 〔ルイス・キャロル『不思議の国のアリス』(角川文庫)、河合祥一郎訳、KADOKAWA、2010年ほか〕. 本書は絶版になったことが一度もなく、100以上の言語に訳され、数百万冊が売られている。とはいえ、初版は23部しか残っておらず、その1冊、著者ドジソン本人のものは、1998年にニューヨークのオークションで154万ドルで落札された。児童書としては、当時の最高記録だった。https://www.nytimes.com/1998/12/11/nyregion/auction-record-for-an-original-alice.html

(40) W. J. Broderip, *The Penny Magazine* (London: Society for the Diffusion of Useful Knowledge, 1833). のちに、*The Penny Cyclopaedia,* 1837 に転載。

(41) Turvey and Cheke, 'Dead as a dodo'.

(42) 旧約聖書「創世記」1章28節。Strickland and Melville, *The Dodo and its Kindred* で引用。

(43) Errol Fuller, *The Great Auk* (Kent: Errol Fuller, 1998).

(44) Strickland and Melville, *The Dodo and its Kindred.*

(45) Turvey and Cheke, 'Dead as a dodo'. 皮肉にも、彼らが消滅の瀬戸際にあるとしたこの2種は、いまや公式に絶滅が宣告された。次を参照。Ian Sample, 'Yangtze river dolphin driven to extinction' *Guardian* website, 8 August 2007: https://www.theguardian.com/environment/2007/aug/08/endangeredspecies.conservation また Katharine Gammon, 'US to declare ivory-billed woodpecker and 22 more speciesextinct', *Guardian* website, 29 September 2021: https://www.theguardian.com/environment/2021/sep/29/us-bird-species-ivory-billed-woodpecker-extinct も参照。

(46) Cheke and Hume, *Lost Land of the Dodo.*

(47) Francois Benjamin Vincent Florens, 'Conservation in Mauritius and Rodrigues: Challenges and Achievements from Two Ecologically Devastated Oceanic Islands', in *Conservation Biology: Voices from the Tropics* (London: John Wiley & Sons, 2013).

(48) Heather S. Trevino, Amy L. Skibiel, Tim J. Karels and F. Stephen Dobson, 'Threats to Avifauna on Oceanic Islands'; Heather S. Trevino, Amy L. Skibiel Tim J. Karels and F. Stephen Dobson, *Conservation Biology* Vol. 21, No. 1 (Feb. 2007).

(49) http://datazone.birdlife.org/sowb/casestudy/small-island-birds-are-most-at-risk-from-invasive-alien-species-

(50) R. Galbreath and D. Brown, 'The tale of the lighthouse-keeper's cat: Discovery and extinction of the Stephens Island wren (*Traversia lyalli*)', *Notornis,* 51 (#4), 2004, pp. 193–200: https://www.birdsnz.org.nz/publications/the-tale-of-the-lighthouse-keepers-cat-discovery-and-extinction-of-the-stephens-island-wren-traversia-lyalli/

(51) Richard P. Duncan and Tim M. Blackburn, 'Extinction and endemism in the New Zealand avifauna', *Global Ecology and Biogeography,* 2004: https://doi.org/10.1111/j.1466-822X.2004.00132.x

(52) モーテン・アレントフト。次で引用。Virginia Morell, 'Why Did New Zealand's Moas Go Extinct?', *Science* (American Association for the Advancement of Science, Virginia), 2014: https://www.sciencemag.org/

news/2014/03/why-did-new-zealands-moas-go-extinct

(53) 'Seabird recovery on Lundy', *British Birds,* vol. 112, no. 4, April 2017 : https://britishbirds.co.uk/content/seabird-recovery-lund 次も参照。https://www.theguardian.com/environment/2019/may/28/seabirds-treble-on-lundy-after-island-is-declared-rat-free

(54) E. Bell et al., 'The Isles of Scilly seabird restoration project : the eradication of brown rats (*Rattus norvegicus*) from the inhabited islands of St Agnes and Gugh, Isles of Scilly', 2019 : http://www.issg.org/pdf/publications/2019_Island_Invasives/BellScilly.pdf〔現在はアクセス不可〕

(55) とはいえ、2022 年 1 月の最新情報では、最初の試みではこの島からすべてのネズミを駆除できなかったことが判明している。'Gough Island restoration programme', RSPB website : https://www.rspb.org.uk/our-work/conservation/projects/gough-island-restoration-programme/

(56) 'Update on Gough Island restoration', RSPB website, 13 January 2022 : https://www.goughisland.com/

(57) Predator Free 2050 website : https://pf2050.co.nz/ 2017 年、当時の環境保全大臣のマギー・バリーは、これを "わが国史上最も重要な保全プロジェクト" と称した——わが国の固有種を絶滅の危機から救い、将来の世代に渡って保護するものだ、と。New Zealand government press release, 25 July 2017, on Scoop website : https://www.scoop.co.nz/stories/PA1707/S00365/newzealand-congratulated-on-predator-free-campaign.htm

(58) 次を参照。Michael Greshko, National Geographic website, 25 July 2016 : https://www.nationalgeographic.com/science/article/new-zealand-invasives-islands-rats-kiwis-conservation

(59) Norman Myers, *The Sinking Ark* (Oxford : Pergamon Press, 1979)〔N・マイアース『沈みゆく箱舟——種の絶滅についての新しい考察』(岩波現代選書)、林雄次郎訳、岩波書店、1981 年〕を参照。

(60) 次を参照。'Fresh hope for one of the world's rarest raptors', Birdguides, 24 July 2021 : https://www.birdguides.com/news/fresh-hope-for-one-of-worlds-rarest-raptors/

(61) Carl F. Jones et al., 'The restoration of the Mauritius Kestrel population', *Ibis,* vol. 137, 1994 : https://onlinelibrary.wiley.com/doi/pdf/10.1111/j.1474-919X.1995.tb08439.x

(62) 次を参照。Durrell Wildlife Conservation Trust website : https://www.durrell.org/news/pink-pigeon-bouncing-back-from-the-brink/

(63) 'Mauritian Parrot No Longer Endangered : WVI Celebrates Conservation Success', on Vet Report website : https://www.vetreport.net/2020/02/mauritian-parrot-no-longer-endangered-wvi-celebrates-conservation-success/

(64) ジョーンズの職業人生の大半は、ダレル野生生物保護トラストとともにある。このトラストは、『虫とけものと家族たち』〔中公文庫、池澤夏樹訳、中央公論新社、2014 年〕の著者である故ジェラルド・ダレルとその妻のリーが、モーリシャス政府やパロット・トラストほかの環境保全組織と協力して設立した。Durrell Wildlife Conservation Trust website を参照 : https://www.durrell.org/wildlife/ ジョーンズの仕事と、海洋島の環境保全に関する詳細は、Jamieson A. Copsey, Simon A. Black, Jim J. Groombridge and Carl G. Jones (eds.), *Species Conservation : Lessons from Islands* (Cambridge : Cambridge University Press, 2018)。

(65) David Quammen, *The Song of the Dodo : Island Biogeography in an Age of Extinctions* (London : Hutchinson, 1996)〔デイヴィッド・クォメン『ドードーの歌——美しい世界の島々からの警鐘』(上・下)、鈴木主税訳、河出書房新社、1997 年〕.

(66) 次を参照。Durrell Wildlife Conservation Trust website : https://www.durrell.org/news/professor-carl-jones-wins-2016-indianapolis-prize/

(67) Meg Charlton, 'What the Dodo Means to Mauritius', 2018 : https://www.atlasobscura.com/articles/mauritius-and-the-dodo

(68) Jacques Germond and J. Roger Merven, *Les aventures de Maumau le dodo : souvenirs de genèse,* 1986. Grihault, *Dodo : The Bird Behind the Legend* で引用。

(69) Fuller, *Dodo : From Extinction to Icon* に示されているとおり。

(70) ドードーだけに絞った最初のセットは 2007 年発行、モーリシャスの絶滅した鳥を取りあげた最新のセットは、2022 年発行。Cheke and Hume, *Lost Land of the Dodo.*

(71) Quammen, *The Song of the Dodo.*

(72) Deborah Bird Rose, 'Double Death', 2014 : https://www.multispecies-salon.org/double-death/ D. B. Rose, *Reports from a Wild Country : Ethics for Decolonization* (Sydney : University of NSW Press, 2004) も参照。

(73) Anna Guasco, '"As dead as a dodo" : Extinction narratives and multispecies justice in the museum', *Nature and Space,* August 2020 : https://journals.sagepub.com/doi/full/10.1177/2514848620945310

(74) 次を参照。Graham Redfearn, 'How an endangered Australian songbird is forgetting its love songs', *Guardian* website, 16 March 2021 : https://www.theguardian.com/environment/2021/mar/17/how-an-endangered-australian-songbird-regent-honeyeater-is-forgetting-its-love-songs

(75) Sean Dooley, correspondence.

(76) Douglas Adams and Mark Carwardine, *Last Chance to See* (London : Pan Books, 1990)〔ダグラス・アダムス、マーク・カーワディン『これが見納め――絶滅危惧の生きものたちに会いに行く』（河出文庫）、安原和見訳、河出書房新社、2022 年〕.

## 第５章　ダーウィンフィンチ類

(1) Charles Darwin, *The Voyage of the Beagle* (London : John Murray, 1839)〔チャールズ・R・ダーウィン『新訳 ビーグル号航海記』（上・下）、荒俣宏訳、平凡社、2013 年ほか〕.

(2) たとえば、ガラパゴス諸島ツーリズム公式ウェブサイトは、「ダーウィンの目を強く引いたなかに、いまや彼にちなんで名づけられたフィンチ類がいた」と主張している。https://www.galapagosislands.com/info/history/charles-darwin.html

(3) Stephen Jay Gould, *Ever Since Darwin : Reflections in Natural History* (New York : W. W. Norton, 1977)〔スティーヴン・ジェイ・グールド『ダーウィン以来――進化論への招待』（ハヤカワ文庫 NF）、浦本昌紀・寺田鴻訳、早川書房、1995 年〕を参照。

(4) もっと詳細なダーウィンの物語については、Janet Browne, *Charles Darwin,* vols. 1 and 2 (London : Pimlico, 2003) を参照。

(5) Charles Darwin, *On the Origin of Species by Means of Natural Selection* (London : John Murray, 1859)〔ダーウィン『種の起源』（光文社古典新訳文庫、上・下）、渡辺政隆訳、光文社、2009 年〕.

(6) このすばらしい話の詳細については、James T. Costa, *Wallace, Darwin and the Origin of Species* (Cambridge, MA : Harvard University Press, 2014) を参照。

(7) Darwin, *On the Origin of Species* の冒頭の章を参照。

(8) Frank Gill, David Donsker and Pamela Rasmussen (eds.), 'Tanagers and allies', IOC World Bird List Version 10.2, International Ornithologists' Union, July 2020.

(9) Asemospiza obscura, *IUCN Red List of Threatened Species* (BirdLife International, 2016) : e. T22723584A94824826. https://dx.doi.org/10.2305/IUCN.UK.2016-3.RLTS.T22723584A94824826.en べつの種、セントルシアクロシトド（カリブ海の島の固有種）が、ダーウィンフィンチ類の祖先だと言われることもあるが、距離を考えると可能性は低い。Hanneke Meijer, 'Origin of the species : where did Darwin's finches come from?', *Guardian,* 30 July 2018 : https://www.theguardian.com/science/2018/jul/30/origin-of-the-species-where-did-darwins-finches-come-from

(10)　近年、科学者の一部は、ダーウィンフィンチ類の祖先は東（エクアドル）ではなく北東（中央アメリカ、またはカリブ海）から到来したと提唱している。これによってココスフィンチとの関係に説明がつくかもしれない。L. F. Baptista and P. W. Trail, 'On the origin of Darwin's finches', *The Auk,* 1988. また、E. R. Funk and K. J. Burns, 'Biogeographic origins of Darwin's finches (Thraupidae: Coerebinae)', *The Auk,* 2018.

(11)　Sangeet Lamichhaney, 'Adaptive evolution in Darwin's Finches': https://scholar.harvard.edu/sangeet/adaptive-evolution-darwins-finches

(12)　Darwin, *The Voyage of the Beagle.* もちろん、この海生トカゲは、ガラパゴス諸島固有のウミイグアナだ。

(13)　Darwin, *The Voyage of the Beagle.*

(14)　次で引用。F. J. Sulloway, 'Darwin and his finches: the evolution of a legend', *Journal of the History of Biology,* 15, 1982, pp. 1-53.

(15)　Charles Darwin, *Journal of researches into the natural history and geology of the countries visited during the voyage of HMS Beagle round the world, under the Command of Capt. Fitz Roy, RN,* 2nd edition (London: John Murray, 1845). オンライン版：http://darwin-online.org.uk/content/frameset?itemID=F14&pageseq=1&viewtype=text

(16)　Charles Darwin, Letter to Otto Zacharias, 1877. 次で引用。John Van Wyhe, Darwin Online: http://darwin-online.org.uk/content/frameset?itemID=A932&viewtype=text&pageseq=1

(17)　Thomas Henry Huxley, *Science and Education,* vol. 3, 1869〔ハックスリ『科学と教養』（創元文庫）、矢川徳光訳、創元社、1952年〕.

(18)　Percy Lowe, 'The Finches of the Galápagos in Relation to Darwin's Conception of Species', talk at British Association for the Advancement of Science, Norwich, 1935. Van Wyhe, Darwin Online で引用。

(19)　Van Wyhe, Darwin Online.

(20)　Francis Darwin (ed.), The Foundations of the Origin of Species: Two Essays Written in 1842 and 1844 by Charles Darwin (Cambridge: Cambridge University Press, 1909).

(21)　Ted. R. Anderson, *The Life of David Lack: Father of Evolutionary Ecology* (Oxford: Oxford University Press, 2013).

(22)　ラックはイギリスで最もよく目にする鳥を研究して余暇を過ごしていた——のちに、それに関して出版した本がベストセラーになった。David Lack, *The Life of the Robin* (London: H. F. & G. Witherby, 1943)〔D・ラック『ロビンの生活』、浦本昌紀・安部直哉訳、思索社、1973年〕.

(23)　Anderson, *The Life of David Lack.*

(24)　David Lack, 'The Galapagos Finches (*Geospizinae*), A Study in Variation', California Academy of Sciences, San Francisco, 1945.

(25)　Anderson, *The Life of David Lack.*

(26)　David Lack, *Darwin's Finches: An Essay on the General Biological Theory of Evolution* (Cambridge: Cambridge University Press, 1947)〔デイヴィッド・ラック『ダーウィンフィンチ——進化の生態学』、浦本昌紀・樋口広芳訳、思索社、1974年〕.

(27)　Van Wyhe, Darwin Online.

(28)　*The Voyage of Charles Darwin,* BBC TV series, part 6, 1978: https://www.youtube.com/watch?v=zXY-EWZU5qo&ab_channel=chiswickscience

(29)　次を参照。Charles G. Sibley, 'On the phylogeny and classification of living birds', *Journal of Avian Biology,* vol. 25, no. 2, 1994: https://www.jstor.org/stable/3677024

(30)　Brian Jackman, *West with the Light* (Chesham, Bradt, 2021).

(31)　現在は著名な科学者にして芸術家、著述家であるタリアはこうふり返る。「よかれ悪しかれ、ガ

ラパゴスはわたしの全人生と、わたしが選択した道のすべてを形作りました」。次で引用。Joel Achenbach, 'The People Who Saw Evolution', 2014: https://paw.princeton.edu/article/people-who-saw-evolution

(32) Peter Grant and Rosemary Grant, *How and Why Species Multiply: The Radiation of Darwin's Finches* (Princeton, NJ: Princeton University Press, 2008)〔ピーター・グラント、ローズマリー・グラント『なぜ・どうして種の数は増えるのか——ガラパゴスのダーウィンフィンチ』、巌佐庸監訳、山口諒訳、共立出版、2017 年〕.

(33) Achenbach, 'The People Who Saw Evolution'.

(34) Jonathan Weiner, *The Beak of the Finch* (London: Jonathan Cape, 1994)〔ジョナサン・ワイナー『フィンチの嘴——ガラパゴスで起きている種の変貌』(ハヤカワ文庫)、樋口広芳・黒沢令子訳、早川書房、2001 年〕.

(35) Weiner, *The Beak of the Finch.*

(36) Niles Eldredge and S. J. Gould, 'Punctuated equilibria: an alternative to phyletic gradualism', in T. J. M. Schopf (ed.), *Models in Paleobiology* (San Francisco: Freeman Cooper, 1972).

(37) Grant and Grant, *How and Why Species Multiply.*

(38) Grant and Grant, *How and Why Species Multiply.*

(39) Weiner, *The Beak of the Finch,* chapter 5.

(40) Grant and Grant, *How and Why Species Multiply.* 夫妻の娘は、死んだ鳥を見つけるのが驚くほど得意だった！

(41) Weiner, *The Beak of the Finch,* chapter 5.

(42) ピーター・グラントは、自然選択と進化の決定的な相違をこう説明する。「自然選択は一世代のあいだに生じる——つまり、一部の個体がほかの個体よりもうまく生き残ったり、生殖したりすることだ。進化は、選択されたその特性——たとえば、くちばしの大きさ——が継承されうるものであれば、ひとつの世代から次の世代にかけて生じる。採寸を積み重ねてようやく、ローズマリーとわたしは、進化はたしかに、(遺伝子的に)継承されうるさまざまな特性が自然選択された結果生じていることを示した。関係する遺伝子の一部をわたしたちが突きとめたのは、かなり最近になってからだ」(*How and Why Species Multiply*)

(43) T. S. Schulenberg, 'The Radiations of Passerine Birds on Madagascar', in Steven M. Goodman and Jonathan P. Benstead (eds.), *The Natural History of Madagascar* (Chicago: University of Chicago Press, 2003).

(44) 一般的にアトリ科 (*Fringillidae*) の仲間とみなされていたが、最近は、単独のハワイミツスイ科 (*Drepanididae*) に分類されることもある。Les Beletsky, *Birds of the World* (London: HarperCollins, 2006) を参照。

(45) 次を参照。'Hawaiian honeycreepers and their evolutionary tree', blog by GrrlScientist, *Guardian*: https://www.theguardian.com/science/punctuated-equilibrium/2011/nov/02/hawaiian-honeycreepers-tangled-evolutionary-tree

(46) この種にとって最大の脅威のひとつは、鳥マラリアの流行である。Wei Liao et al., 'Mitigating Future Avian Malaria Threats to Hawaiian Forest Birds from Climate Change', *Plos One,* 6 January 2017: https://journals.plos.org/plosone/article?id=10.1371/journal.pone.0168880 を参照。

(47) Alvin Powell, *The Race to Save the World's Rarest Bird: The Discovery and Death of the Po'ouli* (Mechanicsburg, PA: Stackpole Books, 2008).

(48) Jon Fjeldså, Les Christidis and Per G. P. Ericson (eds.), *The Largest Avian Radiation* (Barcelona: Lynx Edicions, 2020).

(49) 本書の発見のみごとな要約については、Gehan de Silva Wijeyeratne, 'Book Review: *The Largest Avian*

*Radiation',* December 2020 : https://www.researchgate.net/publication/347593826_BOOK_REVIEW_The_Largest_Avian_Radiation_The_Evolution_of_Perching_Birds_or_the_Order_Passeriformes_Edited_by_Jon_Fjeldsa_Les_Christidis_and_Per_GP_Ericson/citation/download

(50) アメリカムシクイ科（*Parulidae*）のアメリカ“ムシクイ”と混同しないように。これらは、旧世界のはるかに地味で色彩に乏しい類似種とは類縁関係がまったくない。ふたつのグループのちがいに関する興味深い見解については、https://www.allaboutbirds.org/news/whos-got-the-best-warblers-and-why-europe-vs-america-edition/

(51) 次を参照。'The British List' (BOU) : https://bou.org.uk/wp-content/uploads/2022/06/BOU_British_List_10th-and-54th_IOC12_1_Cat-F.pdf

(52) 次を参照。Avibase : The World Bird Database : https://avibase.bsc-eoc.org/checklist.jsp?region=WPA

(53) Fjeldså, Christidis and Ericson, *The Largest Avian Radiation.*

(54) Tim Low, *Where Song Began : Australia's Birds and How They Changed the World* (New Haven : Yale University Press, 2020).

(55) Sean Dooley, *Where Song Began* の書評、*Sydney Morning Herald,* 23 June 2014 ：https://www.smh.com.au/entertainment/books/book-review-wheresong-began-by-tim-low-20140623-zsj9c.html

(56) Low, *Where Song Began.*

(57) Low, *Where Song Began.*

(58) University of Minnesota, 'Songbirds Escaped From Australasia, Conquered Rest Of World', *ScienceDaily,* 20 July 2004 : https://www.sciencedaily.com/releases/2004/07/040720090024.htm

(59) 次を参照。Galápagos Conservation Trust website : https://galapagosconservation.org.uk/wildlife/darwins-finches/ 次も参照。'Growing parasite threat to finches made famous by Darwin', BBC News website, 17 December 2015 : https://www.bbc.co.uk/news/science-environment-35114681 興味深くも、冒頭で、このフィンチ類が「ダーウィンの進化論の洗練にひと役買った」とする作り話を繰り返していることをお伝えしておく。よい話は、けっして死なないものなのだ。

## 第6章　グアナイウ

(1) Henri Weimerskirch et al., 'Foraging in Guanay cormorant and Peruvian booby, the major guano-producing seabirds in the Humboldt Current System', Marine Ecology Progress Series, 458, 2012 : https://www.researchgate.net/publication/271251957_Foraging_in_Guanay_cormorant_and_Peruvian_booby_the_major_guano-producing_seabirds_in_the_Humboldt_Current_System

(2) C. B. Zavalaga and R. Paredes, 'Foraging behaviour and diet of the guanaycormorant', *South African Journal of Marine Science,* 21 : 1, 1999 : https://www.tandfonline.com/doi/pdf/10.2989/025776199784125980

(3) G. T. Cushman, *Guano and the Opening of the Pacific World : A Global Ecological History* (Cambridge : Cambridge University Press, 2013).

(4) Lesley J. Kinsley, 'Guano and British Victorians : an environmental history of a commodity of nature', PhD thesis, University of Bristol, 2019 : https://research-information.bris.ac.uk/en/studentTheses/guano-and-british-victorians

(5) この一節（異なる形が多数存在する）はヴィクトリア・ゴシック様式の演劇から生まれたものだとよく言われるが、レスリー・キンズリーは博士号論文（'Guano and British Victorians'）に向けた調査において、その証拠をひとつも見つけられなかった。桂冠詩人、アルフレッド・テニスンの作だとする説も、彼女は耳にした。

(6) Tyntesfield, National Trust website : https://www.nationaltrust.org.uk/tyntesfield ウィリアム・ギブズは 1875

年4月に84歳で亡くなった。

(7) George Washington Peck, *Melbourne and the Chincha Islands: With Sketches of Lima, and a Voyage Round the World* (New York City: R. Craighead, 1854).

(8) Bank of England Inflation calculator: https://www.bankofengland.co.uk/monetary-policy/inflation/inflation-calculator

(9) James Miller, *Fertile Fortune: The Story of Tyntesfield* (London: National Trust, 2003).

(10) *Secrets of the National Trust,* Channel 5, December 2020: https://www.channel5.com/show/secrets-of-the-national-trust-with-alan-titchmarsh/season-4/episode-8

(11) 議論を呼ぶこともあるが不可欠なプログラムであり、このプログラムにおいて——ブラック・ライブズ・マター運動と、西洋世界の富の創造に人間の奴隷が果たした役割が深く掘りさげられたことにより——ナショナル・トラストはようやく所有資産の負の歴史を認めることとなった。たとえば、ティンツフィールドの展示（https://www.nationaltrust.org.uk/）や、コリンヌ・ファウラー博士のすばらしいプロジェクト 'Colonial Countryside: National Trust Houses Reinterpreted' (https://www.nationaltrust.org.uk/features/colonial-countryside-project) など。

(12) *Ace Ventura: When Nature Calls*: https://www.imdb.com/title/tt0112281/

(13) Ian Fleming, *Dr No* (London: Jonathan Cape, 1958)〔イアン・フレミング『007／ドクター・ノオ 改訳版』（ハヤカワ・ミステリ文庫）、井上一夫訳、早川書房、1998年〕. 長いジェームズ・ボンド・シリーズの第一作となった、ショーン・コネリー主演の映画は、1962年に公開された。https://www.imdb.com/title/tt0055928/

(14) Father Joseph de Acosta, *The natural & moral history of the Indies,* translated into English by Edward Grimston, 1604.

(15) 次を参照。'Did Guano Make the Inca the World's First Conservationists?', blog by GrrlScientist: https://www.forbes.com/sites/grrlscientist/2020/08/30/did-guano-make-the-inca-the-worlds-first-conservationists/?sh=19d7c95c4060

(16) *The Myths of Mexico and Peru*: https://hackneybooks.co.uk/books/30/57/TheMythsOfMexicoAndPeru.html#ch7

(17) Cushman, *Guano and the Opening of the Pacific World.* 次も参照。G. T. Cushman, 'The Most Valuable Birds in the World: International Conservation Science and the Revival of Peru's Guano Industry, 1909–65', *Environmental History,* 10 (3), 2005, pp. 477–509.

(18) Inca Garcilaso de la Vega, *Comentarios Reales de los Incas,* 1609〔インカ・ガルシラーソ・デ・ラ・ベーガ『インカ皇統記』（岩波文庫、全4冊）、牛島信明訳、岩波書店、2006年〕. 本書は、スペイン人征服者（コンキスタドール）、ペドロ・シエサ・デ・レオンの1553年の著書を下敷きにしているかもしれない。

(19) De la Vega, *Comentarios Reales de los Incas.*

(20) Thomas Malthus, 'An Essay on the Principle of Population as It Affects the Future Improvement of Society', 1798〔マルサス『人口論』（中公文庫、改版）、永井義雄訳、中央公論新社、2019年ほか〕.

(21) Sir Humphry Davy, *Elements of Agricultural Chemistry* (London: Longman, 1813).

(22) Megan L. Johnson, 'The English House of Gibbs in Peru's Guano Trade in the Nineteenth Century', thesis, Clemson University, 2017: https://tigerprints.clemson.edu/cgi/viewcontent.cgi?article=3798&context=all_theses この詳細な説明は、本章のこの箇所の重要な情報源となっている。

(23) Cushman, *Guano and the Opening of the Pacific World.* フォン・リービッヒはまた、"リービッヒの最小律"と呼ばれる説を広く浸透させた。この説は、植物の生長速度は、得られる栄養素すべてではなく、

最も少ない栄養素——彼が“制限要因”と呼ぶもの——の量に左右される、というものだ。つまり、もし、ひとつでも必須栄養素が乏しいか欠けるかしていたら、その肥料の効果は低減し、結果的に収穫がはるかに少なくなる。

(24) *Farmer's Magazine* (London: Rogerson and Tuxford, 1852).

(25) Cushman, *Guano and the Opening of the Pacific World.*

(26) Benjamin Disraeli, *Tancred; or, The New Crusade* (London: Henry Colburn, 1847).

(27) A. J. Duffield, *Peru in the Guano Age; Being a short account of a recent visit to the guano deposits, with some reflections on the money they have produced and the uses to which it has been applied* (London: Richard Bentley and Son, 1877).

(28) Peck, *Melbourne and the Chincha Islands.*

(29) Duffield, *Peru in the Guano Age.*

(30) Watt Stewart, *Chinese Bondage in Peru: A History of the Chinese Coolie in Peru, 1849-1874* (Durham: Duke University Press, 1951).

(31) 次を参照。David Olusoga, 'Before oil, another resource made and broke fortunes: guano', *BBC History Magazine,* no. 5, 2020.

(32) Cushman, *Guano and the Opening of the Pacific World.*

(33) 次を参照。BirdLife International website: http://datazone.birdlife.org/species/factsheet/guanay-cormorant-leucocarbo-bougainvilliorum 最新（20 年以上前の 1999 年のものだが）の推定数は、およそ 370 万羽——1954 年には 2100 万羽いた。半世紀もしないうちに、5 分の 4 以上落ちこんでいる。

(34) 次を参照。'El Niño bird', on the Living Wild in South America website: http://living-wild.net/2016/07/21/el-nino-bird/

(35) 次を参照。'LED lights reduce seabird death toll from fishing by 85 per cent, research shows', on University of Exeter website: https://www.exeter.ac.uk/news/featurednews/title_669952_en.html

(36) Fabián M. Jaksic and José M. Fariña, 'El Niño and the Birds', Anales Instituto Patagonia (Chile), 2010: https://scielo.conicyt.cl/pdf/ainpat/v38n1/art9.pdf

(37) 現代のグアノ採掘に関する生々しい目撃証言については、Neil Durfee and Ernesto Benavides, 'Holy Crap! A Trip to the World's Largest Guano-Producing Islands', on the Audubon website: https://www.audubon.org/news/holy-crap-trip-worlds-largest-guano-producing-islands を参照。次も参照。'The Colony', a 2016 film installation by the acclaimed Vietnamese artist DinhQ. Lê: https://www.ikon-gallery.org/exhibition/the-colony

(38) Courtney Sexton, 'Seabird Poop Is Worth More Than $1 Billion Annually', *Smithsonian Magazine* website, 7 August 2020: https://www.smithsonianmag.com/science-nature/seabird-poop-worth-more-1-billionannually-180975504/ 大“グアノ・ラッシュ”がもたらした突飛な結果のひとつが、1856 年にアメリカ合衆国の議会でグアノ島法が可決したことだ——この尋常ではない法律は、今日もまだ効力がある。

(39) 数字は Cushman, *Guano and the Opening of the Pacific World* より。

(40) Cushman, *Guano and the Opening of the Pacific World* を参照。

(41) Cushman, *Guano and the Opening of the Pacific World.*

(42) William Furter, *A Century of Chemical Engineering* (New York: Springer, 1982) を参照。

(43) 驚くべきことに、クッシュマンは、2000 年には、19 世紀中に採掘された全グアノの窒素含有量と同量の窒素が、ハーバー・ボッシュ法によってわずか 10 日間で生成されたと推測している。Cushman, *Guano and the Opening of the Pacific World.* 次で引用。Edward Posnett, *Harvest: The Hidden Histories of Seven Natural Objects* (London: Bodley Head, 2019).

(44) ‘War Agricultural Committee, 9 September 1939’, *Nature* website : https://www.nature.com/articles/144473a0

(45) 2010年10月に初放送されたBBCのテレビシリーズ *Birds Britannia,* ‘Countryside Birds’, BBC4より：https://www.bbc.co.uk/programmes/b00vssdk/episodes/guide

(46) *Birds Britannia,* ‘Countryside Birds’ 向けのインタビュー。

(47) 事態が悪化するさまの明瞭かつ詳細な説明については、Isabella Tree, *Wilding: The return of nature to a British farm* (London : Picador, 2018) を推奨。

(48) *Birds Britannia,* ‘Countryside Birds’ 向けのインタビュー。

(49) Rachel Carson, *Silent Spring* (Boston : Houghton Mifflin Company, 1962)〔レイチェル・カーソン『沈黙の春』(新潮文庫、改版)、青樹簗一訳、新潮社、2004年ほか〕.

(50) ‘DDT – A Brief History and Status’, US Environmental Protection Agency website : https://www.epa.gov/ingredients-used-pesticide-products/ddt-brief-history-and-status

(51) DDTほかの禁止された化学薬品はいまも、法律がさほどきびしくない発展途上国で広く使われている。この10年間で、アジアのハゲワシは99パーセントも減少した。家畜に広く使われている駆虫薬を体内に取りこんだせいだ。Darcy L. Ogada, Felicia Keesing and Munir Z. Virani, ‘Dropping dead : causes and consequences of vulture population declines worldwide’, *Annals of the New York Academy of Sciences,* 2011 : https://assets.peregrinefund.org/docs/pdf/research-library/2011/2011-Ogada-vultures.pdf 悲しいかな、アフリカのハゲワシもいまや同じ道をたどりつつあるかもしれない。次を参照。Stephen Moss, ‘The vultures aren't soaring over Africa – and that's bad news’, *Guardian,* 13 June 2020 : https://www.theguardian.com/environment/2020/jun/13/the-vultures-arent-hovering-over-africa-and-thats-bad-news-aoe

(52) Leonard Doyle, ‘America's songbirds are being wiped out by banned pesticides’, *Independent,* 4 April 2008 : https://www.independent.co.uk/climate-change/news/american-songbirds-are-being-wiped-out-by-bannedpesticides-804547.html

(53) Damian Carrington, ‘Warning of “ecological Armageddon” after dramatic plunge in insect numbers’, *Guardian,* 18 October 2017 : https://www.theguardian.com/environment/2017/oct/18/warning-of-ecological-armageddon-after-dramatic-plunge-in-insect-numbers 次も参照。Paula Kover, ‘Insect “Armageddon” : 5 Crucial Questions Answered’, *Scientific American,* 30 October 2017 : https://www.scientificamerican.com/article/insect-ldquo-armageddon-rdquo-5-crucial-questions-answered/

(54) Dave Goulson, *Silent Earth : Averting the Insect Apocalypse* (London : Jonathan Cape, 2021)〔デイヴ・グールソン『サイレント・アース――昆虫たちの「沈黙の春」』、藤原多伽夫訳、NHK出版、2022年〕を参照。

(55) Francisco Sánchez-Bayo and Kris A.G. Wyckhuys, ‘Worldwide decline of the entomofauna : A review of its drivers’, *Biological Conservation,* vol. 232, 2019 : https://www.sciencedirect.com/science/article/abs/pii/S0006320718313636

(56) Sánchez-Bayo and Wyckhuys, ‘Worldwide decline of the entomofauna’.

(57) Susan S. Lang, ‘Careful with that bug! It's helping deliver $57 billion a year to the US, new Cornell study reports’, 1 April 2016 : https://news.cornell.edu/stories/2006/04/dont-swat-those-bugs-theyre-worth-57-billion-year

(58) Justus Von Liebig, *Letters on Modern Agriculture* (London : Bradbury and Evans, 1859). 次で引用。Johnson, ‘The English House of Gibbs in Peru's Guano Trade in the Nineteenth Century’.

(59) Cushman, *Guano and the Opening of the Pacific World.*

### 第7章　ユキコサギ

(1) William Wilbanks, *Forgotten Heroes : Police Officers Killed in Early Florida, 1840–1925* (Paducah, Kentucky :

Turner Publishing Company, 1998) より。
(2) Stuart B. McIver, *Death in the Everglades: The Murder of Guy Bradley, America's First Martyr to Environmentalism* (Gainesville, Florida: University Press of Florida, 2003).
(3) Victoria Shearer, *It Happened in the Florida Keys* (Guilford, Connecticut: Globe Pequot Press, 2008).
(4) McIver, *Death in the Everglades.*
(5) 'Flamingo Man Heard Him Say He'd Kill Bradley', *New York Times,* 10 June 1909.
(6) McIver, *Death in the Everglades.* 各オーデュボン協会は、著名な 19 世紀の鳥類画家、ジョン・ジェームズ・オーデュボンにちなんで名づけられた。
(7) 'Florida Fisherman Who Shot Game Warden Says It Was Done in Self-Defense', *New York Times,* 8 June 1909.
(8) William Dutcher, 'Guy M. Bradley', *Bird-Lore,* vol. 7 (1905), p. 218.
(9) McIver, *Death in the Everglades.*
(10) BirdLife International Data Zone: http://datazone.birdlife.org/species/factsheet/snowy-egret-egretta-thula
(11) John James Audubon, *Birds of America* (1827–38).
(12) 'Snowy Heron, or White Egret', Audubon, *Birds of America*: https://www.audubon.org/birds-of-america/snowy-heron-or-white-egret
(13) Audubon, *Birds of America.*
(14) 1635 年から 2020 年までの各年の 1 アメリカドル（USD）の購売力：Statista website: https://www.statista.com/statistics/1032048/value-us-dollarsince-1640/（1885 年の価値にもとづく）
(15) 金価格の年次推移——1833 年から現在：https://nma.org/wp-content/uploads/2016/09/historic_gold_prices_1833_pres.pdf（1885 年の価値にもとづく）
(16) Gilbert Pearson. 次で引用。William Dutcher, 'The Snowy Heron', *Bird-Lore,* vol. 6 (1905): https://en.wikisource.org/wiki/Page:Bird-lore_Vol_06.djvu/59
(17) Jim Huffstodt, *Everglades Lawmen: True Stories of Danger and Adventure in the Glades* (Sarasota, Florida: Pineapple Press, 2000) で引用。
(18) Jack E. Davis, *An Everglades Providence: Marjory Stoneman Douglas and the American Environmental Century* (Athens, Georgia: University of Georgia Press, 2009) で引用。"ハンター転じてウォーデン" としてのガイ・ブラッドレイには同志がいる。第 26 代アメリカ合衆国大統領のセオドア・ルーズヴェルトは、かつてハンターだったが、1901 年から 1919 年の在任中に一連の鳥類保護法を成立させ、50 の野生生物保護区を設けた——最初の事例は、1903 年、フロリダのペリカン島だ。
(19) Tessa Boase, *Mrs Pankhurst's Purple Feather* (London: Aurum, 2018, republished in paperback 2020 as Etta Lemon: The Woman Who Saved the Birds) で引用。
(20) チャールズ・コーリー、1902 年。Mark V. Barrow, Jr, *A Passion for Birds Princeton* (New Jersey: Princeton University Press, 1998) で引用。偶然にも、コーリーのミズナギドリ（Cory's shearwater）は、チャールズ・コーリーにちなんで名づけられた——ポリティカル・コレクトネスの観点から好ましくない名称を排除しようという近年の運動のなかで、これも名称変更されるべきではないだろうか。
(21) "ケーキ" は、実を言えば誤訳だ——彼女は 'Qu'ils mangent de la brioche（ブリオッシュを食べればいいじゃない）と言ったとされる。とはいえ、多くの論評家が指摘するとおり、たいしてちがいはない。Britannica website: https://www.britannica.com/story/did-marie-antoinette-really-saylet-them-eat-cake
(22) Kathleen Nicholson, 'Vigée Le Brun, Elisabeth-Louise' (Oxford University Press: Grove Art Online).
(23) 次を参照。National Gallery of London website: https://www.nationalgallery.org.uk/paintings/international-womens-day-elisabeth-louise-vigee-lebrun
(24) Sarah Abrevaya Stein, *Plumes: Ostrich Feathers, Jews, and a Lost World of Global Commerce* (New Haven: Yale

University Press, 2008).

（25） Robin. W. Doughty, *Feather Fashions and Bird Preservation: A Study in Nature Protection* (Berkeley: University of California Press, 1974).

（26） R. J. Moore-Colyer, 'Feathered Women and Persecuted Birds: The Struggle against the Plumage Trade, c. 1860–1922' (Cambridge: Cambridge University Press, 2000; オンライン版、2008: https://www.cambridge.org/core/journals/rural-history/article/abs/feathered-women-and-persecutedbirds-the-struggle-against-the-plumage-trade-c-18601922/35D6DCC1C907DCFF1C4AA0C36A2E3322).

（27） Moore-Colyer, 'Feathered Women and Persecuted Birds' で引用。

（28） T. H. Harrisson and P. A. D. Hollom, 'The Great Crested Grebe Enquiry', *British Birds,* vol. 26, 1932.

（29） William T. Hornaday, *Our Vanishing Wild Life: Its Extermination and Preservation* (New York, Charles Scribner's Sons, 1913; 下記で電子書籍が入手可：https://www.gutenberg.org).

（30） Malcolm Smith, *Hats: A Very Unnatural History* (Michigan State University Press, 2020). 次を参照。https://www.historyextra.com/period/victorian/victorian-hats-birds-feathered-hat-fashion/

（31） Smith, *Hats.*

（32） Corey T. Callaghan, Shinichi Nakagawa and William K. Cornwell, 'Global abundance estimates for 9,700 bird species', Proceedings of the National Academy of Sciences of the United States of America, 2021: https://www.pnas.org/content/118/21/e2023170118

（33） 'The 119th Christmas Bird Count Summary', Audubon website, 9 December 2019 : https://www.audubon.org/news/the-119th-christmas-bird-count-summary 大多数の種は、種の多様性がはるかに高いラテンアメリカからのものだ。悲しいことに、数える鳥の総数は年々増加しているが、南北アメリカ各地で生物の多様性と生息地が失われつづけているせいで、各鳥種の個体数は激減している。

（34） Rick Wright, 'Not Quite the Last of the Carolina Parakeet' American Birding Association (ABA) website, 21 February 2018: https://blog.aba.org/2018/02/not-quite-the-last-of-the-carolina-parakeet.html

（35） Stephen Moss, *A Bird in the Bush: A Social History of Birdwatching* (London: Aurum, 2004).

（36） Douglas Brinkley, *The Wilderness Warrior: Theodore Roosevelt and the Crusade for America* (New York: Harper Perennial, 2009).

（37） Frank Chapman, 'Birds and Bonnets', letter to the editor of *Forest and Stream magazine,* 1886. Boase, *Mrs Pankhurst's Purple Feather* で引用。

（38） 次を参照。Hansard, 26 February 1869: http://hansard.millbanksystems.com/commons/1869/feb/26/leave

（39） 次を参照。James Robert Vernam Marchant, *Wild Birds Protection Acts, 1880–96* (South Carolina: BiblioLife, 2009).

（40） このすばらしい女性と、RSPB のほかの設立者に関する詳細は、Boase, *Mrs Pankhurst's Purple Feather* を参照。

（41） Tessa Boase, 'Five women who founded the RSPB', *Nature's Home,* RSPB, 2018: https://community.rspb.org.uk/ourwork/b/natureshomemagazine/posts/five-women-who-founded-the-rspb

（42） William Souder, 'How Two Women Ended the Deadly Feather Trade', *Smithsonian Magazine,* March 2013: https://www.smithsonianmag.com/science-nature/how-two-women-ended-the-deadly-feather-trade-23187277/

（43） 次を参照。Kathy S. Mason, 'Out of Fashion: Harriet Hemenway and the Audubon Society, 1896–1905', 2002: https://www.tandfonline.com/doi/abs/10.1111/1540-6563.651014

（44） 次で引用。'Hats Off to Women Who Saved the Birds', National Public Radio, July 2015 : https://www.npr.org/sections/npr-historydept/2015/07/15/422860307/hats-off-to-women-who-saved-the-birds ダチョウは殺されるのではなく、飼育されて羽根を抜かれるので、その羽根を身につけるのは許されると考えられてい

た。

(45) Kristina Alexander, 'The Lacey Act: Protecting the Environment by Restricting Trade', Congressional Research Service Report, 14 January 2014. 禁制品の輸送に対する罰金は 500 ドル、受け取りに対する罰金は 200 ドル（今日の価値にして、それぞれ 1 万 6000 ドルと 6500 ドル）なので、このレイシー法は驚くほど効果があった。不法な密輸は続いたが、皮と羽根の取引は激減した。

(46) Henry Ford and Samuel Crowther, *My Life and Work* (Garden City, New York: Doubleday, Page & Co., 1922)〔ヘンリー・フォード述、サミュール・クローザー編『我が一生と事業――ヘンリー・フォード自叙傳』、加藤三郎訳、文興院、1924 年〕.

(47) 次を参照。*Washington Post,* August 2020: https://www.washingtonpost.com/climate-environment/2020/08/11/quoting-kill-mockingbird-judge-struck-down-trumps-rollback-historic-law-protecting-birds/

(48) 次を参照。National Audubon Society website: https://www.audubon.org/news/the-migratory-bird-treaty-act-explained

(49) H. H. Johnston,『ネイチャー』への書簡、1 April 1920: https://www.nature.com/articles/105168a0

(50) Karen Harris, 'The Bob: A Revolutionary and Empowering Hairstyle', *History Daily*: https://historydaily.org/the-bob-a-revolutionary-and-empowering-hairstyle

(51) Paul R. Erlich et al., 'Plume Trade', 1988: https://web.stanford.edu/group/stanfordbirds/text/essays/Plume_Trade.html

(52) Dr Merle Patchett, 'Murderous Millinery': https://fashioningfeathers.info/murderous-millinery/ 次も参照。Merle Patchett, 'The Biogeographies of the Blue Bird-of-Paradise: From Sexual Selection to Sex and the City', *Journal of Social History,* vol. 52, issue 4, 2019 (https://doi.org/10.1093/jsh/shz013 とくに 1079 ページを参照), および Merle Patchett, 'Feather-Work: A Fashioned Ostrich Plume Embodies Hybrid and Violent Labors of Growing and Making', *GeoHumanities,* 7: 1, 2021, pp. 257–82: https://www.tandfonline.com/doi/full/10.1080/2373566X.2021.1904789

(53) Patchett, 'Murderous Millinery'.

(54) W. H. Hudson, 'Feathered Women', 1893, SPB Leaflet no. 10. 次で引用。Philip McCouat, 'Fashion, Feathers and Animal Rights', *Journal of Art and Society*: http://www.artinsociety.com/feathers-fashion-and-animal-rights.html

(55) *New York Times,* 31 July 1898. Patchett, 'Murderous Millinery' で引用。

(56) Virginia Woolf, 'The Plumage Bill', *Woman's Leader magazine,* 23 July 1920. *The Essays of Virginia Woolf 1919–24,* edited by Andrew McNeillie (Boston: Mariner Books, 1991) に再掲。

(57) Patchett, 'Murderous Millinery'.

(58) Boase, *Mrs Pankhurst's Purple Feather.*

(59) Boase, *Mrs Pankhurst's Purple Feather.*

(60) Stephen Moss, *Birds Britannia* (London: HarperCollins, 2011) で引用。

(61) 'Hats Off to Women Who Saved the Birds' で引用。

(62) 次を参照。RSPB Annual Report 2020: https://www.rspb.org.uk/globalassets/downloads/annual-report-2020/rspb-annual-report-08-10-2020-signedoff-interacrtive-pdf.pdf/

(63) 次を参照。RSPB website: https://www.rspb.org.uk/our-work/

(64) Marjory Stoneman Douglas, *Nine Florida Stories by Marjory Stoneman Douglas* (Jacksonville: University of North Florida Press, 1990).

(65) 次を参照。*Wind Across the Everglades,* IMDb website: https://www.imdb.com/title/tt0052395/

(66) たとえば、1988 年に野生生物保護法の執行にかかわった連邦職員を記念して創設された全米魚類野生生物財団ガイ・ブラッドレイ・アワード（National Fish and Wildlife Foundations Guy Bradley

Award)、オーデュボン協会の Guy Bradley Lifetime Conservation Award など。Jack E. Davis, *An Everglades Providence: Marjory Stoneman Douglas and the American Environmental Century* (Athens, Georgia: University of Georgia Press, 2009).

(67) BBC News website, 13 September 2021: https://www.bbc.co.uk/news/science-environment-58508001

(68) 野生生物や天然資源を守るさいに生じた死亡例の 80 パーセント以上が、中央アメリカおよび南アメリカのものだ。おもな多発地域は、ブラジル（2002 年から 2013 年にかけて 450 人近くが殺された）と、ホンジュラス、ペルー。'Deadly Environment', a 2014 report from Global Witness: https://www.globalwitness.org/en/campaigns/environmental-activists/deadly-environment/

(69) 次を参照。*Guardian,* 13 September 2021: https://www.theguardian.com/environment/2021/sep/13/colombia-12-year-old-eco-activist-refuses-to-let-death-threats-dim-passion-aoe

(70) Zane Grey, *Tales of Southern Rivers* (New York: Harper & Brothers, 1924).

## 第8章 ハクトウワシ

(1) Deena Zaru, 'The symbols of hate and far-right extremism on display in pro-Trump Capitol siege', ABC News website: https://abcnews.go.com/US/symbols-hate-extremism-display-pro-trump-capitol-siege/story?id=75177671

(2) Bend the Arc: Jewish Action @jewishaction: https://twitter.com/jewishaction/status/1278340461682442241?ref_src=twsrc%5Etfw%7Ctwcamp%5Etweetembed%7Ctwterm%5E1278340461682442241%7Ctwgr%5E%7Ctwcon%5Es1_&ref_url=https%3A%2F%2Fforward.com%2Fculture%2F450073%2Fdid-the-trump-campaign-really-slap-a-nazi-eagle-on-a-t-shirt%2F

(3) Ruth Sarles, *A Story of America First: The Men and Women Who Opposed US Intervention in World War II* (Westport, Connecticut: Greenwood Publishing Group, 2002).

(4) 次を参照。Krishnadev Calamur, 'A Short History of "America First"', *The Atlantic* website: https://www.theatlantic.com/politics/archive/2017/01/trumpamerica-first/514037/

(5) Tim Murtaugh, Trump 2020 communications director, in an email to *USA Today.* 次で引用。https://eu.usatoday.com/story/news/factcheck/2020/07/11/fact-check-trump-2020-campaign-shirt-designsimilar-nazi-eagle/5414393002/

(6) この日Tシャツにつけられていたナチ関連のイメージは、このワシだけではない。2022 年 1 月、この抗議運動の 1 年後に、"アウシュヴィッツ強制収容所" と書かれたTシャツを身につけていた暴徒ひとりが、国会議事堂に侵入した罪を認めた。

(7) Steven Heller, *The Swastika and Symbols of Hate: Extremist Iconography Today* (New York: Allworth Press, 2019). 次も参照。'Designing for the Far Right', *Creative Review,* 2019: https://www.creativereview.co.uk/designing-for-the-far-right/

(8) スティーヴン・ヘラー。次で引用。Justin S. Hayes, 'Jupiter's Legacy: The Symbol of the Eagle and Thunderbolt in Antiquity and Their Appropriation by Revolutionary America and Nazi Germany', Senior Capstone Projects, 2014.

(9) 次を参照。National Gallery website: https://www.nationalgallery.org.uk/paintings/learn-about-art/paintings-in-depth/painting-saints/recognisingsaints-animals-and-the-body/recognising-saints-eagle

(10) 'The modern coat of arms of the Russian Federation celebrates its 35th anniversary', the State Duma: http://duma.gov.ru/en/news/28991/

(11) 次を参照。https://en.wikipedia.org/wiki/List_of_national_birds 関与する種は、イヌワシ、オウギワシ、ジャワクマタカ、ソウゲンワシ、サンショクウミワシ、フィリピンワシ、オジロワシ、ハクトウワシ。

(12) 次を参照。'Countries With Eagles On Their Flags', World Atlas website: https://www.worldatlas.com/

articles/countries-with-eagles-on-their-flags.html このうちのいくつか——たとえば、パナマの紋章のオウギワシなど——は、現実の種として認識できるが、大半は識別できない“ワシ”のジェネリック版だ。Jack E. Davis, *The Bald Eagle: The Improbable Journey of America's Bird* (New York: Liveright Publishing/W. W. Norton, 2022).

(13) Janine Rogers, *Eagle* (London: Reaktion Books, 2015).

(14) M. V. Stalmaster, *The Bald Eagle* (New York: Universe Books, 1987).

(15) 次を参照。Guinness World Records website: https://www.guinnessworldrecords.com/world-records/largest-birds-nest

(16) Davis, *The Bald Eagle* を参照。

(17) ウィリアム・バートン、1782 年。Hal Marcovitz, *Bald Eagle: The Story of Our National Bird* (Philadelphia: Mason Crest, 2015) で引用。

(18) 次を参照。'The Great Seal of the United States', US Department of State Bureau of Public Affairs: https://2009-2017.state.gov/documents/organization/27807.pdf

(19) Benjamin Franklin, letter to Sarah Bache, 1784. 次で引用。https://founders.archives.gov/documents/Franklin/01-41-02-0327

(20) Franklin, letter to Sarah Bache.

(21) Franklin, letter to Sarah Bache.

(22) たとえば、次を参照。'Did Benjamin Franklin Want the National Bird to be a Turkey?', The Franklin Institute website: https://www.fi.edu/benjaminfranklin/franklin-national-bird

(23) *The Bald Eagle* での、デイヴィスの見解。

(24) John James Audubon, *Journals*, 1831, Library of America.

(25) Davis, *The Bald Eagle*.

(26) たとえば下記サイトなど、広範に引用されている：https://news.google.com/newspapers?nid=2199&dat=19890717&id=Y5EzAAAAIBAJ&sjid=suYFAAAAIBAJ&pg=6526,4672472

(27) Edward J. Lenik, 'The Thunderbird Motif in Northeastern Indian Art', *Archaeology of Eastern North America*, 40, 2012, pp. 163–185: https://www.jstor.org/stable/23265141

(28) Isis Davis-Marks, 'Archaeologists Unearth 600-Year-Old Golden Eagle Sculpture at Aztec Temple', *Smithsonian Magazine*, 2 February 2021: https://www.smithsonianmag.com/smart-news/archaeologists-unearth-600-year-old-obsidian-eagle-mexico-180976894/

(29) Matthew Fielding, 'Australia's Birds and Embedded Within Aboriginal Culture', *DEEP (Dynamics of Eco-Evolutionary Patterns)*: https://www.deep-group.com/post/australia-s-birds-are-embedded-within-aboriginal-australian-culture

(30) 旧約聖書「サムエル記下」1 章 23 節。

(31) 新約聖書「ヨハネの黙示録」4 章 7 節。ことは複雑で、聖書中のワシの一部は、じつはシロエリハゲワシと思われる。たとえば、ホセアが「禿鷲のように主の家を襲うものがある。／なぜなら、彼らは私との契約を破り／私の教えに背いたからだ」と警告する一節がある（旧約聖書「ホセア書」8 章 1 節）（聖書協会共同訳）。

(32) A. B. Cook, *Zeus: A Study in Ancient Religion* (Cambridge: Cambridge University Press, 1914). ホメロスの叙事詩『イリアス』と『オデュッセイア』（紀元前 9 世紀から前 8 世紀に書かれた——少なくとも文字として書き留められた——もの）では、ゼウスはすでに最も重要な神として登場しているが、ワシはまだその友にはなっていない。その後しばらくして、両者は切っても切れないほど結びつけられ、ワシは「ゼウスの象徴表現、いやゼウス本人の化身」となった。

(33)　Michael Apostoles (circa mid-fifteenth century ad). 次で引用。George E. Mylonas, 'The Eagle of Zeus', *Classical Journal,* vol. 41, no. 5, 1946.

(34)　ペルシャ帝国は現在のイランを中心に、西はトルコ、南は中東とエジプト、東はパキスタンの一部とアフガニスタンまで広がっていた。'Persian Empire', National Geographic website : https://www.nationalgeographic.org/encyclopedia/persian-empire/

(35)　次を参照。'Cyrus the Great', Britannica website : https://www.britannica.com/biography/Cyrus-the-Great

(36)　*Monty Python's Life of Brian* (1979). 次を参照。https://www.youtube.com/watch?v=djZkTnJnLR0&ab_channel=SF1971

(37)　Justin S. Hayes, 'Jupiter's Legacy : The Symbol of the Eagle and Thunderbolt in Antiquity and Their Appropriation by Revolutionary America and Nazi Germany', Senior Capstone Projects, 261, 2014 : https://digitallibrary.vassar.edu/collections/institutional-repository/jupiters-legacy-symbol-eagle-and-thunderbolt-antiquity-and

(38)　次を参照。Caesar, *Commentarii de Bello Gallico ; Dio Cassius, Roman History*〔カエサル『ガリア戦記』(カエサル戦記集)、高橋宏幸訳、岩波書店、2015 年ほか〕; Florus, *Epitome of Roman History.*

(39)　Hubert de Vries, 'Two-headed Eagle', 17 July 2011 : http://www.hubert-herald.nl/TwoHeadedEagle.htm

(40)　Tom Holland, personal communication.

(41)　次を参照。'The Fascist Messaging of the Trump Campaign Eagle' : https://hyperallergic.com/576095/facist-trump-campaign-eagle-america-first-t-shirt/

(42)　Arthur Moeller van den Bruck, *Das Dritte Reich* (Berlin Ring-Verlag, 1923).

(43)　Stan Lauryssens, *The Man Who Invented the Third Reich* (Stroud : The History Press, 1999)〔スタン・ラウリセンス『ヒトラーに盗まれた第三帝国』、大山晶子・梶山あゆみ訳、原書房、2000 年〕を参照。

(44)　次を参照。Anti-Defamation League (ADL) website : https://www.adl.org/education/references/hate-symbols/nazi-eagle

(45)　Hayes, 'Jupiter's Legacy'.

(46)　Wagner, Richard (1995a). *Art and Politics.* Vol. 4. Lincoln (NE) and London : University of Nebraska Press. ISBN978-0-8032-9774-6.

(47)　Volker Losemann, 'The Nazi Concept of Rome', in Catharine Edwards, *Roman Presences : Receptions of Rome in European Culture, 1789–1945* (Cambridge : Cambridge University Press, 1999).

(48)　Hayes, 'Jupiter's Legacy'.

(49)　Steven Morris, 'Nazi concerns denied as Barclays eagle comes down', *Guardian,* 21 Aug 2007 : https://www.theguardian.com/media/2007/aug/21/advertising.business

(50)　'Barclays set to drop eagle logo', Reuters website, 19 June 2007 : https://www.reuters.com/article/uk-barclays-abn-eagle-idUKL1942925820070619

(51)　Heller, Hayes, 'Jupiter's Legacy' で引用。

(52)　次を参照。Boy London website : https://www.boy-london.com/collections/heritage

(53)　'Fury at trendy fashion label's logo that bears an astonishing resemblance to NAZI eagle', *Daily Mail,* 5 May 2014 : https://www.dailymail.co.uk/news/article-2620605/Angry-shoppers-demand-fashion-label-changes-logo-lookslike-NAZI-eagle-symbol.html

(54)　Heller, Hayes, 'Jupiter's Legacy' で引用。

(55)　BBC News website, 22 April 2022 : https://www.bbc.co.uk/news/world-us-canada-61192975

(56)　M. B. Himle, R. G. Miltenberger, B. J. Gatheridge and C. A. Flessner, 'An evaluation of two procedures for training skills to prevent gun play in children', *Pediatrics,* 113 (1 Pt 1), January 2004 : https://pubmed.ncbi.nlm.nih.

gov/14702451/
(57) Paul Helmke, 'NRA's "Eddie Eagle" Doesn't Fly or Protect', *Huffington Post,* 25 May 2011 : https://www.huffpost.com/entry/nras-eddie-eagle-doesntf_b_572285
(58) Janet Reitman, 'All-American Nazis : Inside the Rise of Fascist Youth in the US', *Rolling Stone,* 2 May 2018.
(59) Maria R. Audubon (ed.), *Audubon and His Journals,* Volume 1, 1897.
(60) W. Davitt Miller, ニューヨークのアメリカ自然史博物館。以下に掲載。*Popular Science Monthly,* March 1930 : https://books.google.co.uk/books?id=HCoDAAAAMBAJ&pg=PA62&redir_esc=y#v=onepage&q&f=false
(61) US Fish & Wildlife Service, Migratory Bird Treaty Act : https://www.fws.gov/birds/policies-and-regulations/laws-legislations/migratory-bird-treaty-act.php
(62) US Fish & Wildlife Service, Bald and Golden Eagle Protection Act : https://www.fws.gov/law/bald-and-golden-eagle-protection-act
(63) Carson, *Silent Spring.*
(64) Davis, *The Bald Eagle.*
(65) US Fish & Wildlife Service, History of Bald Eagle Decline, Protection and Recovery : https://www.fws.gov/midwest/eagle/History/index.html〔現在はアクセス不可〕
(66) 次を参照。'Celebrating Our Living Symbol of Freedom', *USA Today Magazine,* vol. 144, issue 2853, June 2016.
(67) 'Celebrating Our Living Symbol of Freedom'.
(68) Davis, *The Bald Eagle.*
(69) 'New Wind Energy Permits Would Raise Kill Limit of Bald Eagles But Still Boost Conservation, Officials Say', ABC News : https://abcnews.go.com/US/wind-energy-permits-raise-kill-limit-bald-eagles/story?id=38881089
(70) 'Trump just gutted the law that saved American bald eagles from extinction', *Fast Company,* 12 August 2019 : https://www.fastcompany.com/90389091/trump-guts-the-endangered-species-act-that-saved-baldeagles
(71) 'Mysterious death of bald eagles in US explained by bromide poisoning', *New Scientist,* 25 March 2021 : https://www.newscientist.com/article/2272670-mysterious-death-of-bald-eagles-in-us-explained-bybromide-poisoning/
(72) 'Watch Donald Trump Dodge a Bald Eagle', *Time Magazine,* 9 December 2015 : https://time.com/4141783/time-person-of-the-year-runner-up-donald-trump-eagle-gif/

## 第9章　スズメ

(1) Sha Yexin, 'The Chinese Sparrows of 1958', EastSouth WestNorth website, 31 August 1997 : http://www.zonaeuropa.com/20061130_1.htm の目撃証言を脚色。ほかの目撃談、たとえば Han Suyin, 'The Sparrow Shall Fall', *New Yorker,* 10 October 1959 : https://birdingbeijing.com/wp-content/uploads/2015/07/the-new-yorker-oct-10-1959.pdf によって立証。
(2) Suyin, 'The Sparrow Shall Fall'.
(3) 次を参照。'The Four Pests Campaign', NHD Central website : https://00-08943045.nhdwebcentral.org/The_Sparrow_Massacre
(4) Suyin, 'The Sparrow Shall Fall'.
(5) Esther Cheo Ying, *Black Country Girl in Red China* (London : Hutchinson, 1980). 驚くことに、初版から 40 年以上経っているが、いまも *Black Country to Red China* (London : The Cresset Library, 1987) と改題されて刊行されており、読む価値はじゅうぶんある。
(6) これと、後述の引用やコメントは、2021 年 8 月 5 日のエスター・チェオ・インとの対面インタビ

ューより。

(7) Cheo Ying, *Black Country to Red China.*

(8) ‘RED CHINA: Death to Sparrows’, *Time Magazine,* 5 May 1958.

(9) ‘RED CHINA: Death to Sparrows’.

(10) Suyin, ‘The Sparrow Shall Fall’.

(11) Suyin, ‘The Sparrow Shall Fall’.

(12) Suyin, ‘The Sparrow Shall Fall’.

(13) Sheldon Lou, *Sparrows, Bedbugs, and Body Shadows* (Honolulu: University of Hawaii Press, 2005).

(14) Cheo Ying, *Black Country to Red China.*

(15) Suyin, ‘The Sparrow Shall Fall’.

(16) Suyin, ‘The Sparrow Shall Fall’.

(17) Alexander Pantsov, *Mao: The Real Story* (New York: Simon and Schuster, 2013) を参照。

(18) Cheo Ying, *Black Country to Red China.*

(19) Tso-hsin Cheng, *Distributional list of Chinese birds* (Peking: Peking Institute of Zoology, 1976). 1976 年とあるが、実際の刊行は 1978 年だった。次を参照。Jeffery Boswall, ‘Notes on the current status of ornithology in the People’s Republic of China’, *Forktail,* vol. 2, 1986.

(20) これら悲惨なできごとと原因については、Mao’s Great Famine : https://www.youtube.com/watch?v=r33Q8cl87HY https://en.wikipedia.org/wiki/Great_Leap_Forward を参照。

(21) 次を参照。Jonathan Mirsky, ‘Unnatural Disaster’, *New York Times,* 7 December 2012: https://www.nytimes.com/2012/12/09/books/review/tombstone-the-great-chinese-famine-1958-1962-by-yang-jisheng.html

(22) Jonathan Mirsky, ‘China; The Shame of the Villages’, *New York Review of Books,* vol. 53, no. 8, 11 May 2006.

(23) Frank Dikötter, *Mao’s Great Famine: The History of China’s Most Devastating Catastrophe, 1958–62* (London: Bloomsbury, 2010)〔フランク・ディケーター『毛沢東の大飢饉——史上最も悲惨で破壊的な人災 1958–1962』(草思社文庫)、中川治子訳、草思社、2019 年〕.

(24) Dikötter, *Mao’s Great Famine.*

(25) Yang Jisheng, *Tombstone: The Untold Story of Mao’s Great Famine* (London: Allen Lane, 2012) で引用。

(26) Yang Jisheng, *Tombstone.* ヤン・ジシェン(楊継縄)は歴史家として信望を得ているが、『墓碑』は香港で刊行せざるをえなかった。10 年後も、中国本土では禁書のままだが、海外から密輸された数万冊が出回っているのではないかと、ヤン・ジシェンは推測している。

(27) Yang Jisheng, *Tombstone.*

(28) Tania Branigan, ‘China’s Great Famine: the true story’, *Guardian,* 1 January 2013: https://www.theguardian.com/world/2013/jan/01/china-great-famine-book-tombstone

(29) Roderick MacFarquhar and John K. Fairbank (eds.), *The Cambridge History of China, Volume 14: The People’s Republic, Part 1: The Emergence of Revolutionary China, 1949–1965* (Cambridge: Cambridge University Press, 1987), p. 223.

(30) 「自然に対する戦い」という言い回しは、Judith Shapiro, *Mao’s War against Nature: Politics and the Environment in Revolutionary China* (Cambridge: Cambridge University Press, 2001) のタイトルでもある。

(31) Dai Qing, 2004: http://news.bbc.co.uk/1/hi/world/asia-pacific/3371659.stm をはじめ、各所で引用。

(32) 次で引用。*Sunday Herald,* 5 July 1953: https://trove.nla.gov.au/newspaper/article/18516559

(33) *Sunday Herald,* 5 July 1953.

(34) ‘Western Australia Makes War on Emus’, British Movietone, 5 January 1933: https://www.youtube.com/watch?v=Y1wA0PKeJqc

(35)　次で引用。Jasper Garner Gore, 'Looking back: Australia's Emu Wars', *Australian Geographic,* 18 October 2016: https://www.australiangeographic.com.au/topics/wildlife/2016/10/on-this-day-the-emu-wars-begin/

(36)　J. Denis Summers-Smith, 'Studies of West Palearctic birds 197. Tree Sparrow', *British Birds,* vol. 91, 1998: https://britishbirds.co.uk/wp-content/uploads/article_files/V91/V91_N04/V91_N04_P124_138_A031.pdf

(37)　次を参照。BTO BirdTrends, Tree Sparrow: https://www.bto.org/our-science/publications/birdtrends/birdtrends-2018-trends-numbers-breeding-success-and-survival-uk

(38)　Shuping Zhang et al., 'Habitat use of urban Tree Sparrows in the process of urbanization: Beijing as a case study', *Frontiers of Biology in China,* September 2008: https://www.researchgate.net/publication/225731390_Habitat_use_of_urban_Tree_Sparrows_in_the_process_of_urbanization_Beijing_as_a_case_study/figures?lo=1

(39)　'Frozen sparrows the tip of the iceberg', *New Scientist,* 18 December 1993: https://www.newscientist.com/article/mg14019040-900-frozen-sparrowsthe-tip-of-the-iceberg/

(40)　Summers-Smith, 'Studies of West Palearctic birds 197. Tree Sparrow'.

(41)　'Hong Kong has higher sparrow density than the UK, survey finds', *Hong Kong Economic Journal* website, 19 July 2016: https://www.ejinsight.com/eji/article/id/1347102/20160719-survey-finds-hong-kong-has-higher-sparrowdensity-than-uk このイベントを計画した香港観鳥会は、都市部では 1 平方キロあたり 1434 羽のスズメが生息し、大半はビルの通風口、配管、壁の穴に営巣していると計測した。

(42)　'Urban sparrow population stable, bird watching group finds', Standard website, 23 August 2020: https://www.thestandard.com.hk/breaking-news/section/4/153662/Urban-sparrow-population-stable-bird-watching-groupfinds 新型コロナの蔓延で、2020 年には公式のボランティアは募集されず、この会はスタッフに依存するほかなかった。記録されたスズメの個体数が少なめだったのは、そのせいかもしれない。

(43)　J. del Hoyo, A. Elliott and D. Christie (eds.), *Handbook of the Birds of the World, vol. 14, Bush-shrikes to Old World Sparrows* (Barcelona: Lynx Edicions, 2009).

(44)　次を参照。Fiona Burns et al., 'Abundance decline in the avifauna of the European Union reveals global similarities in biodiversity change', 2021: https://zenodo.org/record/5544548#.Yl52CtPMJBw 次で引用。Patrick Barkham, 'House sparrow population in Europe drops by 247 million', *Guardian,* 16 November 2021: https://www.theguardian.com/environment/2021/nov/16/house-sparrow-population-in-europe-drops-by-247m

(45)　Dikötter, *Mao's Great Famine.*

(46)　Jung Chang and Jon Halliday, *Mao: The Untold Story* (London: Jonathan Cape, 2005)〔ユン・チアン、ジョン・ハリデイ『マオ――誰も知らなかった毛沢東』(上・下)、土屋京子訳、講談社、2005 年〕.

(47)　Dikötter, *Mao's Great Famine* で引用。

(48)　Dikötter, *Mao's Great Famine* で引用。

(49)　ラナ・ミッター。Yang Jisheng, *Tombstone, Guardian,* 7 December 2012 の書評。https://www.theguardian.com/books/2012/dec/07/tombstone-mao-great-famine-yeng-jisheng-review

(50)　Mike McCarthy, 'The sparrow that survived Mao's purge', *Independent,* 3 September 2010: https://www.independent.co.uk/climate-change/news/nature-studies-by-michael-mccarthy-the-sparrow-that-survived-maospurge-2068993.html

(51)　Shapiro, *Mao's War against Nature.*

(52)　Sha Yexin, 'The Chinese Sparrow War of 1958', EastSouthWestNorth website, 31 August 1997: http://www.zonaeuropa.com/20061130_1.htm

(53)　Charlie Gilmour, personal communication.

(54)　Sai Kumar Sela, 'Four Pests Campaign', posted on LinkedIn: https://www.linkedin.com/pulse/four-pests-campaign-sai-kumar/?trk=read_related_article-card_title この短期間の復活では、スズメはゴキブリに置き換

えられていた。

(55) Tim Luard, 'China follows Mao with mass cull', BBC News website, 6 January 2004: http://news.bbc.co.uk/1/hi/world/asia-pacific/3371659.stm

## 第10章　コウテイペンギン

(1) 2018年秋に放送。次を参照。BBC iPlayer website: https://www.bbc.co.uk/programmes/p06mvqjc

(2) Peter T. Fretwell et al., 'An Emperor Penguin Population Estimate: The First Global, Synoptic Survey of a Species from Space', *Plos One,* 2012: https://www.ncbi.nlm.nih.gov/pmc/articles/PMC3325796/

(3) 次を参照。Birdlife International website: https://www.iucnredlist.org/species/22697752/157658053

(4) 次を参照。*Aptenodytes forsteri,* IUCN Red List of Threatened Species, BirdLife International, 2020: https://www.iucnredlist.org/species/22697752/157658053

(5) 次を参照。BirdLife International website: http://datazone.birdlife.org/sowb/casestudy/one-in-eight-of-all-bird-species-is-threatened-with-global-extinction

(6) Tony D. Williams, *The Penguins* (Oxford: Oxford University Press, 1995)〔トニー・D・ウィリアムズほか『ペンギン大百科』、ペンギン会議訳、平凡社、1999年〕.

(7) J. Prévost, *Ecologie du manchot empereur*（コウテイペンギンの生態）(Paris: Hermann, 1961).

(8) 次を参照。Aaron Waters and François Blanchette, 'Modeling Huddling Penguins', National Library of Medicine, 16 November 2012: https://journals.plos.org/plosone/article?id=10.1371/journal.pone.0050277

(9) *Life in the Freezer* (1993)、『フローズン　プラネット――最後の未踏の大自然』(*Frozen Planet,* 2011)、最新では *Dynasties*（2018）など。これらの番組は放映時に大勢の視聴者がいて、抜粋がいまもユーチューブで視聴でき、一部は数百万の視聴回数がある。たとえば 'Emperor Penguins : The Greatest Wildlife Show on Earth': https://www.youtube.com/watch?v=MfstYSUscBc&ab_channel=BBCEarth

(10) 繁殖周期に関する情報はすべて、Williams, *The Penguins* から得たもの。

(11) 次を参照。Ben Webster, 'Emperor penguins heading for extinction unless emissions are cut, US-Cambridge study finds', *The Times,* 4 August 2021 : https://www.thetimes.co.uk/article/emperor-penguins-heading-forextinction-unless-emissions-are-cut-us-cambridge-study-finds-8nvx3gvlh

(12) Stéphanie Jenouvrier et al., 'Projected continent-wide declines of the emperor penguin under climate change', Nature Climate Change website, 2014: https://www.nature.com/articles/nclimate2280

(13) Stéphanie Jenouvrier et al., 'The call of the emperor penguin: Legal responses to species threatened by climate change', *Global Change Biology,* 2021: https://onlinelibrary.wiley.com/doi/full/10.1111/gcb.15806

(14) Jenouvrier et al., 'The call of the emperor penguin'.

(15) Edward Wilson. 次で引用。Bernard Stonehouse, 'The Emperor Penguin, I. Breeding Behaviour and Development', Falkland Islands Dependencies Survey, Scientific Reports No. 6, Falkland Islands Dependencies Scientific Bureau, 1953.

(16) Apsley Cherry-Garrard, *The Worst Journey in the World* (London, Constable & Co., 1922)〔アプスレイ・チェリー゠ガラード『世界最悪の旅』（世界探検全集）、加納一郎訳、河出書房新社、2022年ほか〕.

(17) Cherry-Garrard, *The Worst Journey in the World.*

(18) Cherry-Garrard, *The Worst Journey in the World.*

(19) Jenouvrier et al., 'The call of the emperor penguin'.

(20) 'Endangered and Threatened Wildlife and Plants; Threatened Species Status With Section 4 (d) Rule for Emperor Penguin', US Fish and Wildlife Service, 4 August 2021, published on the US government's Federal Register: https://www.federalregister.gov/documents/2021/08/04/2021-15949/endangered-and-threatened-wildlife-

and-plants-threatened-species-status-with-section-4d-rule-for

(21) Paul Voosen, 'The Arctic is warming four times faster than the rest of the world', *Science,* 14 December 2021: https://www.science.org/content/article/arctic-warming-four-times-faster-rest-world

(22) Sandy Bauers, 'Globe-spanning bird, B95 is back for another year', *Philadelphia Inquirer,* 28 May 2014.

(23) 次を参照。BirdLife International website: http://datazone.birdlife.org/species/factsheet/red-knot-calidris-canutus/text

(24) 次を参照。Elly Pepper, 'Red Knot Listed as Threatened under the Endangered Species Act', National Resources Defense Council website, 9 December 2014: https://www.nrdc.org/experts/elly-pepper/red-knot-listed-threatened-under-endangered-species-act

(25) 次を参照。'"This Is the Climate Emergency": Dozens of Sudden Deaths Reported as Canada Heat Hits Record 121°F': https://www.commondreams.org/news/2021/06/30/climate-emergency-dozens-sudden-deaths-reported-canada-heat-hits-record-121degf

(26) Red Knot *Calidris canutus rufa,* US Fish and Wildlife Service, August 2005: https://www.fws.gov/species/rufa-red-knot-calidris-canutus-rufa

(27) 次を参照。USFWS Northeast Region Division of External Affairs, Northeast Region, US Fish and Wildlife Service: https://www.fws.gov/species/red-knot-calidris-canutus-rufa

(28) Atlantic Puffin *Fratercula arctica*: 次を参照。Annette L. Fayet et al., 'Local prey shortages drive foraging costs and breeding success in a declining seabird, the Atlantic puffin', *Journal of Animal Ecology,* 21 March 2021: https://besjournals.onlinelibrary.wiley.com/doi/10.1111/1365-2656.13442

(29) 'The Horseshoe Crab *Limulus Polyphemus* – A Living Fossil', US Fish & Wildlife Service, August 2006: www.fws.gov/northeast/pdf/horseshoe.fs.pdf〔現在はアクセス不可〕

(30) Jan A. van Gils et al., 'Body Shrinkage Due to Arctic Warming Reduces Red Knot Fitness in Tropical Wintering Range', *Science,* American Association for the Advancement of Science, 13 May 2016: https://www.science.org/doi/10.1126/science.aad6351

(31) 次を参照。'Species Profile for Red Knot (*Calidris canutus ssp. rufa*)': https://web.archive.org/web/20111019183433/http://ecos.fws.gov/speciesProfile/profile/speciesProfile.action?spcode=B0DM

(32) Thomas Pennant, *Genera of Birds* (Edinburgh, 1773).

(33) Alexander Wilson, *American Ornithology, or, The natural history of the birds of the United States* (Edinburgh: Constable and Co., 1831).

(34) Thomas Alerstam, *Bird Migration* (Cambridge: Cambridge University Press, 1991).

(35) Ulf Büntgen et al., 'Plants in the UK flower a month earlier under recent warming', *Proceedings of the Royal Society,* 2 February 2022: https://royalsocietypublishing.org/doi/10.1098/rspb.2021.2456 次も参照。'Butterflies emerging earlier due to rising temperatures', Natural History Museum website: https://www.nhm.ac.uk/discover/news/2016/december/butterflies-emerging-earlier-due-to-rising-temperatures.html

(36) 次を参照。M. D. Burgess, et al., 'Tritrophic phenological match–mismatch in space and time', BTO Publications, April 2018: https://www.bto.org/our-science/publications/peer-reviewed-papers/tritrophic-phenological-match-mismatch-space-and-time

(37) John Terborgh, *Where Have All the Birds Gone? Essays on the Biology and Conservation of Birds That Migrate to the American Tropics* (Princeton, New Jersey: Princeton University Press, 1989).

(38) 次を参照。BirdLife International website: http://datazone.birdlife.org/species/factsheet/22721607

(39) Terborgh, *Where Have All the Birds Gone?*

(40) Terborgh, *Where Have All the Birds Gone?*

(41)　2022年1月、ケツァールの存在を最初に知ってから50年あまりのちに、世界一美しい鳥と描写された鳥——個人的には、正しいと思う——を見に、わたしはコスタリカへ赴いた。わたしの観察のようすについてはBBC Radio 4 programme *From Our Own Correspondent,* 放送開始後およそ17分30秒からを参照：https://www.bbc.co.uk/sounds/play/p0bpndd5

(42)　Susan D. Gillespie, *The Aztec Kings: The Construction of Rulership in Mexica History* (Tucson, Arizona: University of Arizona Press, 1989) を参照。

(43)　Jonathan Evan Maslow, *Bird of Life, Bird of Death* (New York: Simon & Schuster, 1986).

(44)　次を参照。'Golden-Cheeked Warbler' (*Dendroica chrysoparia*), US Fish & Wildlife Service website: https://web.archive.org/web/20111015042905/ および http://ecos.fws.gov/speciesProfile/profile/speciesProfile.action?spcode=B07W

(45)　Ross Crates, et al., 'Loss of vocal culture and fitness costs in a critically endangered songbird', Royal Society Publishing: https://royalsocietypublishing.org/doi/10.1098/rspb.2021.0225

(46)　Pallab Ghosh によるレポート、'Climate change boosted Australia bushfire risk by at least 30 per cent', BBC News website, 4 March 2020: https://www.bbc.co.uk/news/science-environment-51742646

(47)　'Wildlife in a Warming World : The effects of climate change on biodiversity in WWF's Priority Places', Report by the World Wide Fund for Nature, March 2018: https://www.wwf.org.uk/sites/default/files/2018-03/WWF_Wildlife_in_a_Warming_World.pdf

(48)　WWF, 'Wildlife in a Warming World'.

(49)　わたしは現在の環境危機の要因を精査していないし、解決策を提案してもいない。だが、それらはいま、徹底的に検討されているところだ。地球を——少なくとも、わたしたちを含め、地球に依存する種を——救うのに間にあうよう実行されるかどうかが、議論されている。'10 Solutions for Climate Change', *Scientific American*: https://www.scientificamerican.com/article/10-solutions-for-climate-change/ を参照。

(50)　この現象は、地球を破壊する恐れがある彗星（すいせい）と、各国政府や大企業の"いつもどおり"の態度を描いた、2021年アカデミー賞候補のNetflix製作映画『ドント・ルック・アップ』で痛烈に皮肉られている。https://www.imdb.com/title/tt11286314/

(51)　たとえば、次を参照。Damaris Zehner, 'Apocalypse Fatigue, Selective Inattention, and Fatalism: The Psychology of Climate Change', Resilience website, 27 January 2020: https://www.resilience.org/stories/2020-01-27/apocalypse-fatigue-selective-inattention-and-fatalism-the-psychology-of-climate-change/

(52)　Peter T. Fretwell and Philip N. Trathan, 'Discovery of new colonies by Sentinel2 reveals good and bad news for emperor penguins', *Remote Sensing in Ecology and Conservation,* vol. 7, issue 2, 4 August 2020: https://zslpublications.onlinelibrary.wiley.com/doi/10.1002/rse2.176

(53)　Alexander C. Lees et al., 'State of the World's Birds', *Annual Review of Environment and Resources,* vol. 472022: https://www.annualreviews.org/doi/10.1146/annurev-environ-112420-014642 また、Damian Carrington が次で報告している。*Guardian,* 5 May 2022: https://www.theguardian.com/environment/2022/may/05/canaries-in-the-coalmine-loss-of-birds-signals-changing-planet

## 図版出典

［第１章扉］Johns, C. A., Owen, J. A. (ed.), *British birds in their haunts*, 7th ed., London, G. Routledge, 1922. Public domain. ［第２章扉］Dixon, Charles, *The game birds and wild fowl of the British Islands*, 2d ed., Sheffield, Pawson and Brailsford, 1900. Public domain. ［第３章扉］Fitzinger, Leopold Joseph, *Bilder-atlas zur Wissenschaftlich-populären Naturgeschichte der Vögel in ihren sämmtlichen Hauptformen*, Wien, K. K. Hof und Staatsdruckerei, 1864. Public domain. ［第４章扉］Rothschild, Lionel Walter Rothschild, Baron, *Extinct birds : an attempt to unite in one volume a short account of those birds which have become extinct in historical times—that is, within the last six or seven hundred years. To which are added a few which still exist, but are on the verge of extinction*, London, Hutchinson & Co, 1907. Public domain. ［第５章扉］Darwin, Charles (ed.), *The Zoology of the Voyage of H. M. S. Beagle, under the command of Captain Fitzroy, R. N., during the years 1832 to 1836*, London, Smith, Elder & Co, 1838-. Public domain. ［第６章扉］© Getty Images ［第７章扉］Audubon, John James, *The birds of America : from drawings made in the United States and their territories*, New York, J. B. Chevalier, 1840-1844. Public domain. ［第８章扉］Audubon, John James, *The birds of America : from drawings made in the United States and their territories*, New York, J. B. Chevalier, 1840-1844. Public domain. ［第９章扉］Naumann, Johann Andreas et al., *Naturgeschichte der Vögel Mitteleuropas*, 3. Aufl., Gera-Untermhaus, F. E. Köhler, 1897-1905. Public domain. ［第10章扉］Mathews, Gregory M., *The birds of Norfolk & Lord Howe Islands and the Australasian South Polar quadrant : with additions to "birds of Australia"*, London, H. F. & G. Witherby, 1928. Public domain.

**スティーヴン・モス（Stephen Moss）**
イギリスの自然史研究家にして野鳥観察家、放送作家、テレビプロデューサー、著述家。BBCで野生生物をテーマにした番組制作に長らく携わり、現在、バース・スパ大学で教鞭を執っている。野生生物、とくに鳥をテーマにした著作多数。最近では *The Robin, The Wren, The Swallow* など、一般によく知られた鳥の生活史を洞察に富んだ情緒豊かな文章で綴ったシリーズ The Bird Biography Series が高く評価されている。

**宇丹貴代実（うたん・きよみ）**
翻訳家。上智大学法学部国際関係法学科卒業。訳書に、H・マクドナルド『ハヤブサ――その歴史・文化・生態』、J・デイ『わが家をめざして――文学者、伝書鳩と暮らす』（以上、白水社）、L・L・ハウプト『モーツァルトのムクドリ――天才を支えたさえずり』（青土社）など多数。

鳥《とり》が人類《じんるい》を変《か》えた
——世界《せかい》の歴史《れきし》をつくった10種類《しゅるい》

2024年2月18日　初版印刷
2024年2月28日　初版発行

著　者　スティーヴン・モス
訳　者　宇丹貴代実
装　幀　大倉真一郎
発行者　小野寺優
発行所　株式会社河出書房新社
〒151-0051　東京都渋谷区千駄ヶ谷2-32-2
電話03-3404-1201［営業］　03-3404-8611［編集］
https://www.kawade.co.jp/
印　刷　株式会社亨有堂印刷所
製　本　小泉製本株式会社
Printed in Japan
ISBN978-4-309-22913-3